中國古典家具
技藝全書·解析經典

金荣题

“十三五”国家重点图书
2020年度国家出版基金资助项目

总顾问：李　坚　刘泽祥　刘文金
总主编：周京南　朱志悦　杨　飞

中国古典家具技艺全书

（第二批）

解析经典⑧

承具IV（香几、茶几、炕几）

第十八卷

（总三十卷）

主　编：周京南　卢海华　董　君

中国林业出版社

图书在版编目（CIP）数据

解析经典．⑧ / 周京南等总主编．-- 北京 ：中国林业出版社，2021.1
（中国古典家具技艺全书．第二批）

ISBN 978-7-5219-1017-9

Ⅰ．①解… Ⅱ．①周… Ⅲ．①家具－介绍－中国－古代 Ⅳ．① TS666.202

中国版本图书馆 CIP 数据核字 (2021) 第 023779 号

出 版 人：**刘东黎**

总 策 划：**纪 亮**

责任编辑：**王思源**

- -

出　　版：中国林业出版社（100009 北京市西城区刘海胡同 7 号）
印　　刷：北京利丰雅高长城印刷有限公司
发　　行：中国林业出版社
电　　话：010 8314 3610
版　　次：2021 年 1 月第 1 版
印　　次：2021 年 1 月第 1 次
开　　本：889mm × 1194mm，1/16
印　　张：18
字　　数：300 千字
图　　片：约 780 幅
定　　价：360.00 元

《中国古典家具技艺全书》（第二批）
总编撰委员会

总 顾 问：李　坚　刘泽祥　刘文金

总 主 编：周京南　朱志悦　杨　飞

书名题字：杨金荣

《中国古典家具技艺全书——解析经典⑧》

主　　　编：周京南　卢海华　董　君

编 委 成 员：方崇荣　蒋劲东　马海军　纪　智　徐荣桃

参与绘图人员：李　鹏　孙胜玉　温　泉　刘伯恺　李宇瀚
李　静　李总华

凡例

一、本书中的木工匠作术语和家具构件名称主要依照王世襄先生所著《明式家具研究》的附录一《名词术语简释》，结合目前行业内通用的说法，力求让读者能够认同。

二、本书分有多种图题，说明如下：

1. 整体外观为家具的推荐材质外观效果图。
2. 三视结构为家具的三个视角的剖视图。
3. 用材效果为家具的三种主要珍贵用材的展示效果图。
4. 结构爆炸为家具的零部件爆炸图。
5. 结构示意为家具的结构解析和标注图，按照构件的部位或类型分类。
6. 细部效果和细部结构为对应的家具构件效果图和三视图，其中细部结构中部分构件的俯视图或左视图因较为简单，故省略。

三、本书中效果图和CAD图分别编号，以方便读者查找。

四、本书中每件家具的穿销、栽榫、楔钉等另加的榫卯只绘出效果图，并未绘出CAD图，读者在实际使用中，可以根据家具用材和尺寸自行决定此类榫卯的数量和大小。

序 言

李 坚 中国工程院院士

讲到中国的古家具，可谓博大精深，灿若繁星。

从神秘庄严的商周青铜家具，到浪漫拙朴的秦汉大漆家具；从壮硕华美的大唐壶门结构，到精炼简雅的宋代框架结构；从秀丽俊逸的明式风格，到奢华繁复的清式风格，这一漫长而恢宏的演变过程，每一次改良，每一场突破，无不渗透着中国人的文化思想和审美观念，无不凝聚着中国人的汗水与智慧。

家具本是静物，却在中国人的手中活了起来。

木材，是中国古家具的主要材料。通过中国匠人的手，塑出家具的骨骼和形韵，更是其商品价值的重要载体。红木的珍稀世人多少知晓，紫檀、黄花梨、大红酸枝的尊贵和正统更是为人称道，若是再辅以金、骨、玉、瓷、珐琅、螺钿、宝石等珍贵的材料，其华美与金贵无须言表。

纹饰，是中国古家具的主要装饰。纹必有意，意必吉祥，这是中国传统工艺美术的一大特色。纹饰之于家具，不但起到点缀空间、构图美观的作用，还具有强化主题、烘托喜庆的功能。龙凤麒麟、喜鹊仙鹤、八仙八宝、梅兰竹菊，都寓意着美好和幸福，也是刻在中国人骨子里的信念和情结。

造型，是中国古家具的外化表现和功能诉求。流传下来的古家具实物在博物馆里，在藏家手中，在拍卖行里，向世人静静地展现着属于它那个时代的丰姿。即使是从未接触过古家具的人，大概也分得出桌椅几案，柜架床榻，这得益于中国家具的流传有序和中国人制器为用的传统。关于造型的研究更是理论深厚，体系众多，不一而足。

唯有技艺，是成就中国古家具的关键所在，当前并没有被系统地挖掘和梳理，尚处于失传和误传的边缘，显得格外落寞。技艺是连接匠人和器物的桥梁，刀削斧凿，木活生花，是熟练的手法，是自信的底气，也是“手随心驰，心从手思，心手相应”的炉火纯青之境界。但囿于中国传统各行各业间“以师带徒，口传心授”传承方式的局限，家具匠人们的技艺并没有被完整的记录下来，没有翔实的资料，也无标准可依托，这使得中国古典家具技艺在当今社会环境中很难被传播和继承。

此时，由中国林业出版社策划、编辑和出版的《中国古典家具技艺全书》可以说是应运而生，责无旁贷。全套书共三十卷，分三批出版，运用了当前最先进的技术手段，最生动的展现方式，对宋、明、清和现代中式的家具进行了一次系统的、全面的、大体量的收集和整理，通过对家具结构的拆解，家具部件的展示，家具工艺的挖掘，家具制作的考证，为世人揭开了古典家具技艺之美的面纱。图文资料的汇编、尺寸数据的测量、CAD和效果图的绘制以及对相关古籍的研究，以五年的时间铸就此套著作，匠人匠心，在家具和出版两个领域，都光芒四射。全书无疑是一次对古代家具文化的抢救性出版，是对古典家具行业“以师带徒，口传心授”的有益补充和锐意创新，为古典家具技艺的传承、弘扬和发展注入强劲鲜活的动力。

党的十八大以来，国家越发重视技艺，重视匠人，并鼓励“推动中华优秀传统文化创造性转化、创新性发展”，大力弘扬“精益求精的工匠精神”。《中国古典家具技艺全书》正是习近平总书记所强调的“坚定文化自信、把握时代脉搏、聆听时代声音，坚持与时代同步伐、以人民为中心、以精品奉献人民、用明德引领风尚”的具体体现和生动诠释。希望《中国古典家具技艺全书》能在全体作者、编辑和其他工作人员的严格把关下，成为家具文化的精品，成为世代流传的经典，不负重托，不辱使命。

2020年5月

前　言

纪　亮　全书总策划

中国的古典家具，有着悠久的历史。传说上古之时，神农氏发明了床，有虞氏时出现了俎。商周时代，出现了曲几、屏风、衣架。汉魏以前，家具一般都形体较矮，属于低型家具。自南北朝开始，出现了垂足坐，于是凳、靠背椅等高足家具随之出现。隋唐五代时期，垂足坐的休憩方式逐渐普及，高低型家具并存。宋代以后，高型家具及垂足坐才完全代替了席地坐的生活方式。高型家具经过宋、元两朝的普及发展，到明代中期，已取得了很高的艺术成就，中国古典家具艺术进入成熟阶段，形成了被誉为具有高度艺术成就的“明式家具”。清代家具，承明余续，在造型特征上，骨架粗壮结实，方直造型多于明式曲线造型，题材生动且富于变化，装饰性强，整体大方而局部装饰精细入微。近20年来，古典家具发展迅猛，家具风格在明清家具的基础上不断传承和发展，并形成了独具中国特色的现代中式家具，亦有学者称之为“中式风格家具”。

中国的古典家具，经过唐宋的积淀，明清的飞跃，现代的传承，已成为“东方艺术的一颗明珠”。中国古典家具是我国传统造物文化的重要组成和载体，也深深影响着世界近现代的家具设计。国内外研究并出版以古典家具的历史文化、图录资料等内容的著作较多，然而从古典家具技艺的角度出发，挖掘整理的著作少之又少。技艺——是古典家具的精髓，是保护发展我国古典家具的核心所在。为了更好地传承和弘扬我国古典家具文化，全面系统地介绍我国古典家具的制作技艺，提高国家文化软实力，提升民族自信，实现古典家具创造性转化、创新性发展，中国林业出版社聚集行业之力组建《中国古典家具技艺全书》编写工作组。全书以制作技艺为线索，详细介绍了古典家具的结构、造型、制作、解析、鉴赏等内容，全书共30卷，分为榫卯构造、匠心营造、大成若缺、解析经典、美在久成这5个系列陆续出版，并通过数字化手段搭建中国古典家具技艺网和家具技艺APP等。全书力求通过准确的测量、绘制，挖掘、梳理家具技艺，向读者展示中国古典家具的线条美、结构美、造型美、雕刻美、装饰美、材质美。

《解析经典》为本套丛书的第四个系列，共分十卷。本系列以宋明两代绘画中的家具图像和故宫博物院典藏的古典家具实物为研究对象，因无法进行实物测绘，只能借助现代化的技术手段进行场景还原、三维建模、结构模拟等方式进行绘制，并结合专家审读和工匠实践来勘误矫正，最终形成了200余套来自宋、明、清的经典器形的珍贵图录，并按照坐具、承具、卧具、庋具、杂具等类别进行分类，分器形点评、CAD图示、用材效果、结构爆炸、部件示意、细部详解六个层次详细地解析了每件家具。这些丰富而翔实的资料将为我们研究和制作古典家具提供重要的学习和参考资料。本系列丛书中所选器形均为明清家具之经典器物，其中器物的原型几乎均为国之重器，弥足珍贵，故以“解析经典”命名。因家具数量较多、结构复杂，书中难免存在疏漏与错误，望广大读者批评指正，我们也将在再版时陆续修正。

最后，感谢国家新闻出版署将本项目列为“十三五”国家重点图书出版规划，感谢国家出版基金规划管理办公室对本项目的支持，感谢为全书的编撰而付出努力的每位匠人、专家、学者和绘图人员。

纪亮

2020年12月

目　录

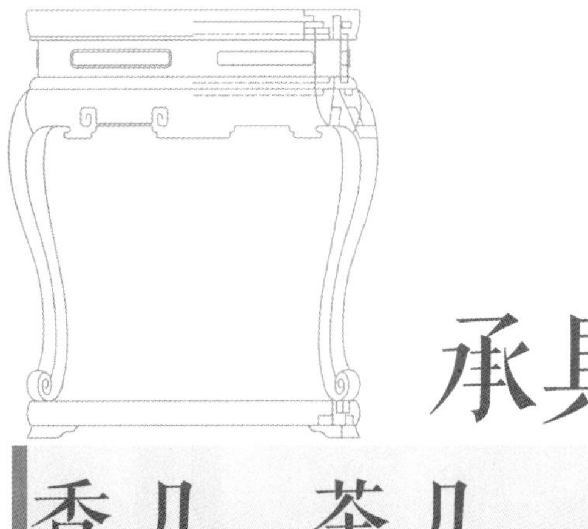

承具IV

香几、茶几、炕几

透雕松竹梅纹方香几

材质：紫檀

年款：清

整体外观（效果图1）

1. 器形点评

此香几几面正方形，几面之下安有罗锅枨，罗锅枨与几面之间装透雕松竹梅纹绦环板。几面与四腿粽角榫相接，四腿为方材，直下，至四腿底端又装有管脚罗锅枨，足底做成龟足。此香几造型修长，线条流畅，雕饰精美传神，是一件工精料细的清代风格家具精品。

2. CAD 图示

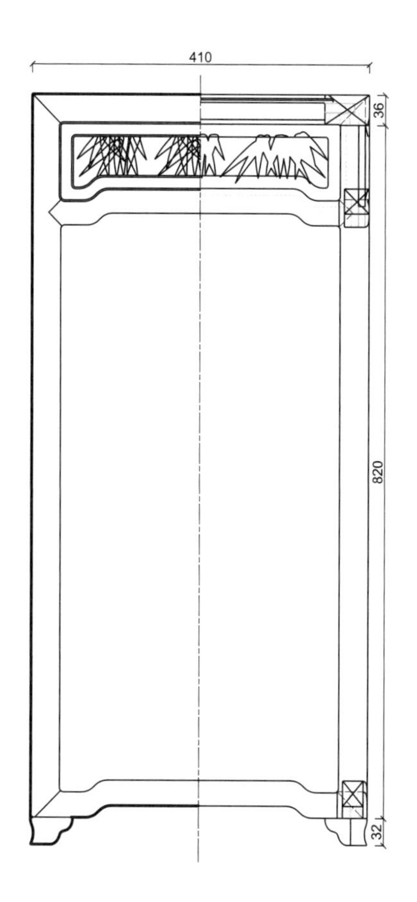

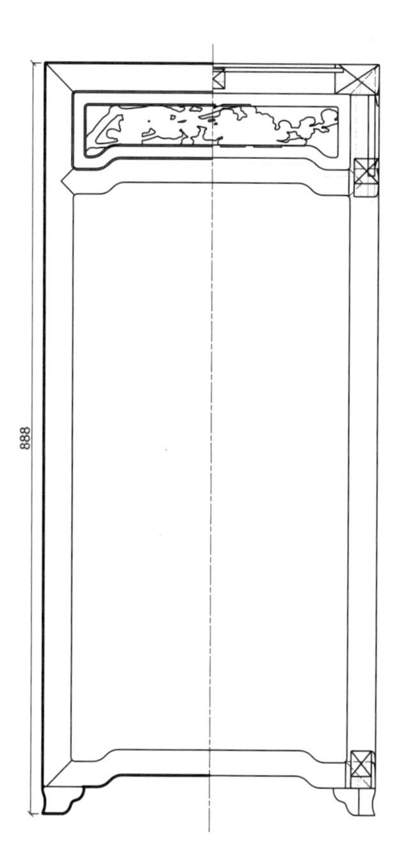

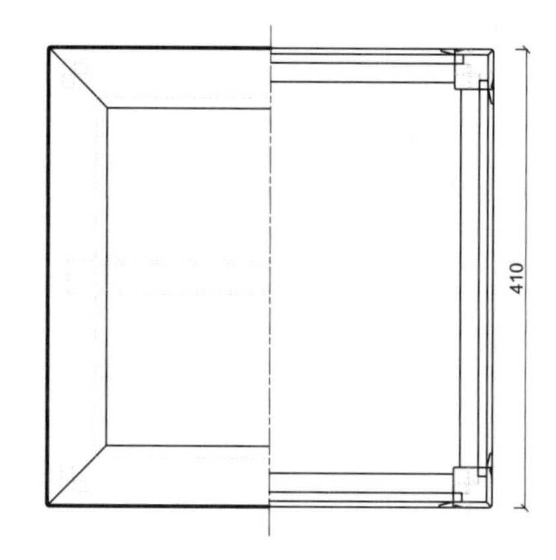

三视结构（CAD 图 1）

说明：在家具的测量和绘制过程中存在少量国家标准允许的误差；全书计量单位为毫米（mm）。

3. 用材效果

用材效果（材质：紫檀；效果图 2）

用材效果（材质：黄花梨；效果图 3）

用材效果（材质：红酸枝；效果图 4）

4. 结构爆炸

结构爆炸（效果图 5）

5. 部件示意

部件示意—几面（效果图 6）

部件示意—腿子（效果图 7）

部件示意—绦环板（效果图 8）

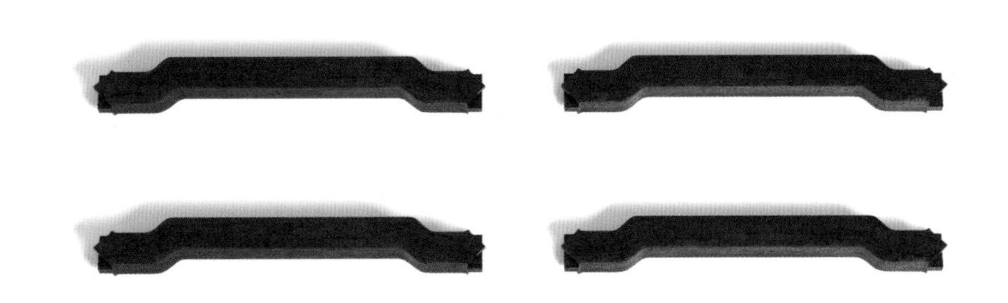

部件示意—罗锅枨（效果图 9）

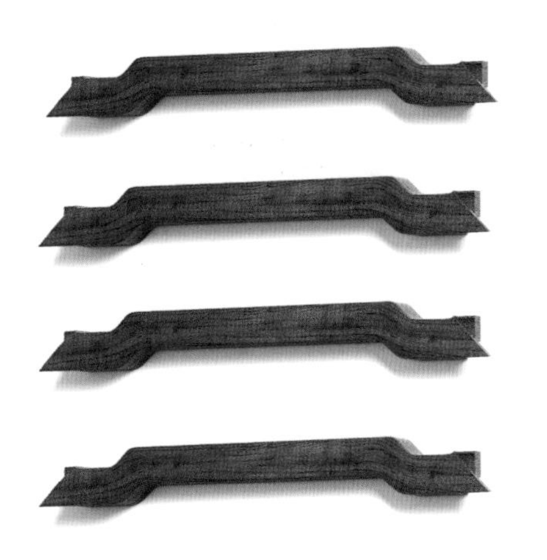

部件示意—管脚枨（效果图 10）

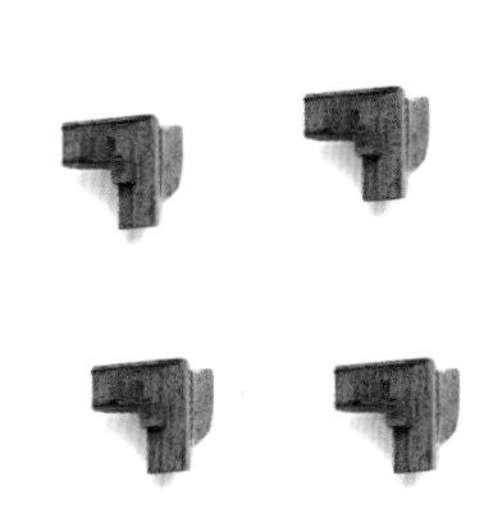

部件示意—龟足（效果图 11）

6. 细部详解

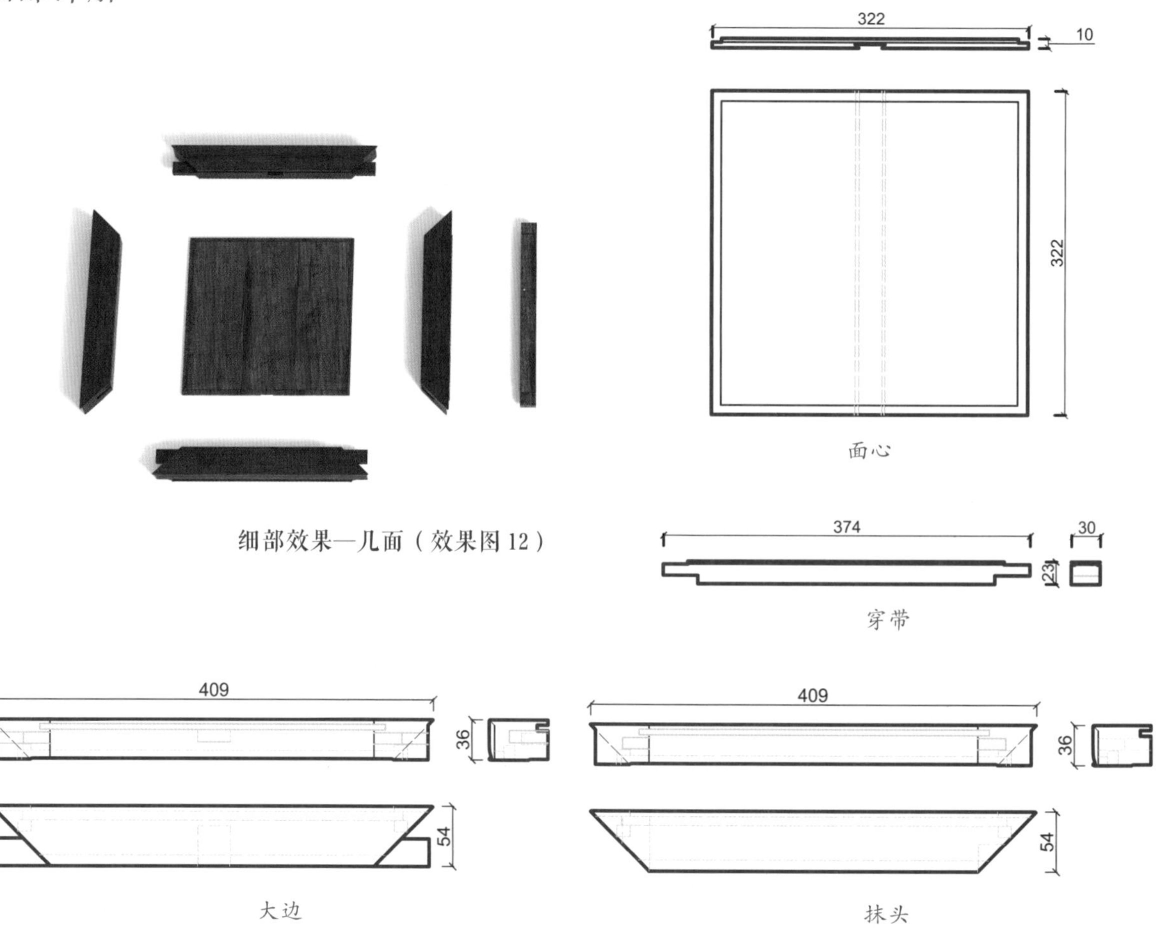

细部效果—几面（效果图 12）

细部结构—几面（CAD 图 2 ~ 图 5）

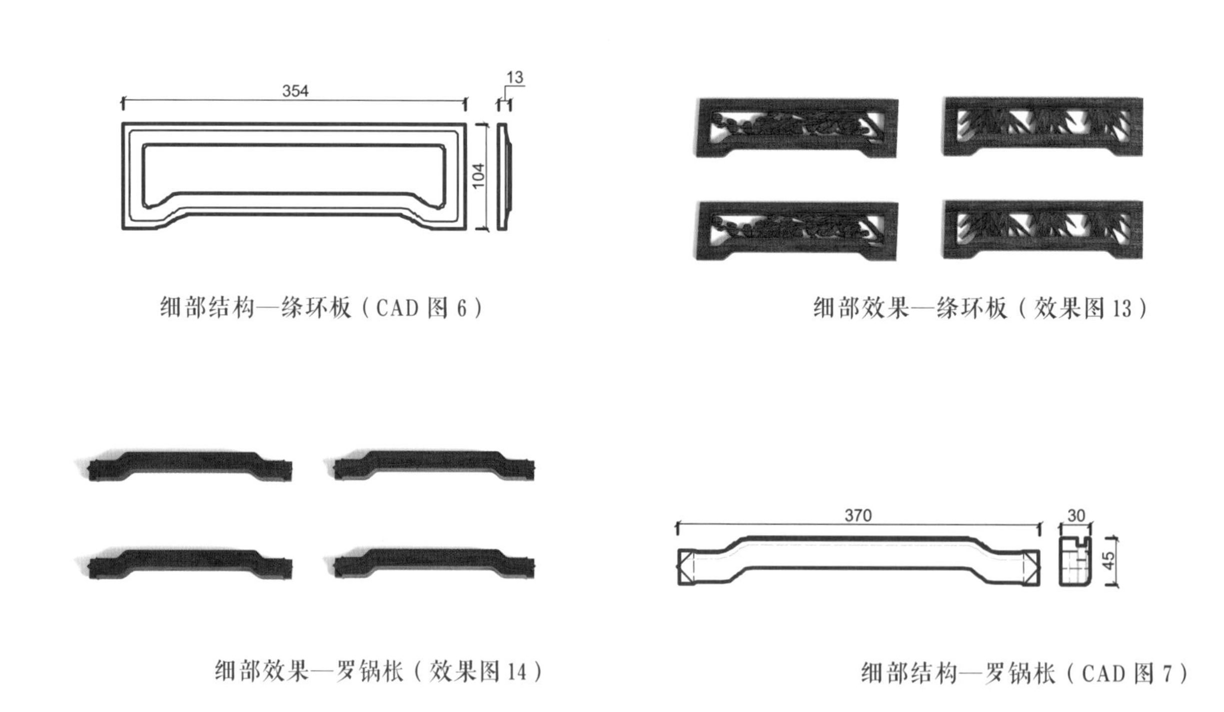

细部结构—绦环板（CAD 图 6）

细部效果—绦环板（效果图 13）

细部效果—罗锅枨（效果图 14）

细部结构—罗锅枨（CAD 图 7）

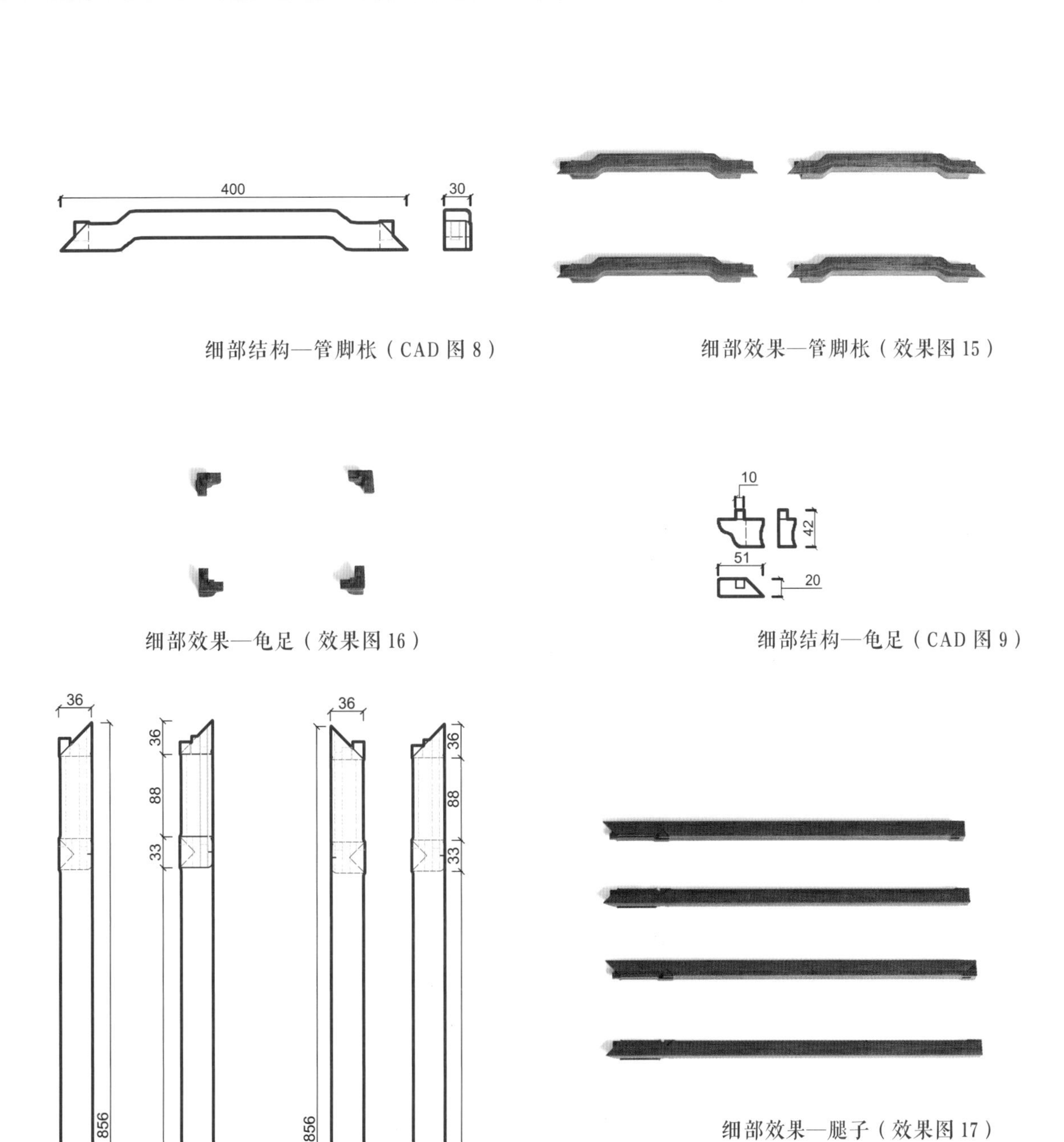

细部结构—管脚枨（CAD 图 8）

细部效果—管脚枨（效果图 15）

细部效果—龟足（效果图 16）

细部结构—龟足（CAD 图 9）

细部效果—腿子（效果图 17）

细部结构—腿子（CAD 图 10 ~图 11）

圆包圆裹腿方香几

材质：黄花梨

年款：明

整体外观（效果图1）

1. 器形点评

此香几几面为正方形，攒框打槽装板，边沿采用劈料做法。几面之下四腿为圆材，四腿上节装有横枨，把四腿包裹在横枨之内，横枨亦采用劈料做法，横枨与几面之间装有椭圆形圈口。四腿足端以托泥相承。此香几设计新颖独到，采用裹腿圆包圆做法，整器造型委婉圆润，简洁中又略有变化。

2. CAD图示

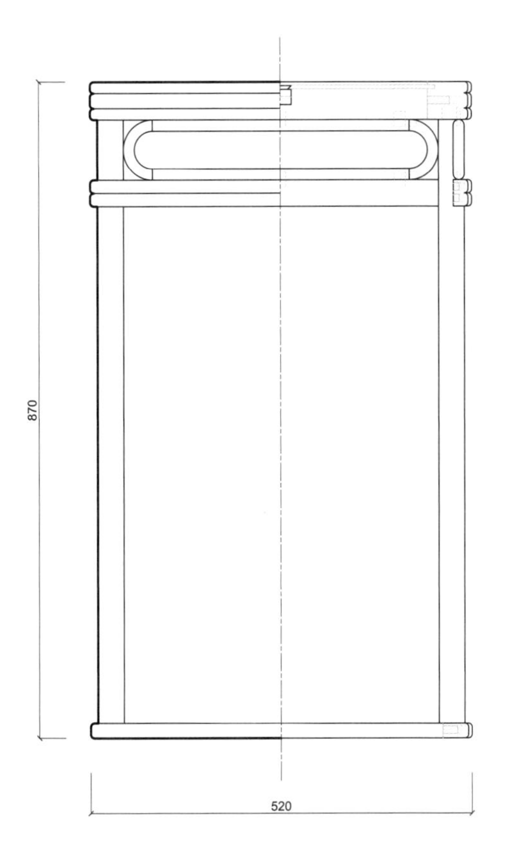

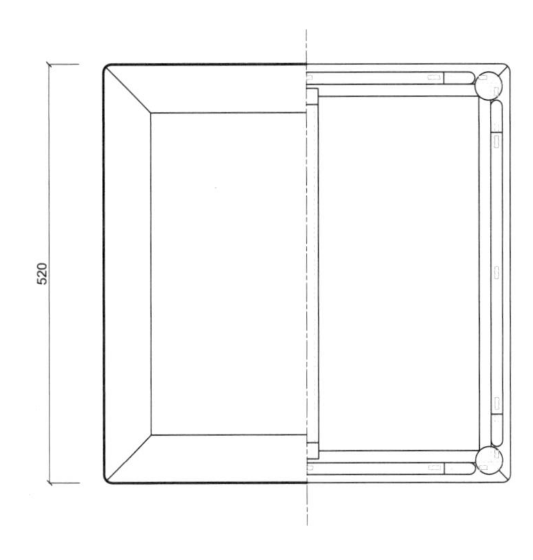

三视结构（CAD图1）

3. 用材效果

用材效果（材质：紫檀；效果图 2）

用材效果（材质：黄花梨；效果图 3）

用材效果（材质：红酸枝；效果图 4）

4. 结构爆炸

结构爆炸（效果图 5）

5. 部件示意

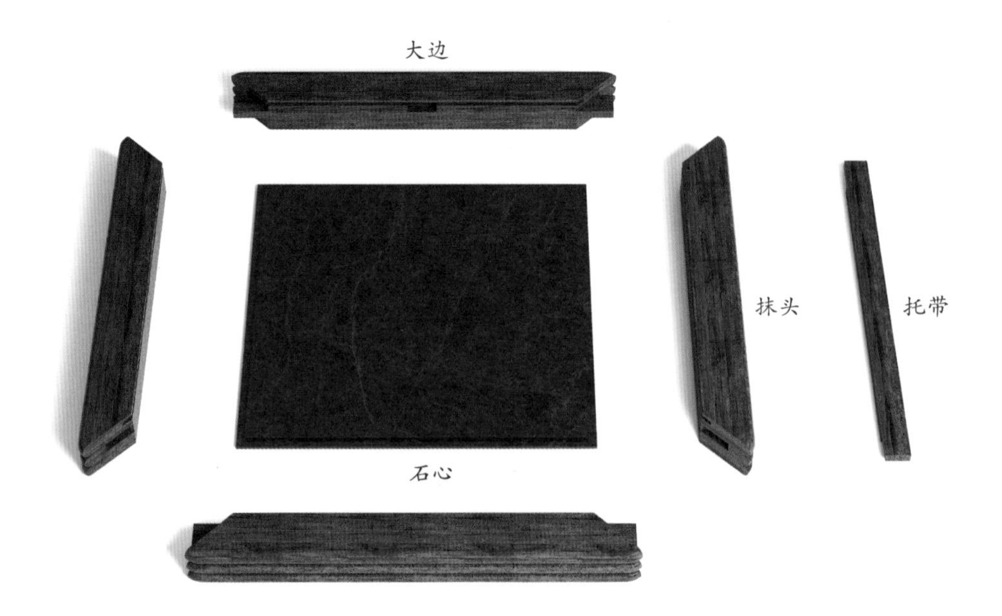

部件示意—几面（效果图 6）

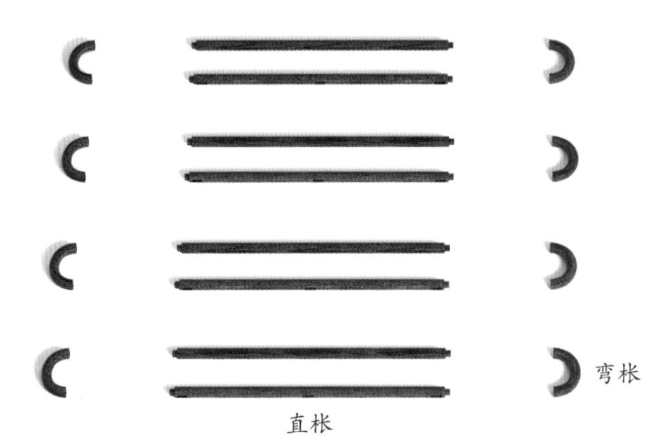

部件示意—圈口（效果图 7）

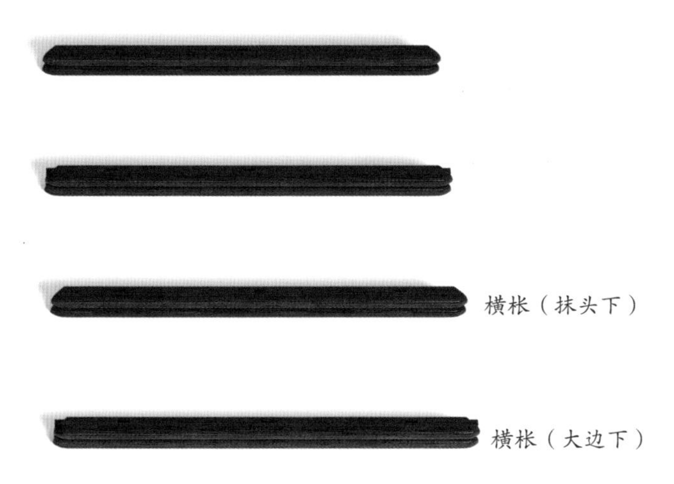

部件示意—横枨（效果图 8）

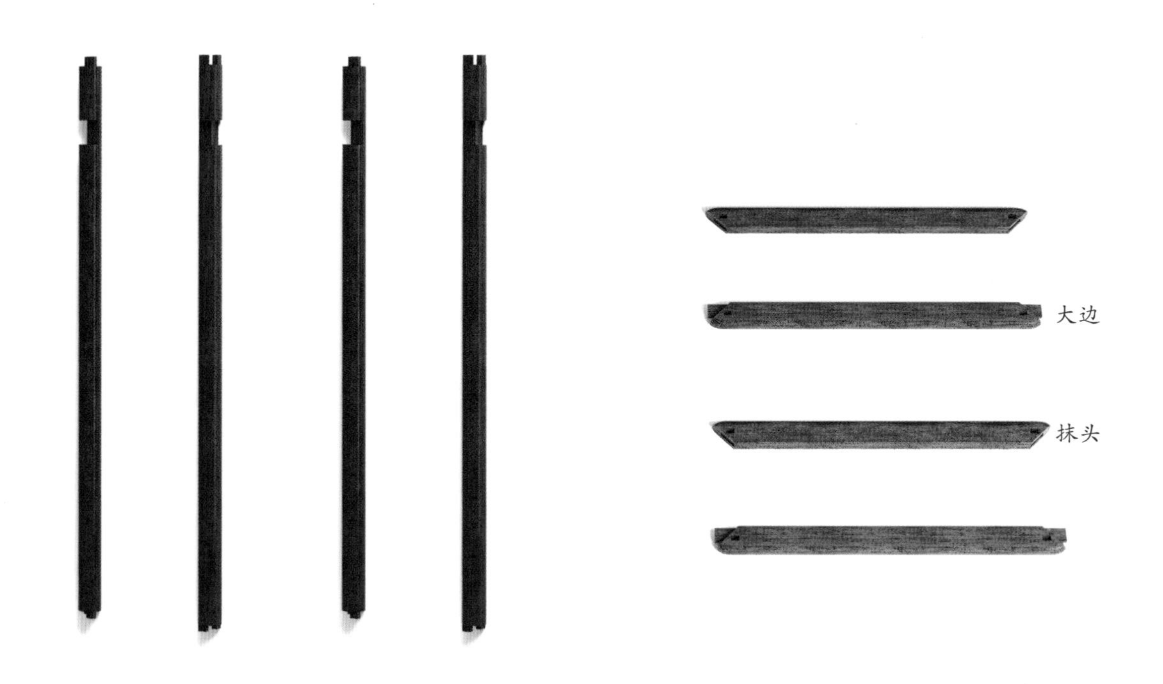

部件示意—腿子（效果图 9）

部件示意—托泥（效果图 10）

6. 细部详解

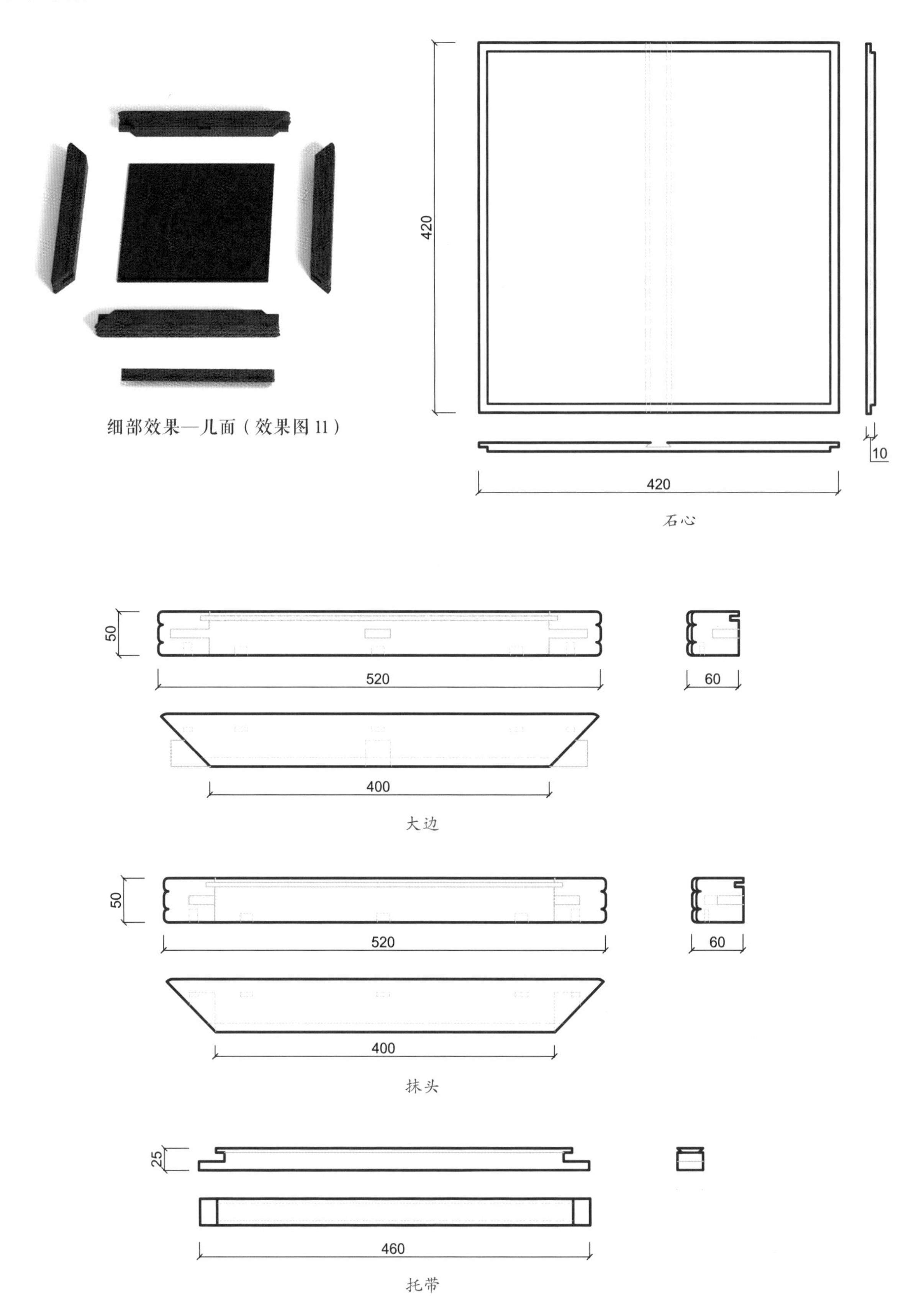

细部效果—几面（效果图 11）

细部结构—几面（CAD 图 2 ~ 图 5）

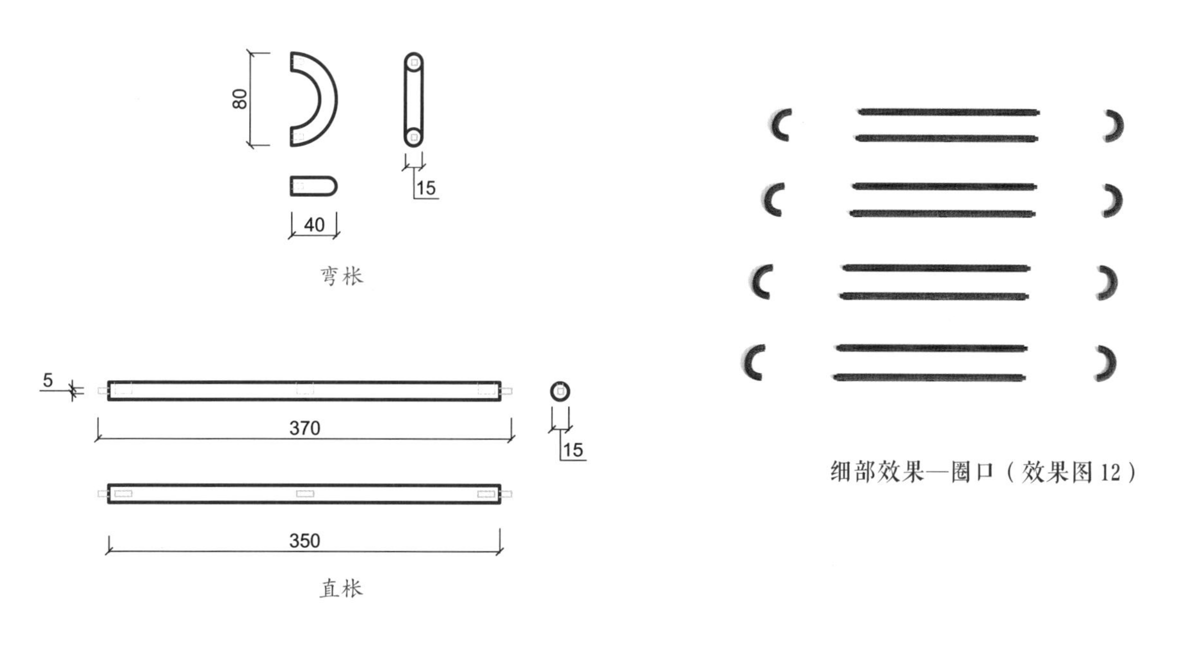

细部结构—圈口（CAD 图 6 ~ 图 7）

细部效果—圈口（效果图 12）

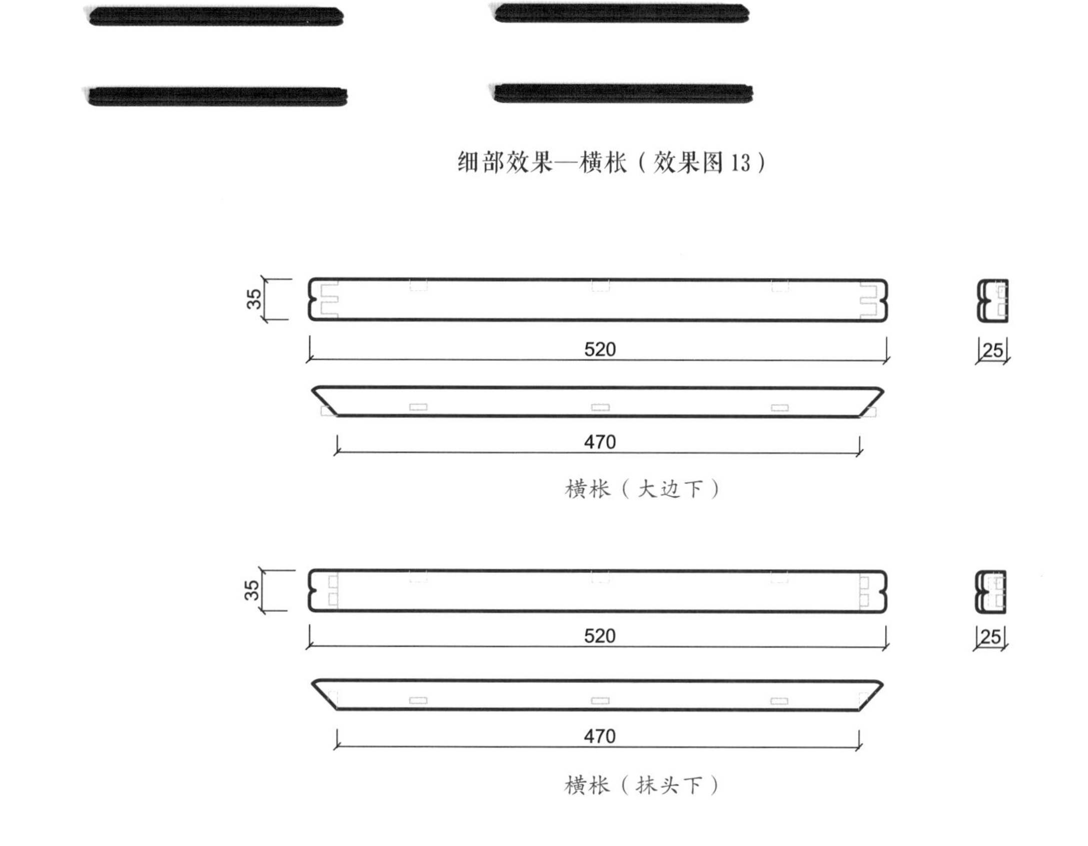

细部效果—横枨（效果图 13）

细部结构—横枨（CAD 图 8 ~ 图 9）

细部效果—托泥（效果图 14）

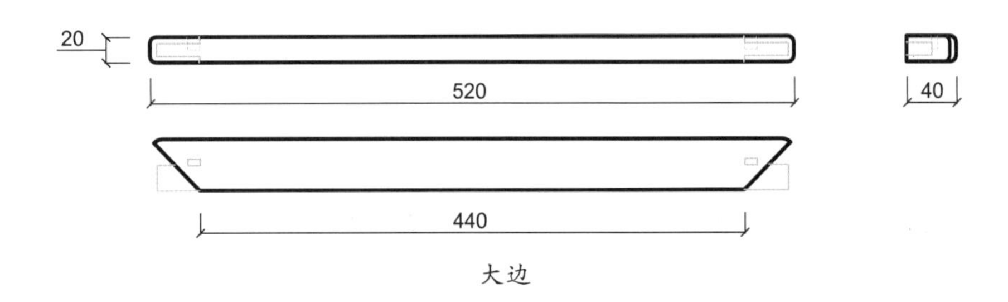

大边

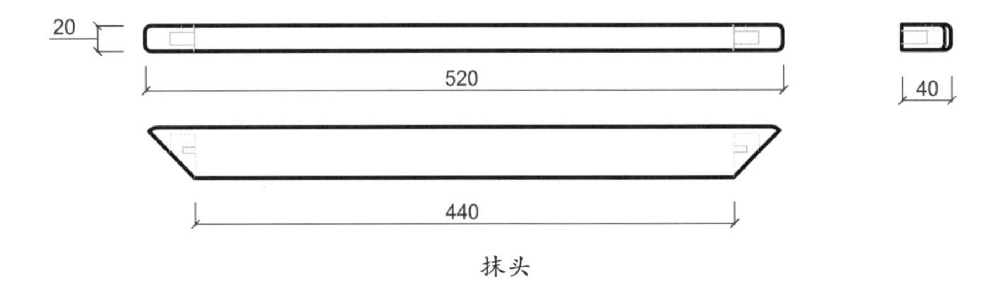

抹头

细部结构—托泥（CAD 图 10 ~ 图 11）

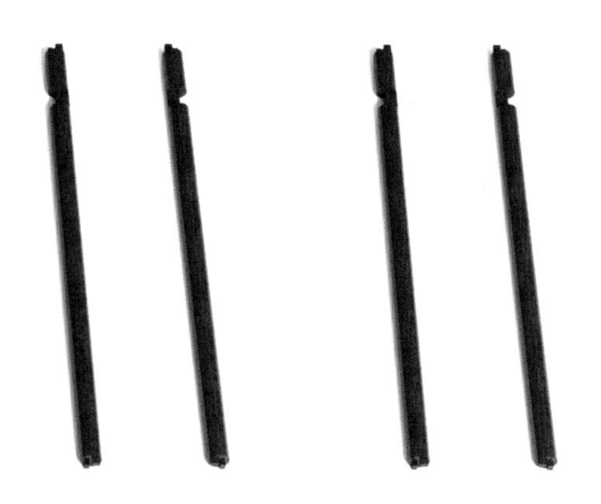

细部效果—腿子（效果图 15）

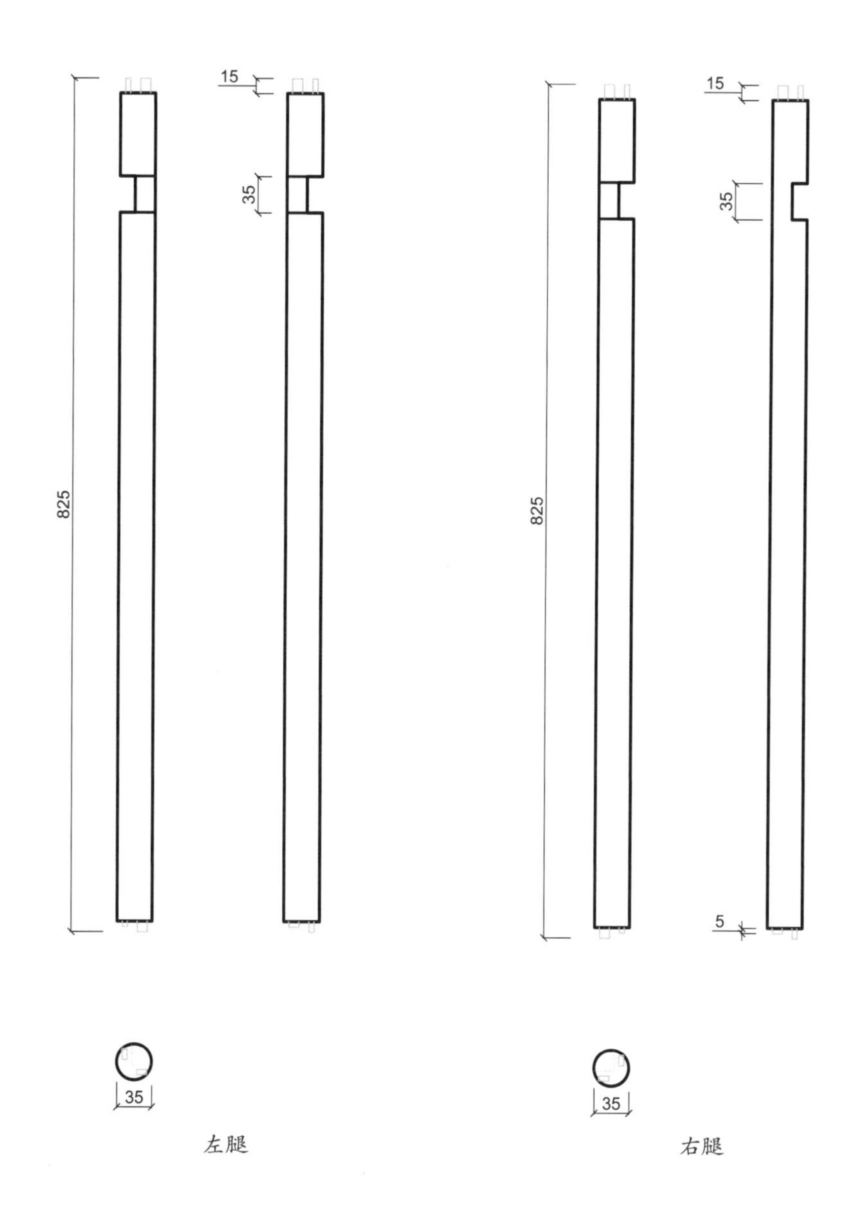

细部结构—腿子（CAD 图 12 ~图 13）

拐子角牙方香几

材质：黄花梨

年款：清

整体外观（效果图1）

1. 器形点评

此香几几面正方形，边抹素混面。几面之下有束腰，开有鱼门洞透光。四腿为多混面方材，至足端有落地枨，落地枨下面有龟足相承。四腿上节安拐子纹角牙，起到加固作用。此香几形态修长，线脚优美，曲中带方，方曲相合，有一种隽永之美。

2. CAD 图示

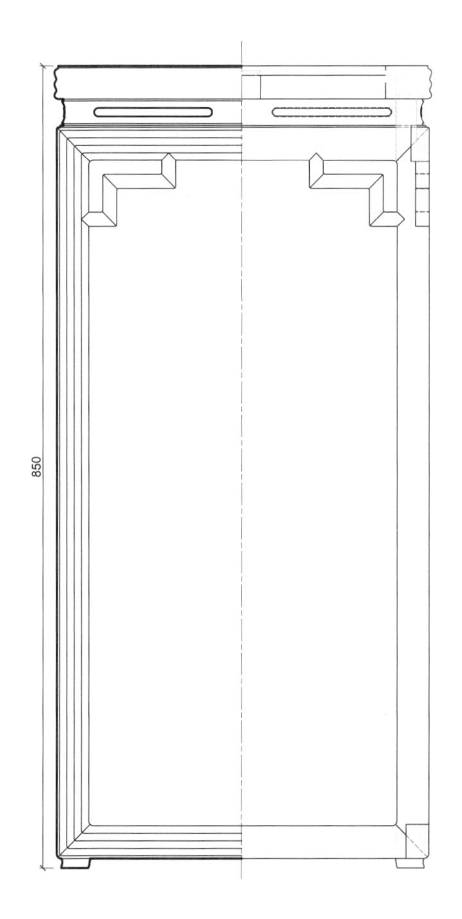

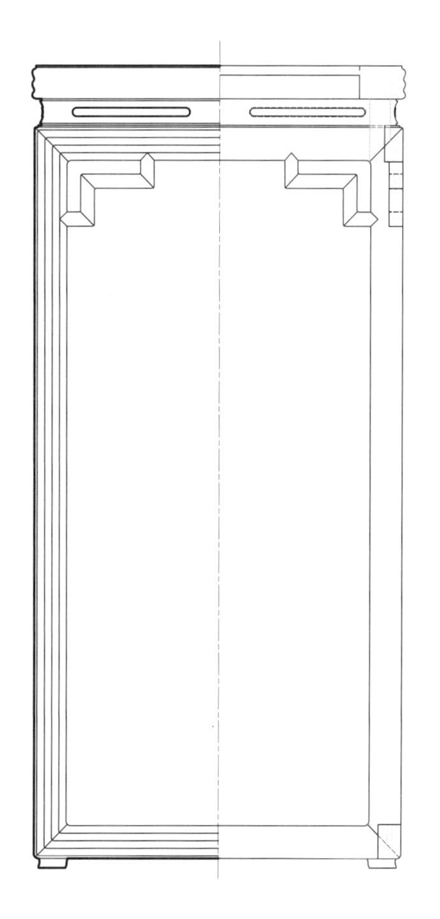

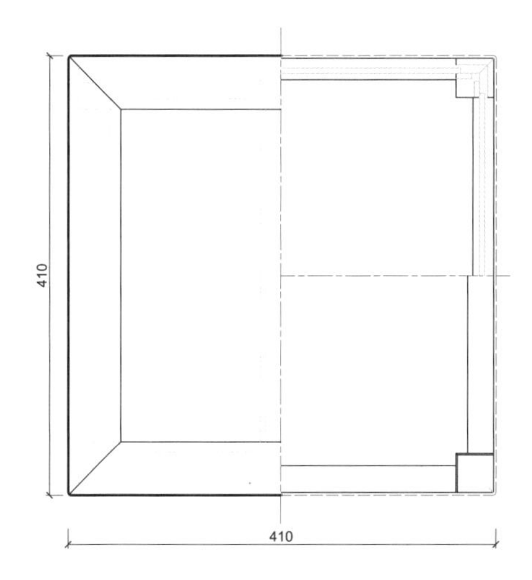

三视结构（CAD 图 1）

3. 用材效果

用材效果（材质：紫檀；效果图 2）

用材效果（材质：黄花梨；效果图 3）

用材效果（材质：红酸枝；效果图 4）

4. 结构爆炸

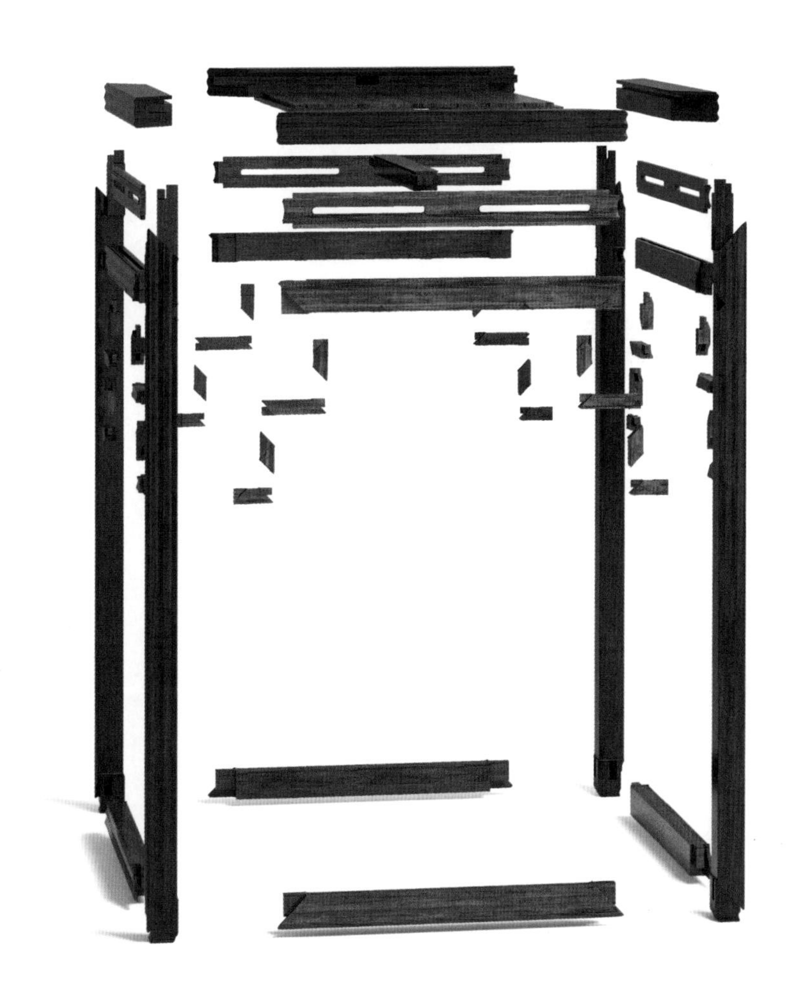

结构爆炸（效果图 5）

5. 部件示意

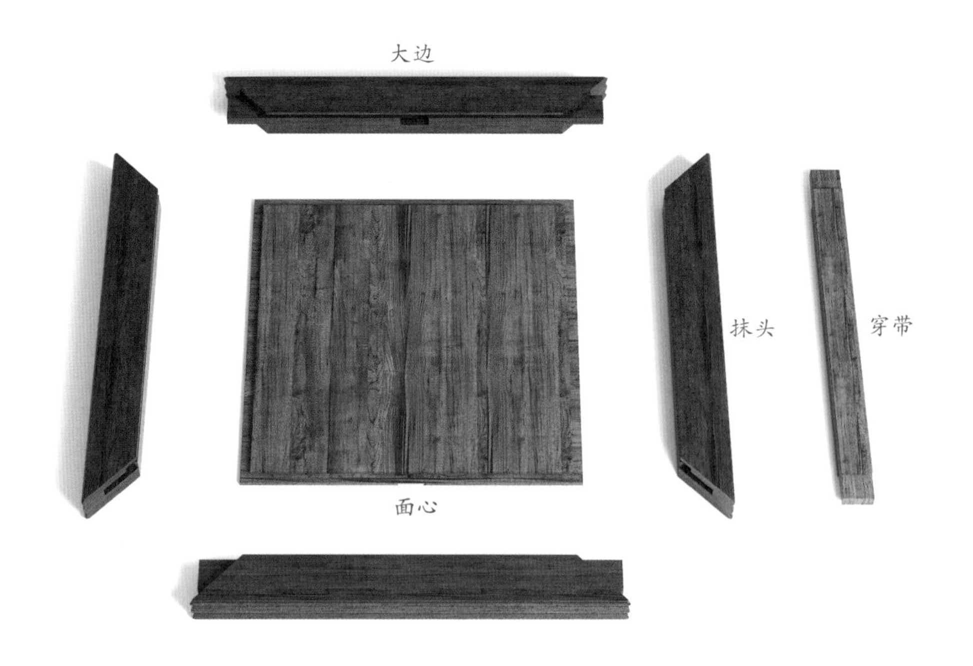

部件示意—几面（效果图6）

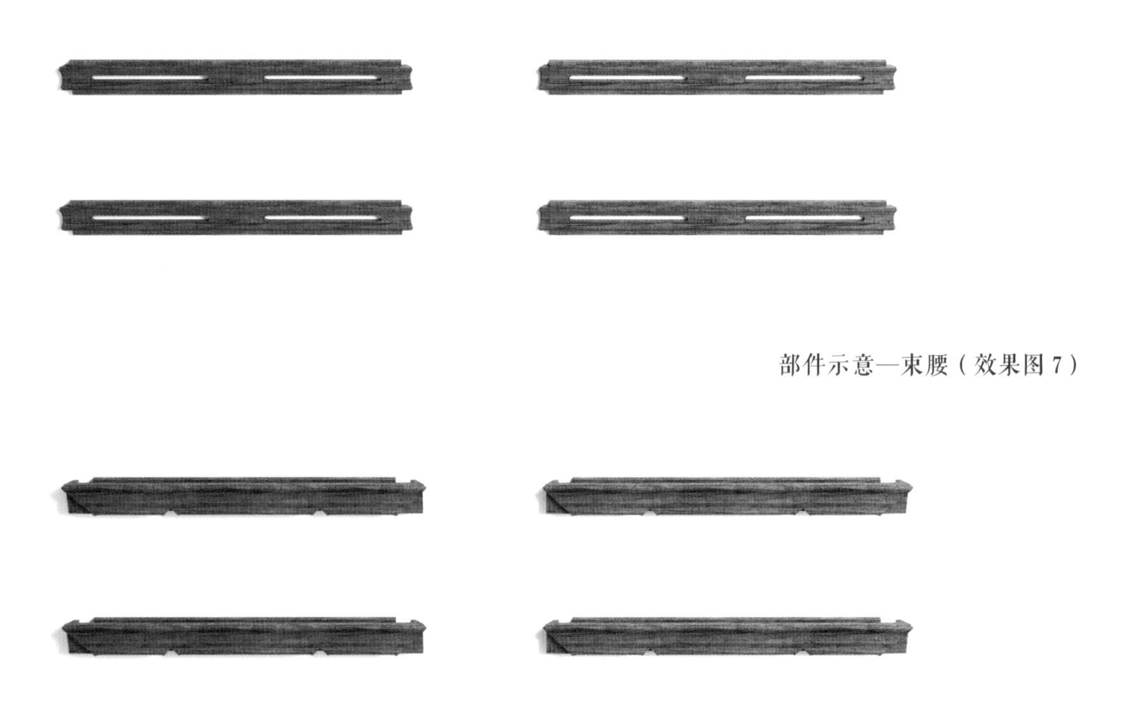

部件示意—束腰（效果图7）

部件示意—牙板（效果图8）

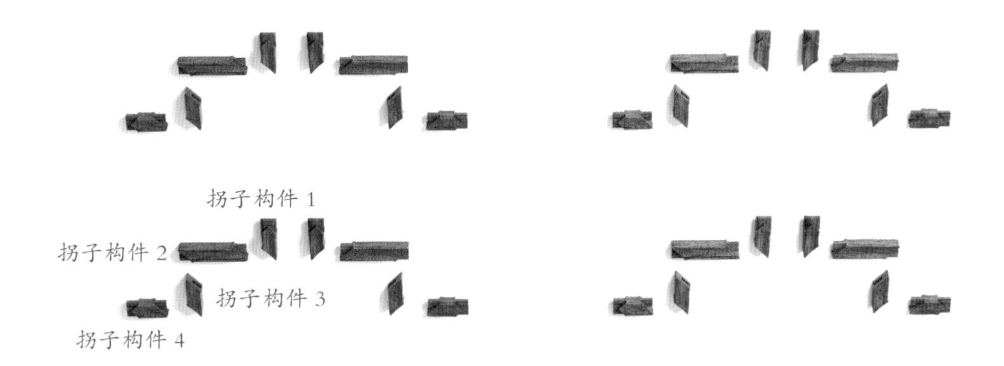

部件示意—角牙（效果图 9）

部件示意—腿子（效果图 10）

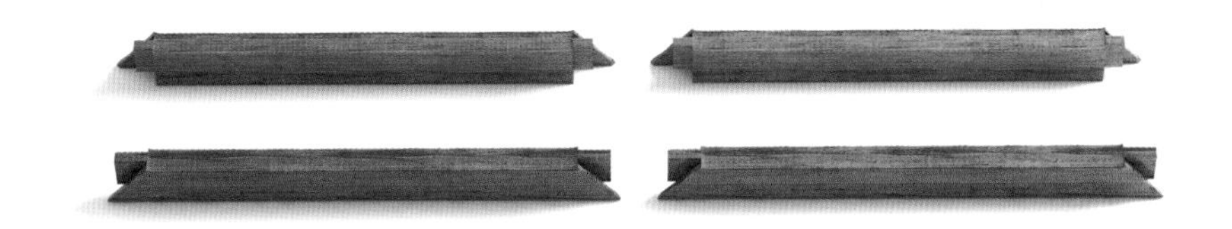

部件示意—托泥（效果图 11）

6. 细部详解

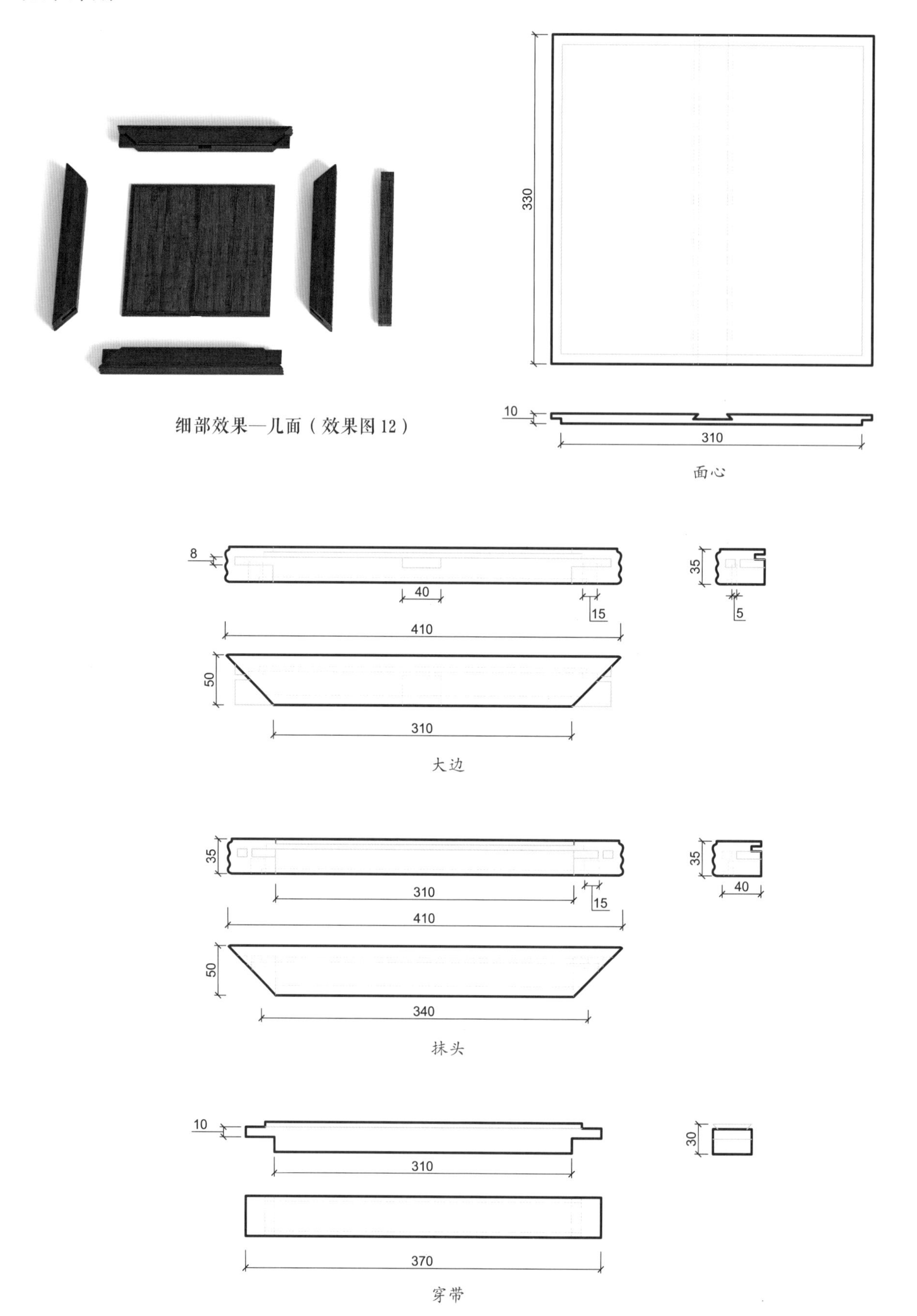

细部效果—几面（效果图 12）

细部结构—几面（CAD 图 2 ~ 图 5）

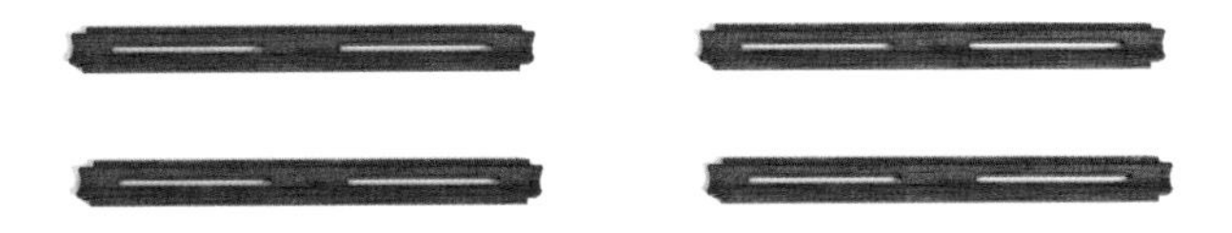

细部效果—束腰（效果图 13）

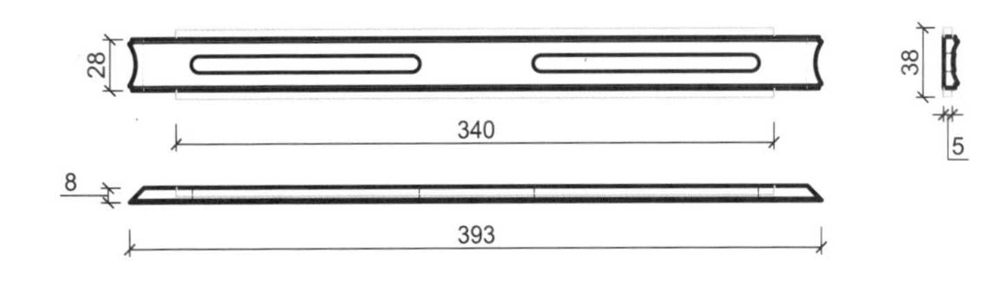

细部结构—束腰（CAD 图 6）

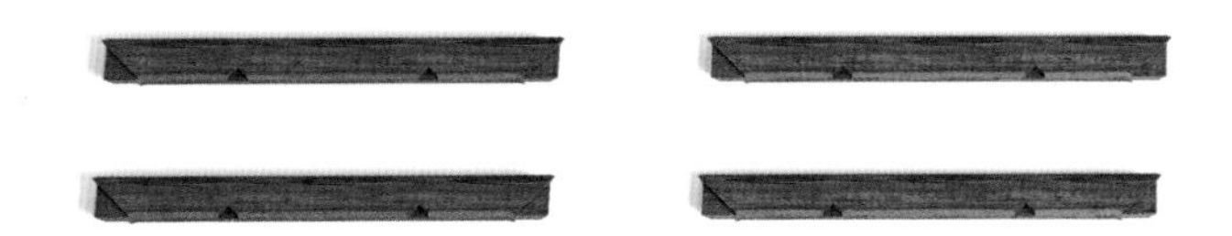

细部效果—牙板（效果图 14）

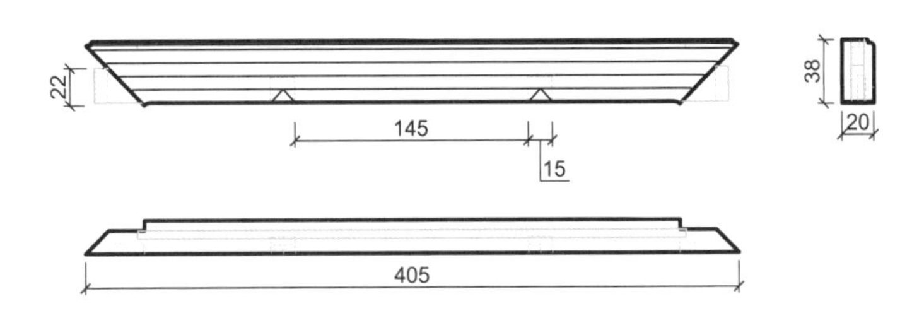

细部结构—牙板（CAD 图 7）

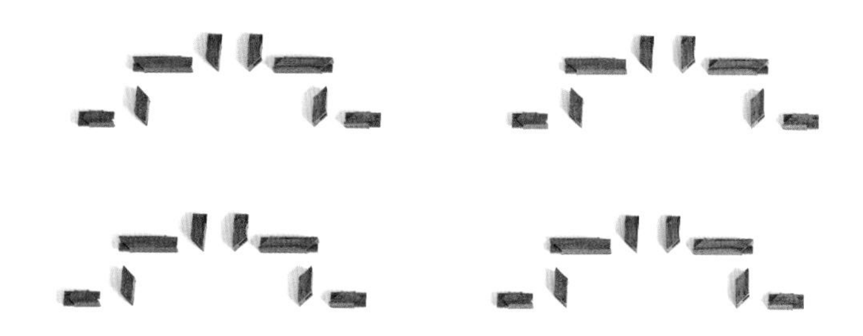

细部效果—角牙（效果图 15）

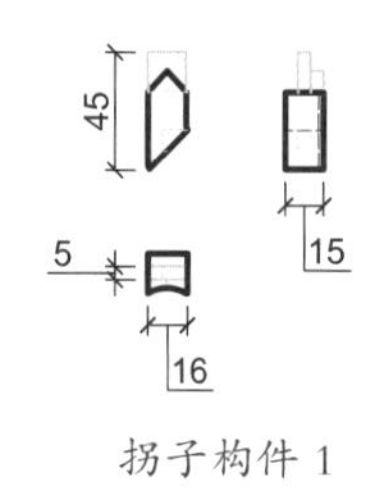

扮子构件 1

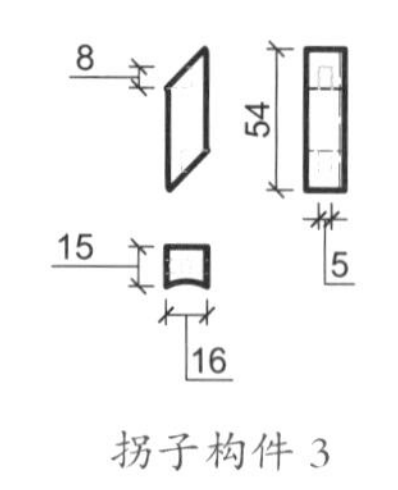

扮子构件 3

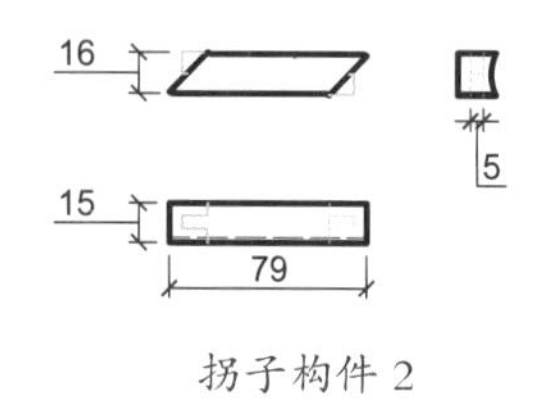

扮子构件 2

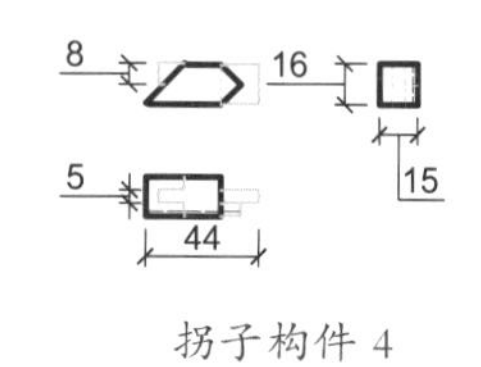

扮子构件 4

细部结构—角牙（CAD 图 8 ~ 图 11）

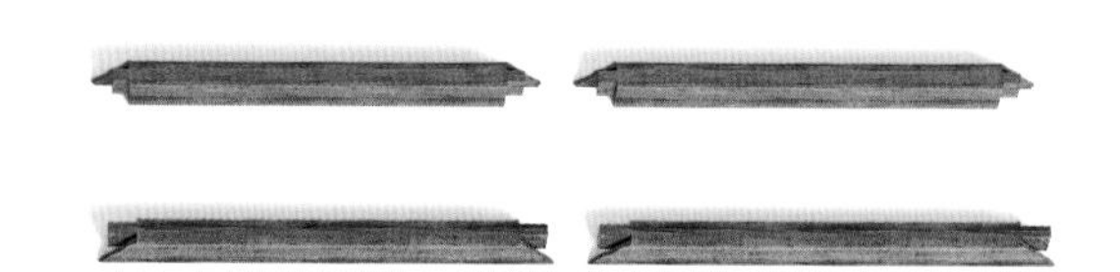

细部效果—托泥（效果图 16）

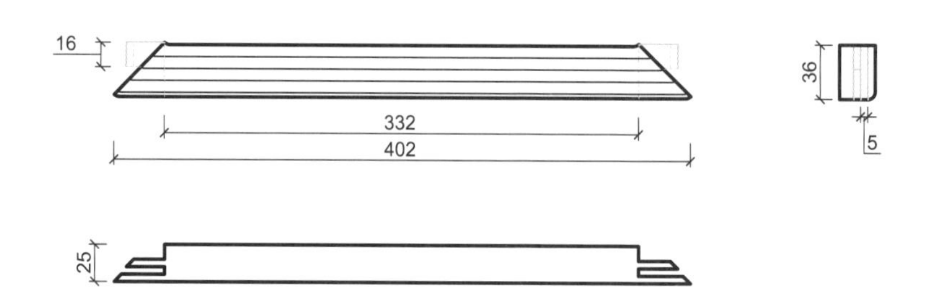

细部结构—托泥（CAD 图 12）

细部效果—腿子（效果图 17）

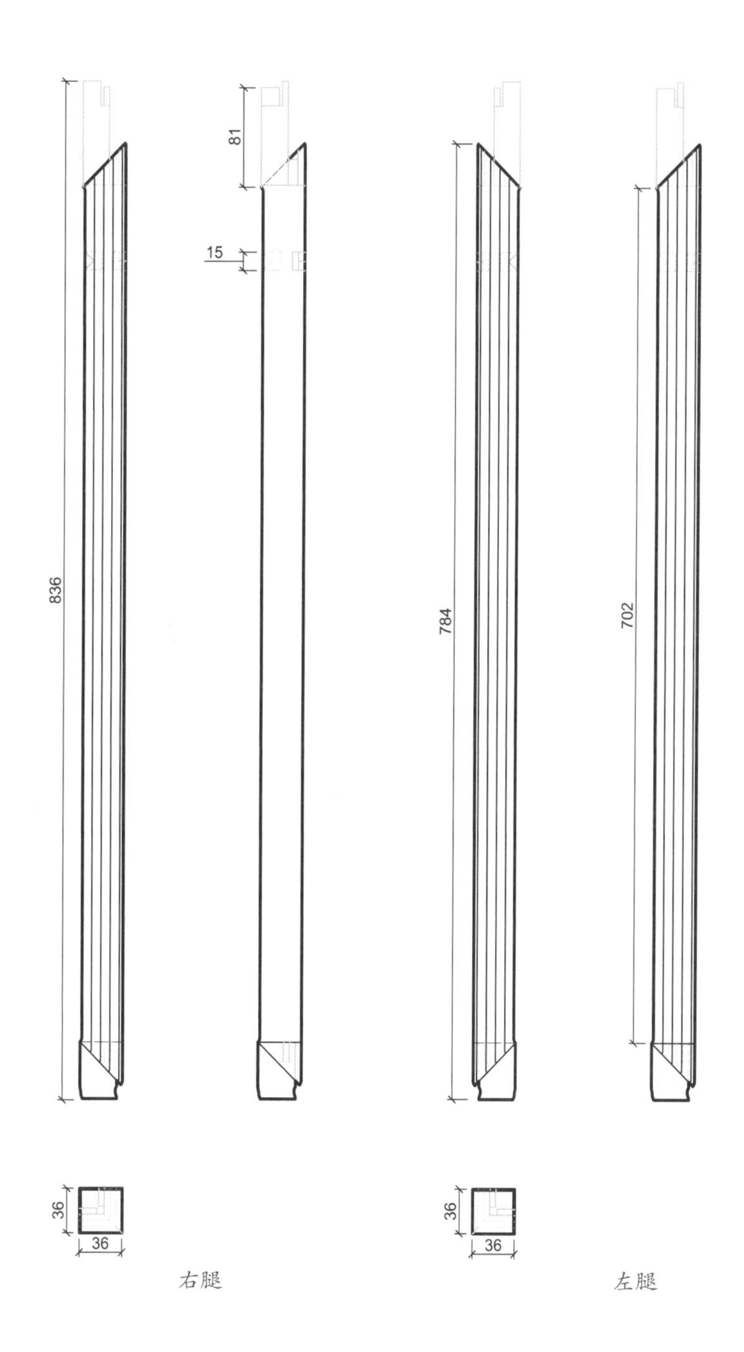

细部结构—腿子（CAD 图 13 ~ 图 14）

卷云纹方香几

材质：黄花梨

年款：清

整体外观（效果图1）

1. 器形点评

此香几几面为正方形，冰盘沿线脚，几面下有束腰，透雕卷云拐子纹。束腰下有托腮，又接卷云纹牙板。四腿为展腿形式，腿上部雕垂云纹，至足端雕成勾云纹，足下踩托泥。此香几做工精湛，线条流畅舒朗，美观耐看。

2. CAD 图示

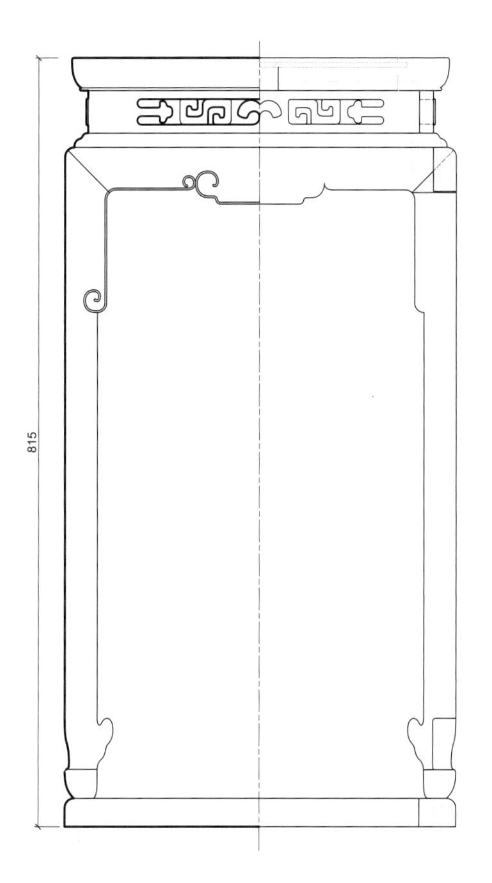

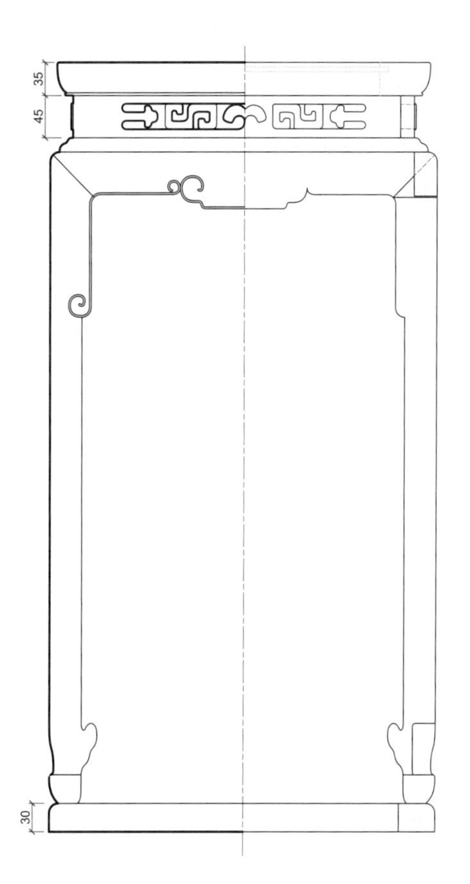

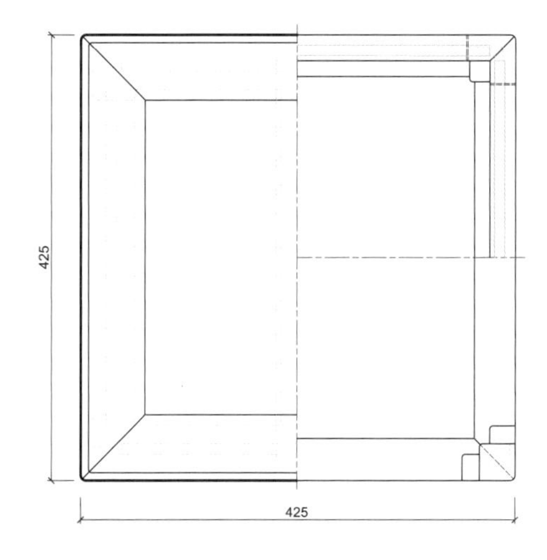

三视结构（CAD 图 1）

3. 用材效果

用材效果（材质：紫檀；效果图 2）

用材效果（材质：黄花梨；效果图 3）

用材效果（材质：红酸枝；效果图 4）

4. 结构爆炸

结构爆炸（效果图 5）

5. 部件示意

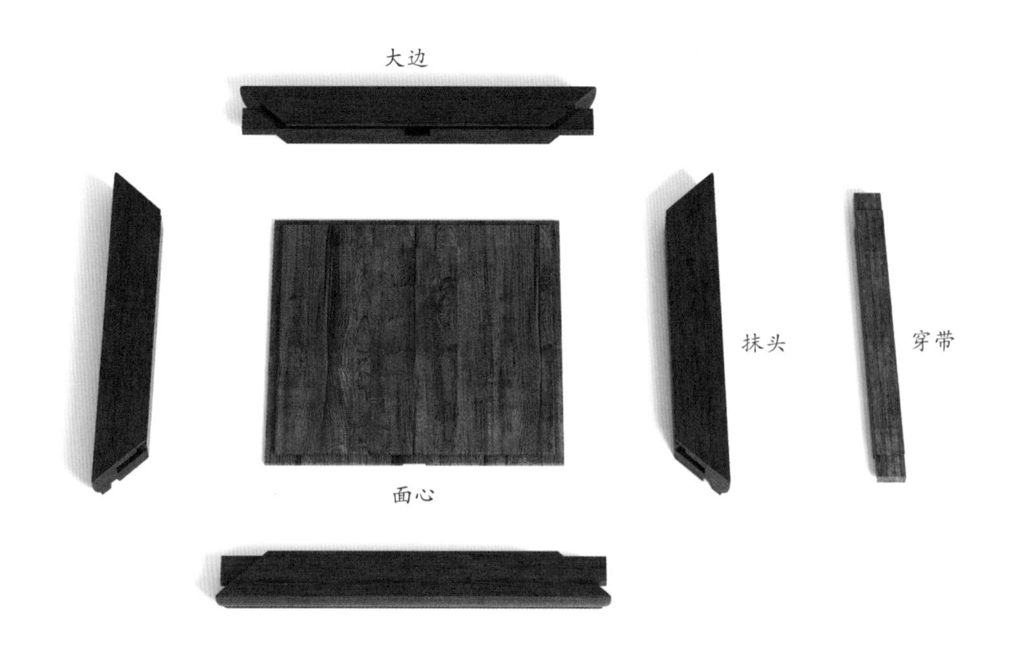

部件示意—几面（效果图 6）

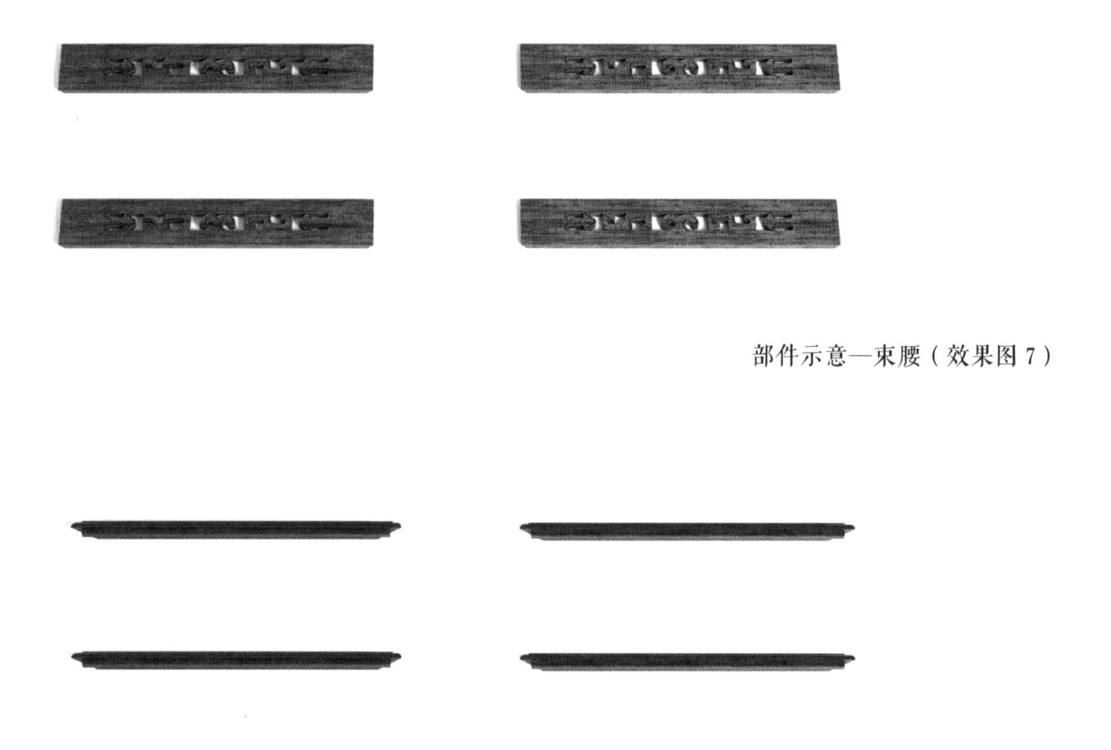

部件示意—束腰（效果图 7）

部件示意—托腮（效果图 8）

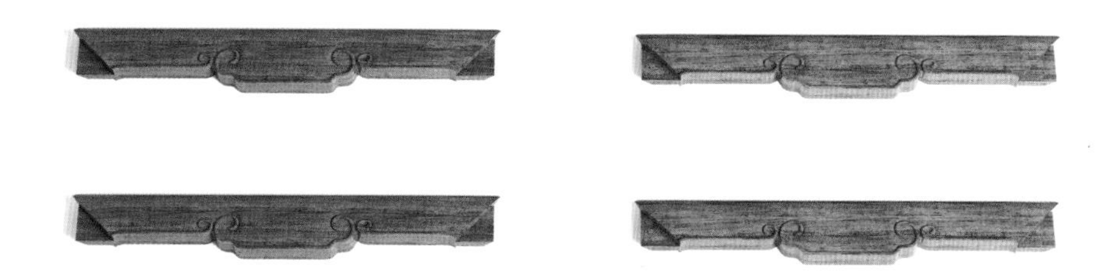

部件示意—牙板（效果图 9）

部件示意—腿子（效果图 10）

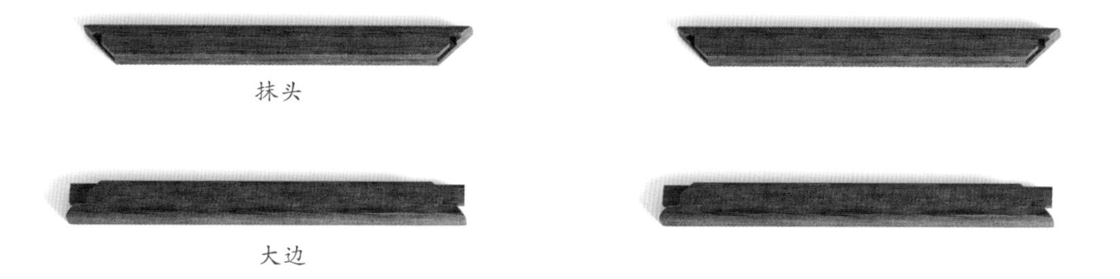

部件示意—托泥（效果图 11）

6. 细部详解

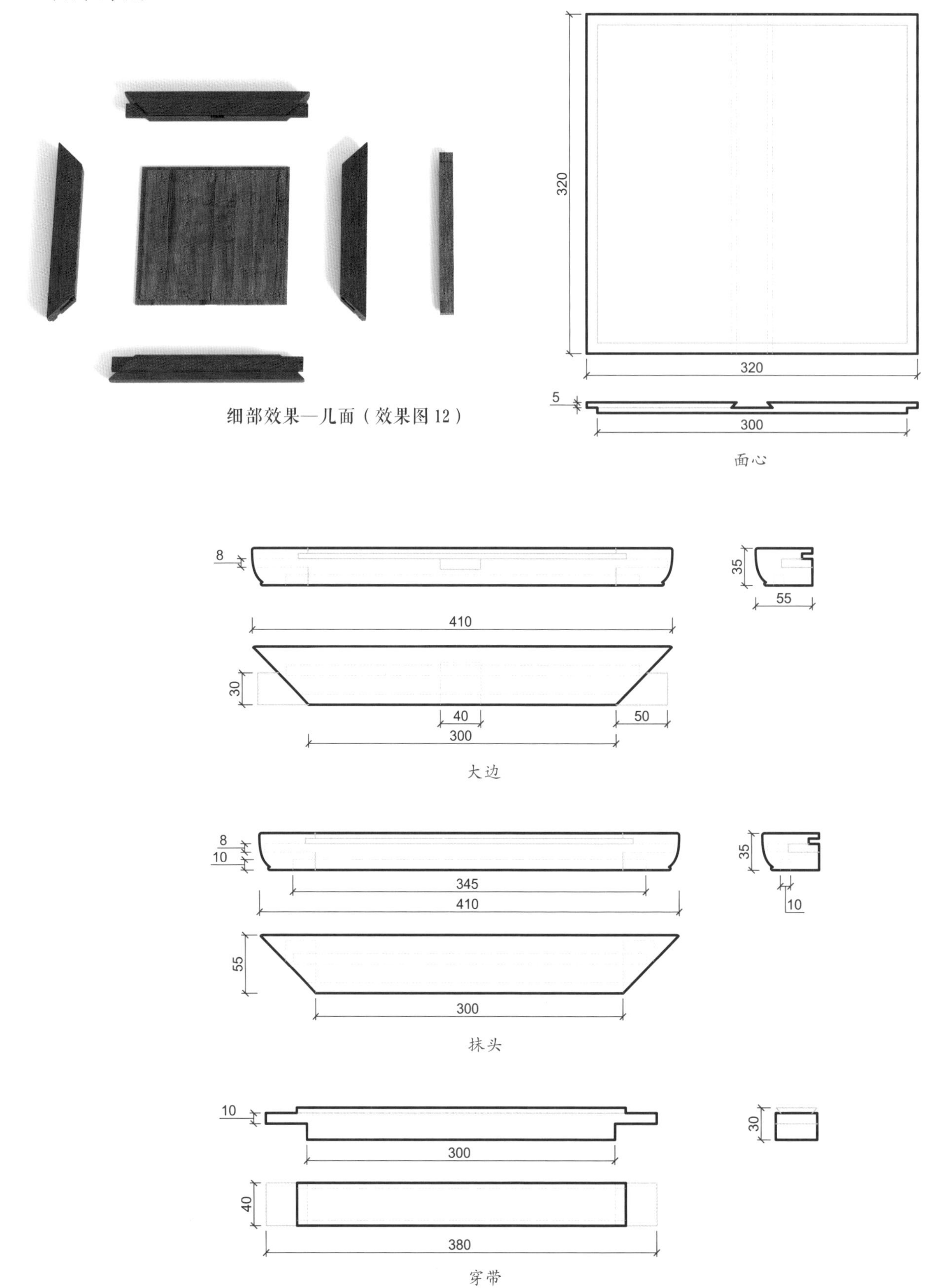

细部效果—几面（效果图 12）

细部结构—几面（CAD 图 2 ~图 5）

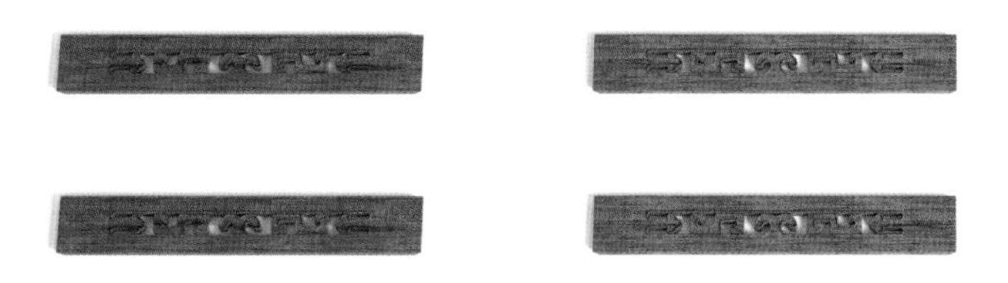

细部效果—束腰（效果图 13）

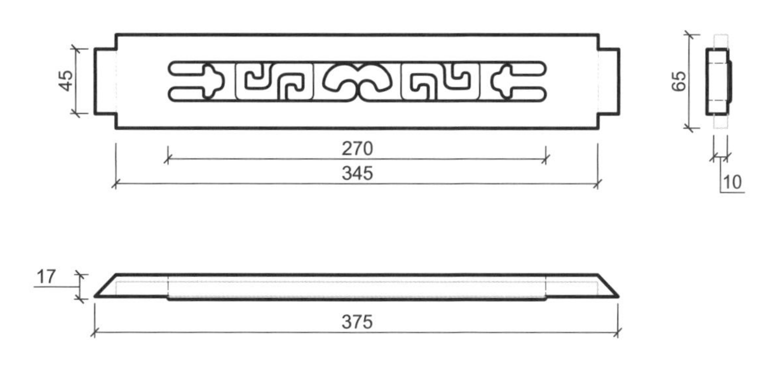

细部结构—束腰（CAD 图 6）

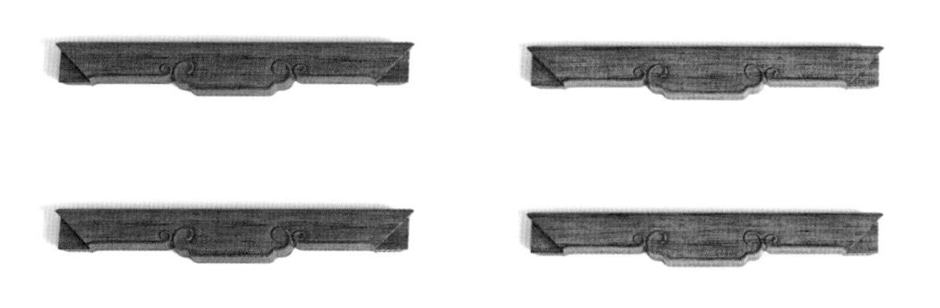

细部效果—牙板（效果图 14）

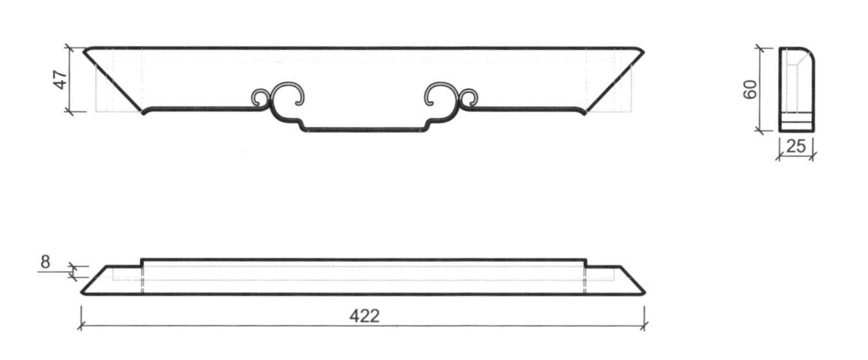

细部结构—牙板（CAD 图 7）

细部效果—托腮（效果图 15）

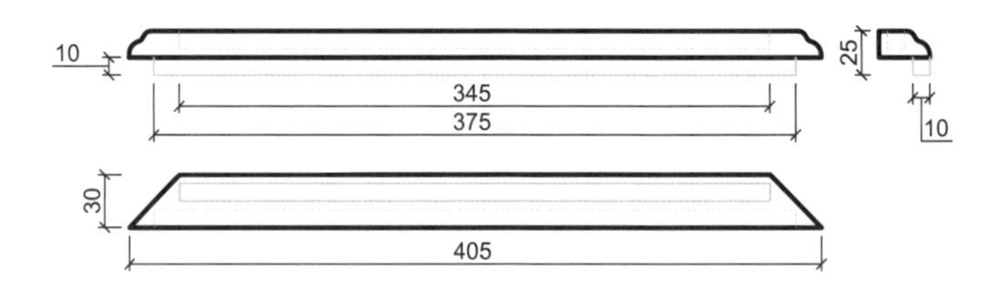

细部结构—托腮（CAD 图 8）

细部效果—托泥（效果图 16）

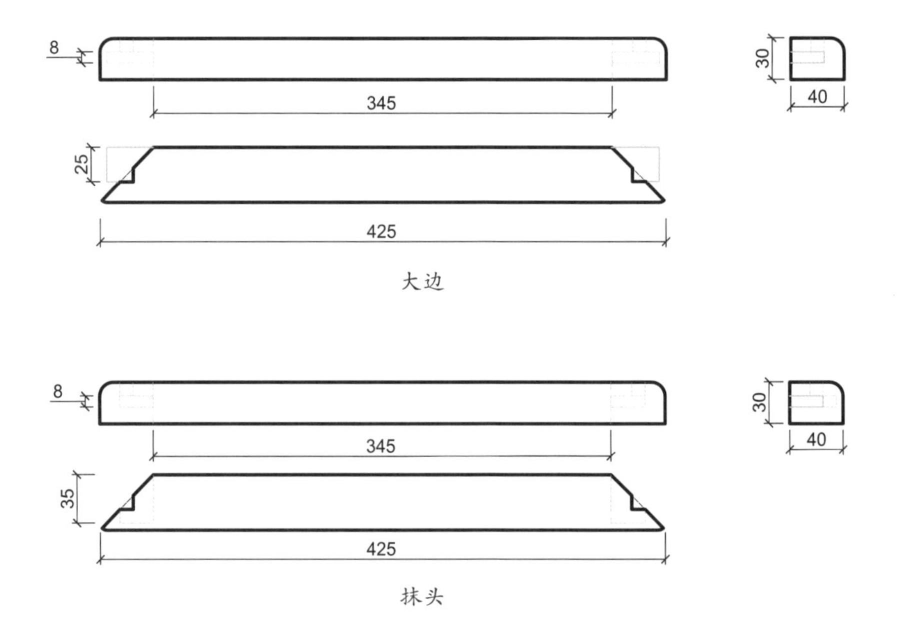

细部结构—托泥（CAD 图 9 ~ 图 10）

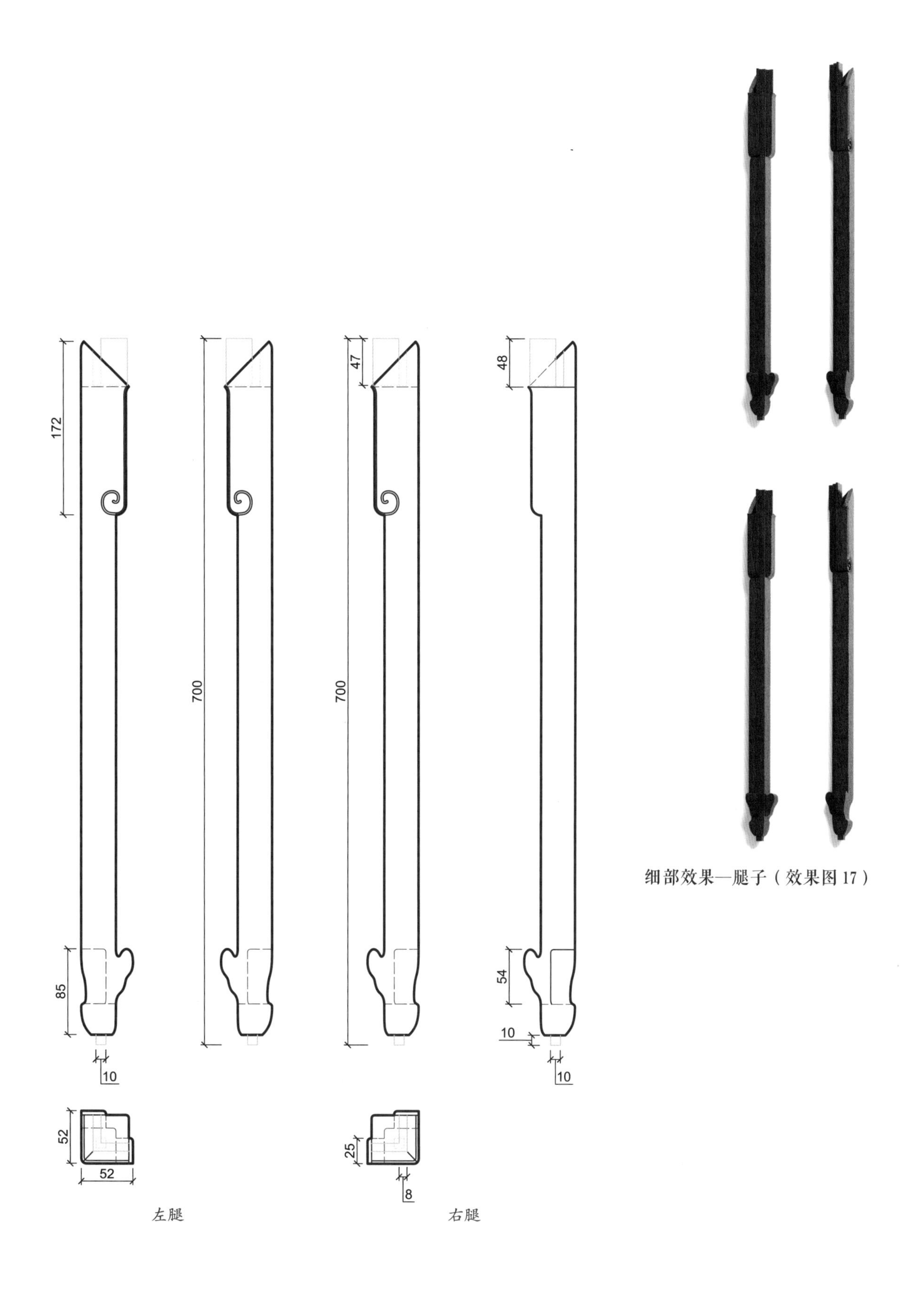

细部效果—腿子（效果图17）

细部结构—腿子（CAD图11～图12）

三弯腿方香几

材质：红酸枝

年款：明

整体外观（效果图1）

1. 器形点评

此方几几面方正，边抹起拦水线，边沿厚硕，做成双层混面，下有垛边。面下有束腰，壶门牙板。四腿为三弯腿，足端雕成卷云足，下踩台座。整器造型简洁明快，没有过多雕饰，线条流畅优美，有素面朝天的自然美感。

2. CAD 图示

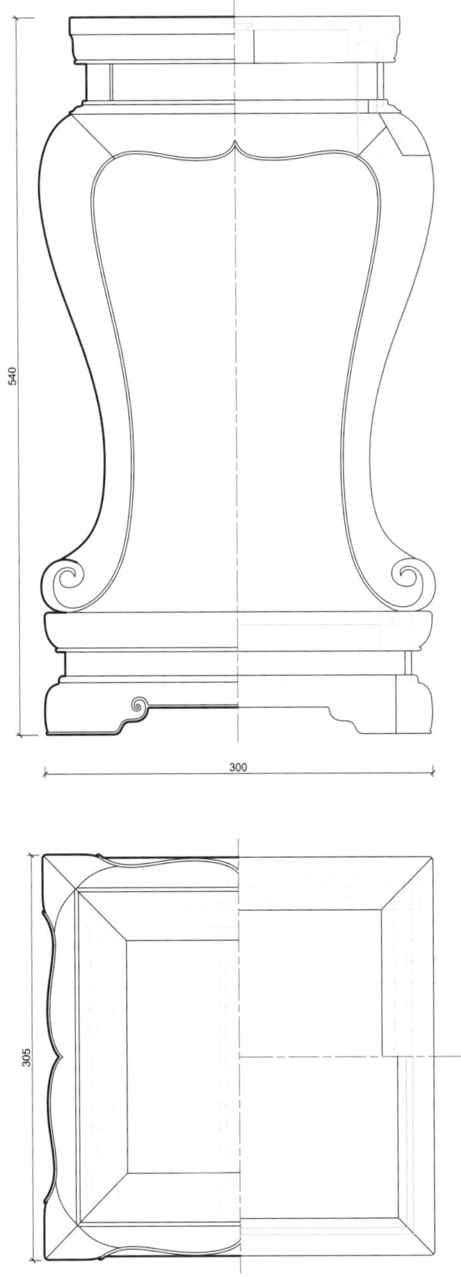

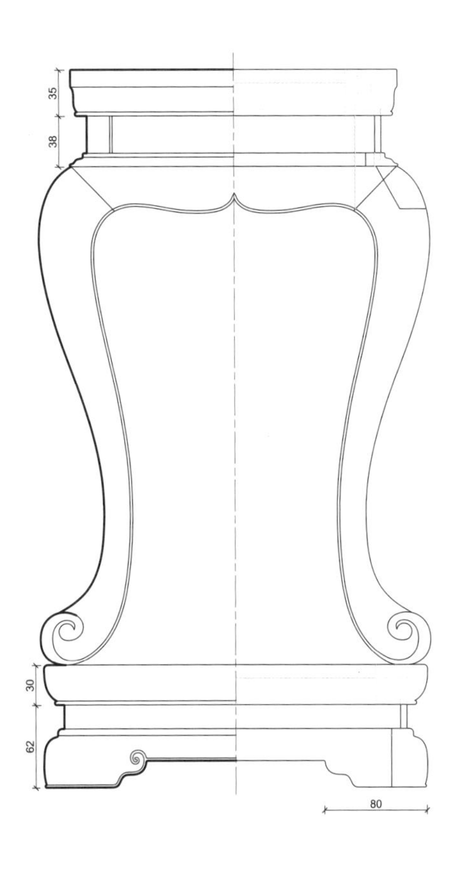

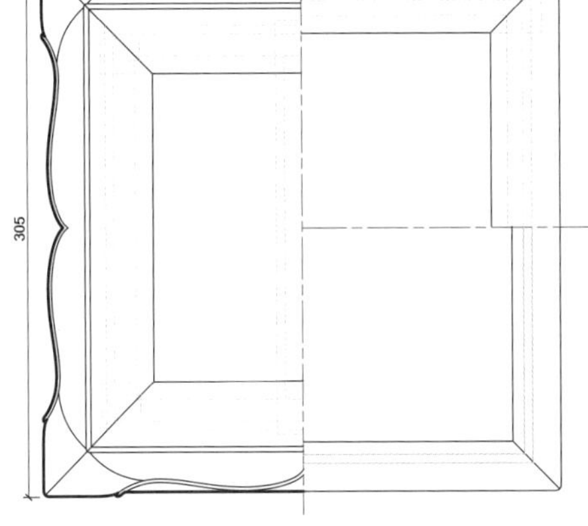

三视结构（CAD 图 1）

3. 用材效果

用材效果（材质：紫檀；效果图 2）

用材效果（材质：黄花梨；效果图 3）

用材效果（材质：红酸枝；效果图 4）

4. 结构爆炸

结构爆炸（效果图 5）

5. 部件示意

部件示意—几面（效果图 6）

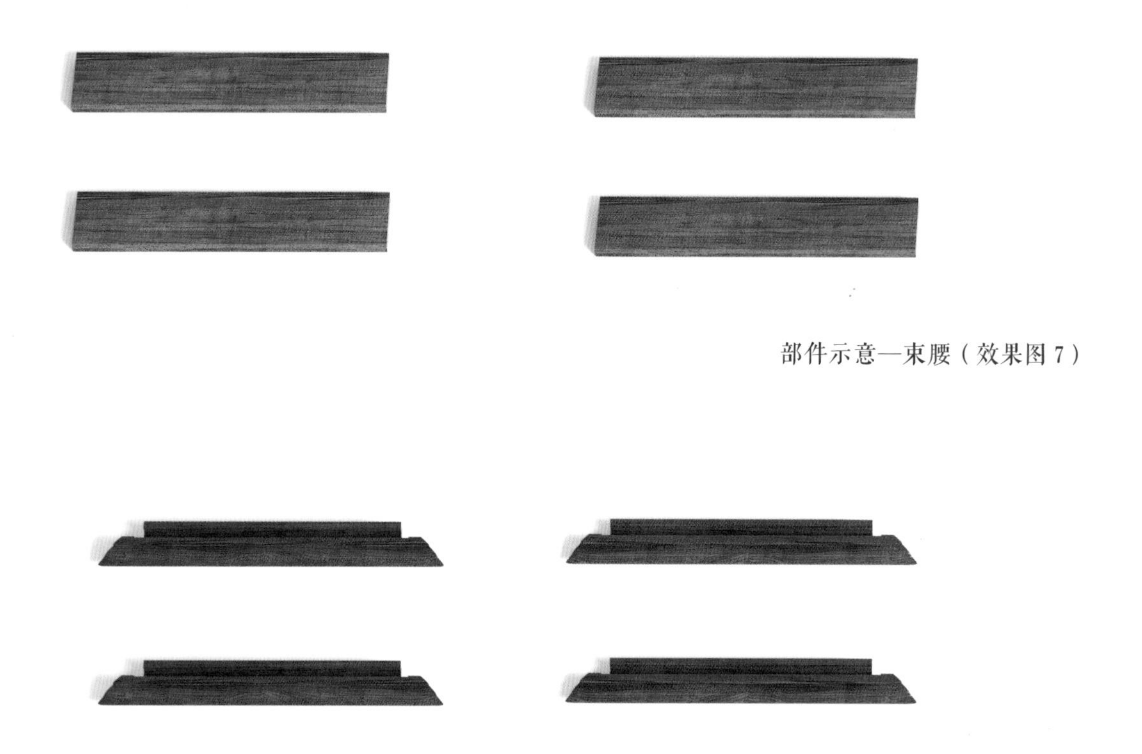

部件示意—束腰（效果图 7）

部件示意—托腮（效果图 8）

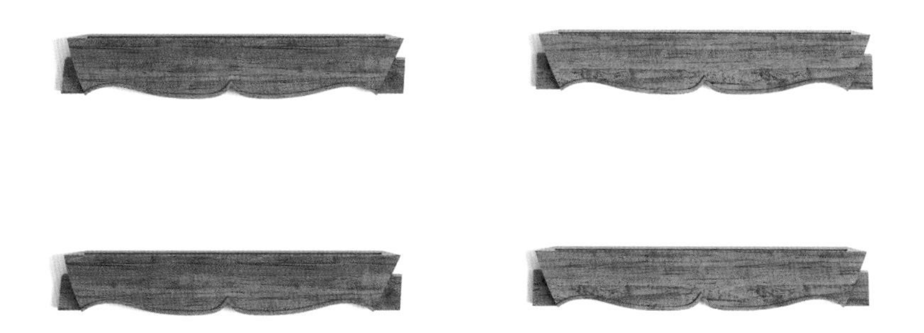

部件示意—牙板（效果图 9）

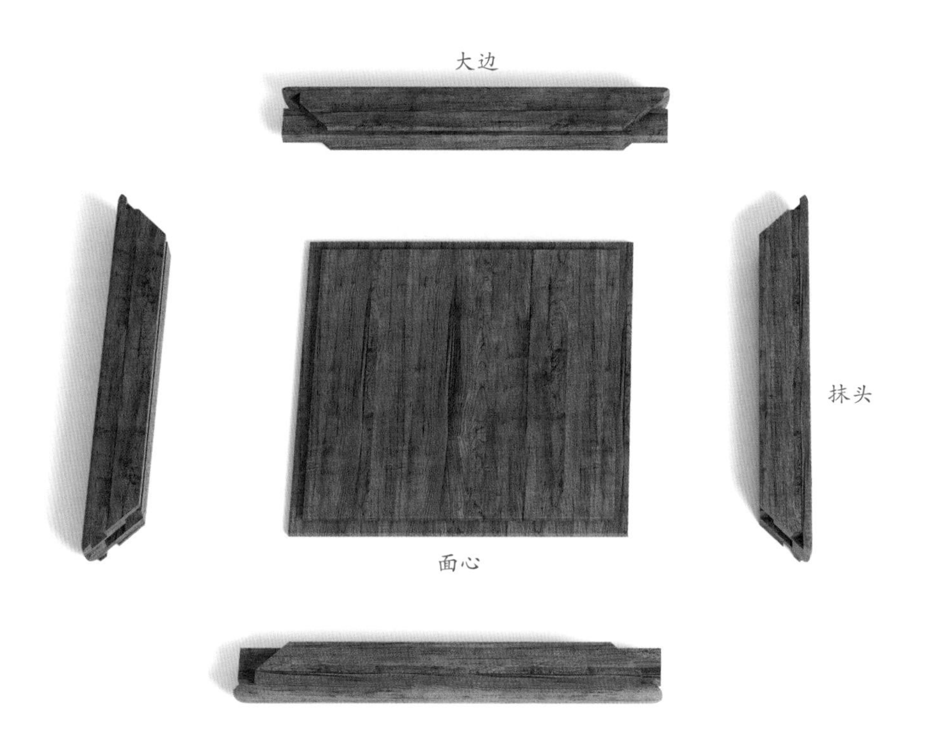

部件示意—底座面板（效果图 10）

部件示意—腿子（效果图 11）

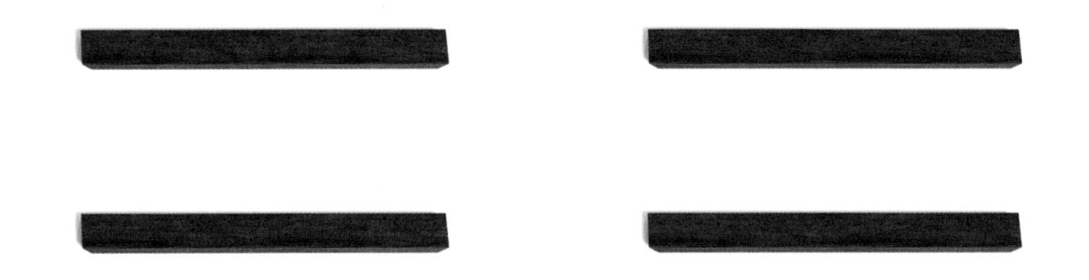

部件示意—底座束腰（效果图 12）

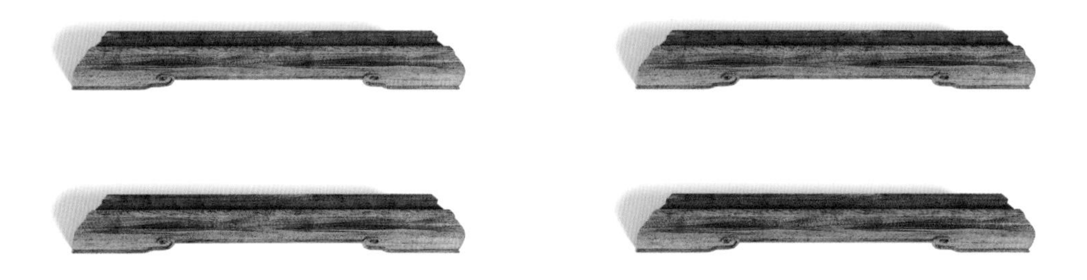

部件示意—底座托泥（效果图 13）

6. 细部详解

细部效果—几面（效果图 14）

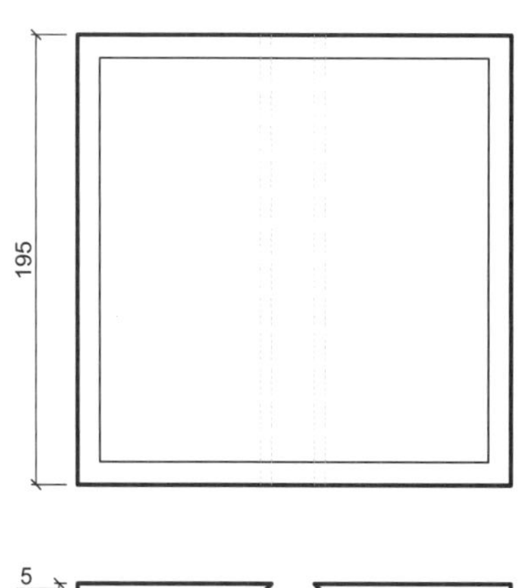

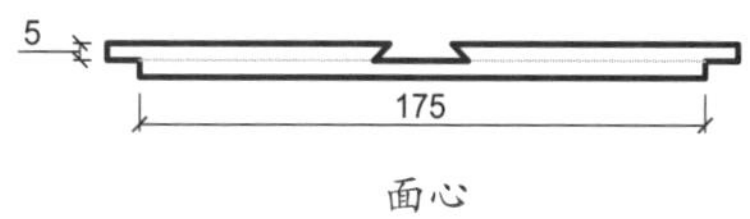

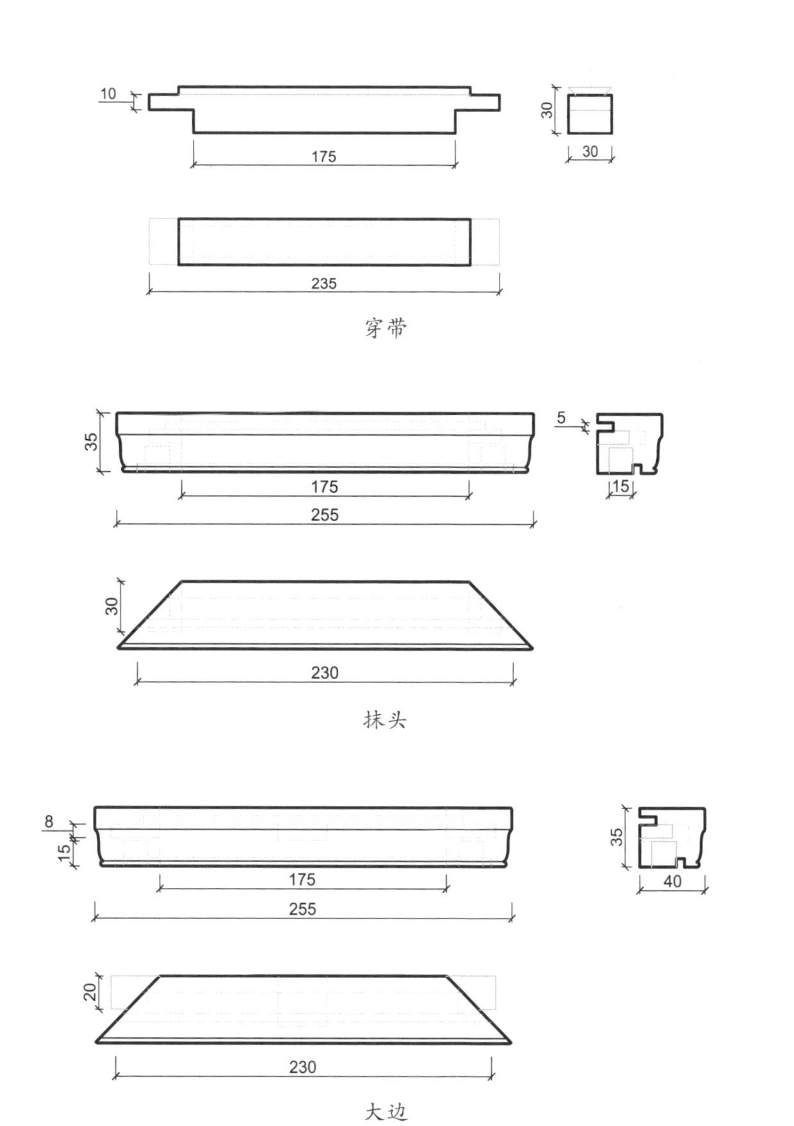

细部结构—几面（CAD 图 2 ~图 5）

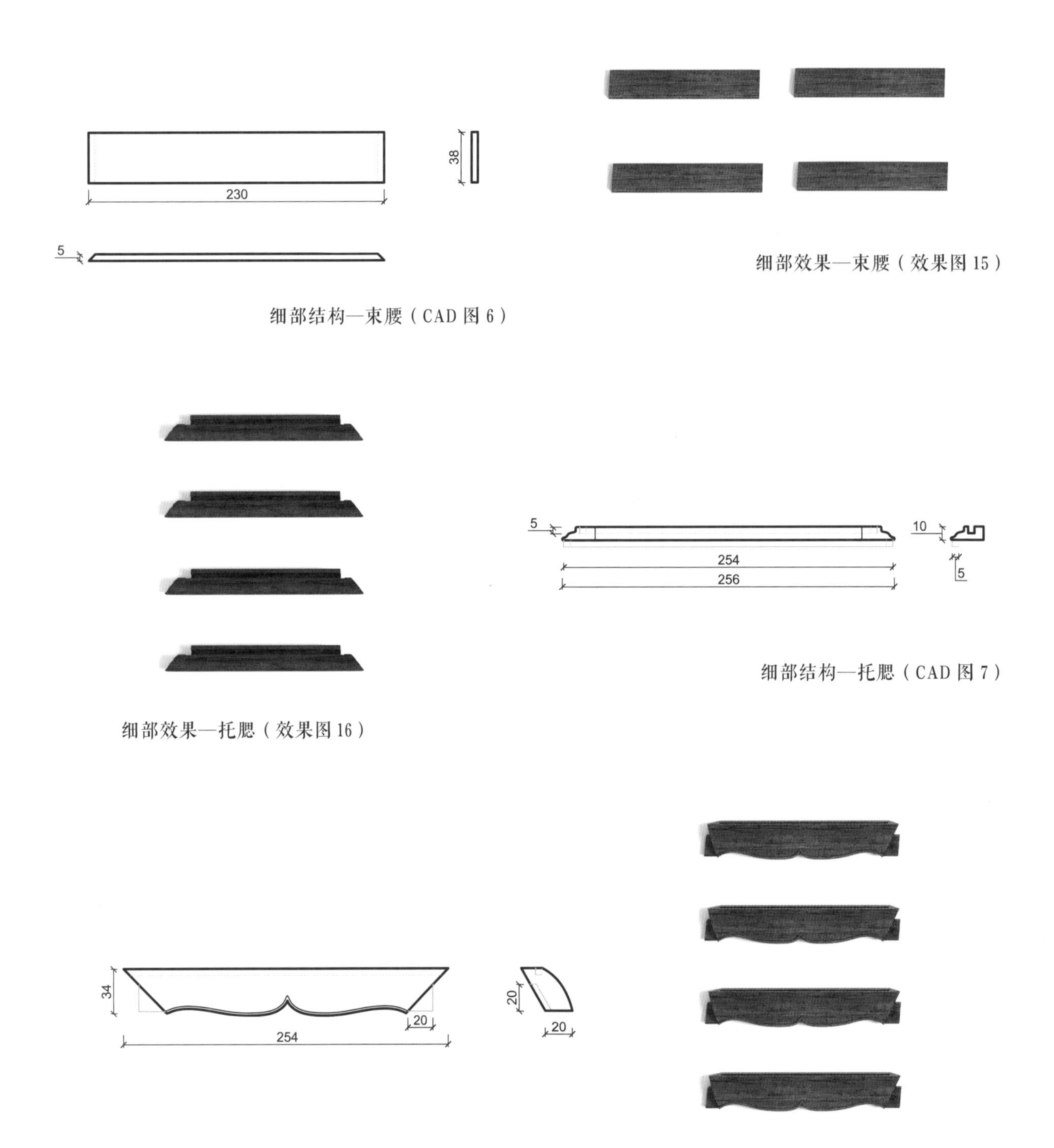

细部结构—束腰（CAD 图 6）

细部效果—束腰（效果图 15）

细部效果—托腮（效果图 16）

细部结构—托腮（CAD 图 7）

细部结构—牙板（CAD 图 8）

细部效果—牙板（效果图 17）

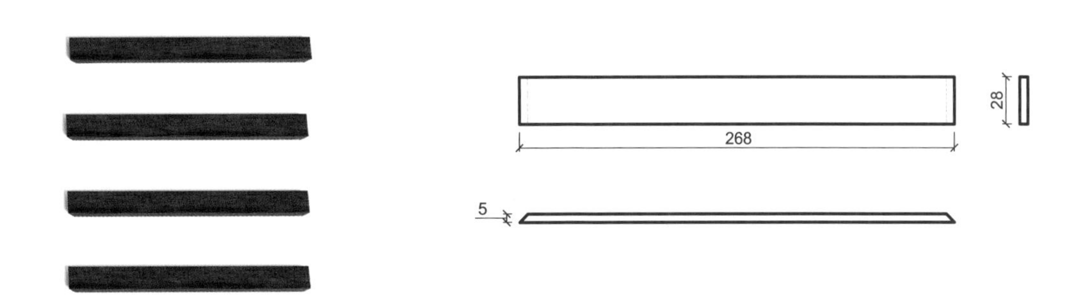

细部效果—底座束腰（效果图 18）

细部结构—底座束腰（CAD 图 9）

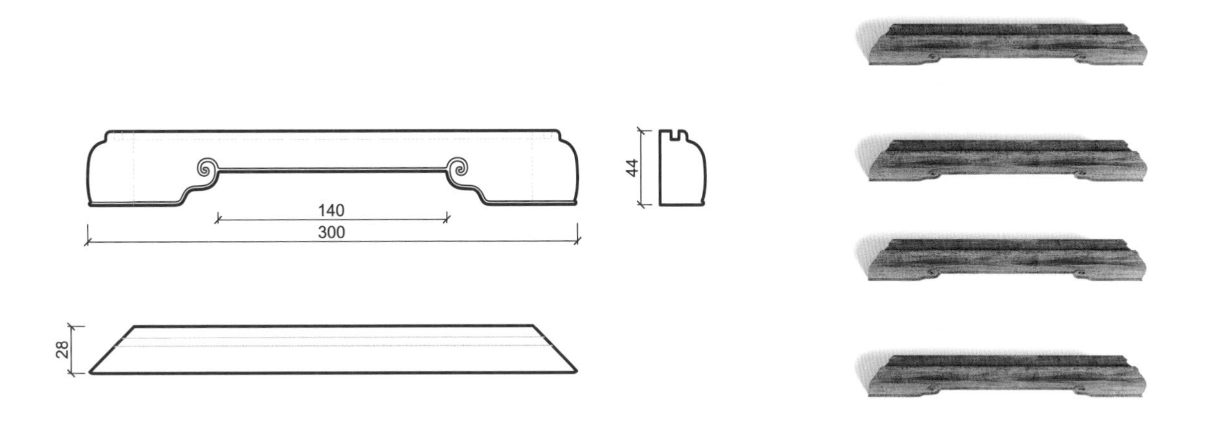

细部结构—底座托泥（CAD 图 10）

细部效果—底座托泥（效果图 19）

细部效果—底座面板（效果图 20）

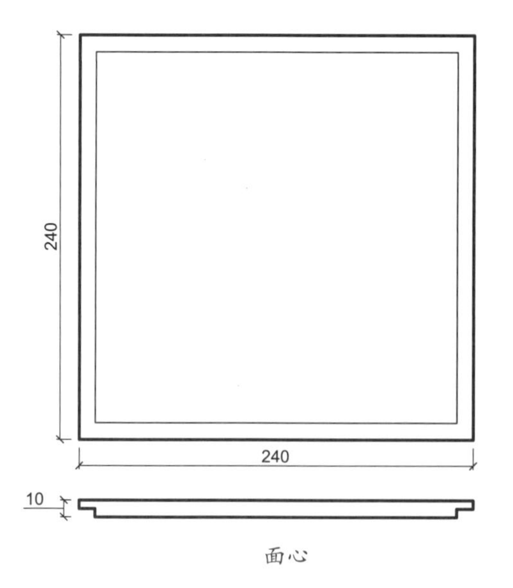

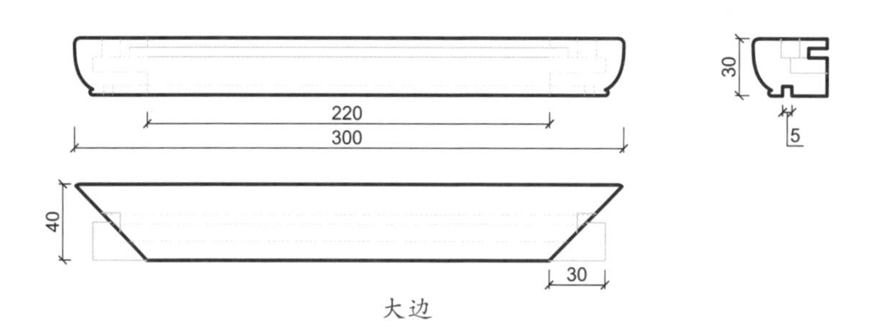

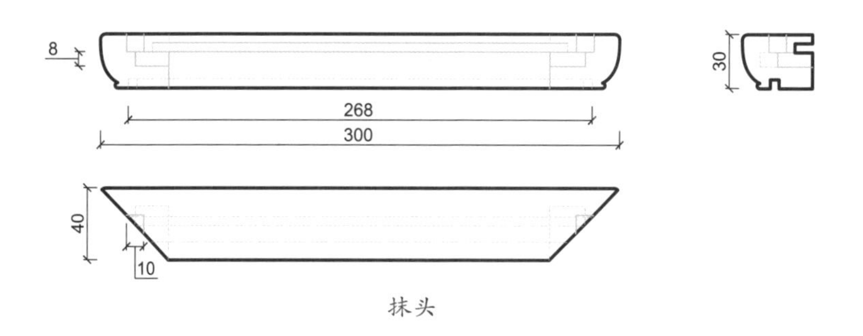

细部结构—底座面板（CAD 图 11 ~ 图 13）

细部效果—腿子（效果图 21）

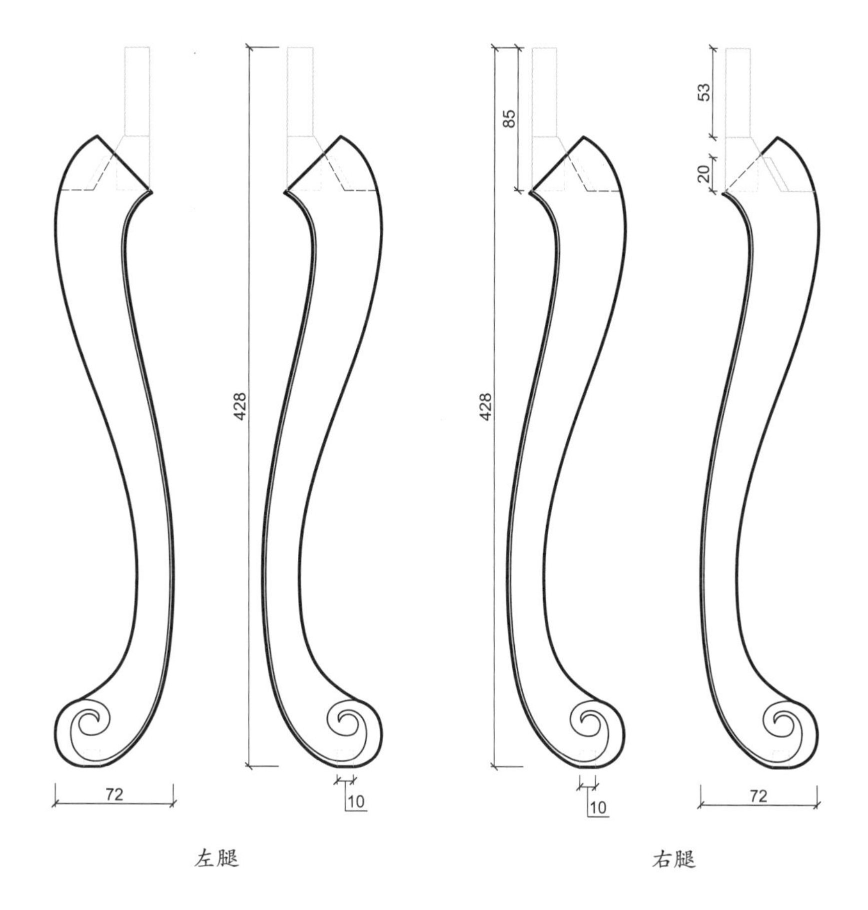

细部结构—腿子（CAD 图 14 ~ 图 15）

有抽屉三弯腿方香几

材质：黄花梨

年款：明

整体外观（效果图1）

1. 器形点评

此香几几面方正平直，攒框打槽装石板，边抹边沿打洼。几面下有高束腰，上安抽屉，下有托腮，壸门牙板。四腿为三弯腿，腿子边沿起皮条线，四腿上端与牙板相交处安有云纹角牙，四腿中段起云纹翅，至足端外翻，下踩圆珠。四腿下有底座相承。此香几造型简洁，线条优美，舒朗明快，是一件明式风格的精品家具。

2. CAD 图示

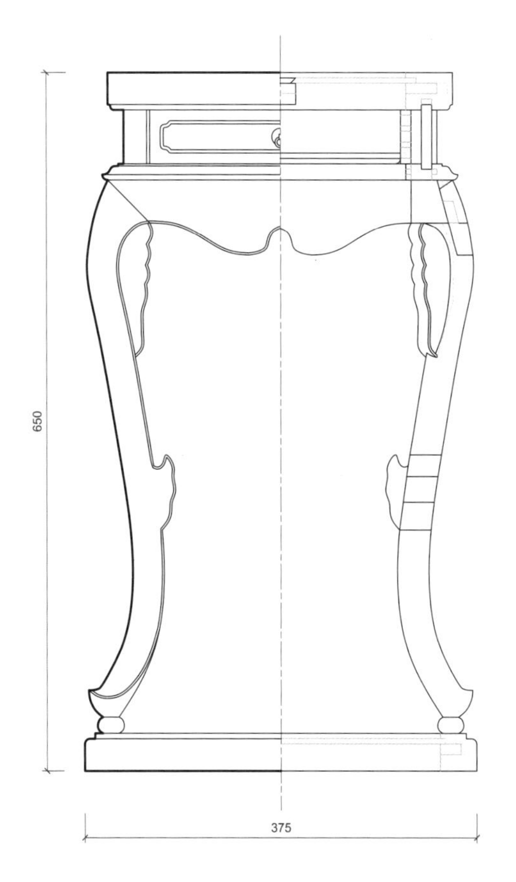

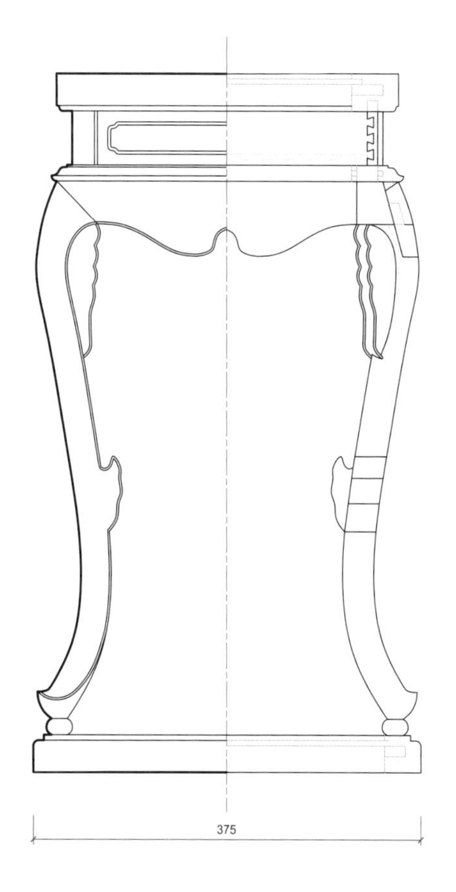

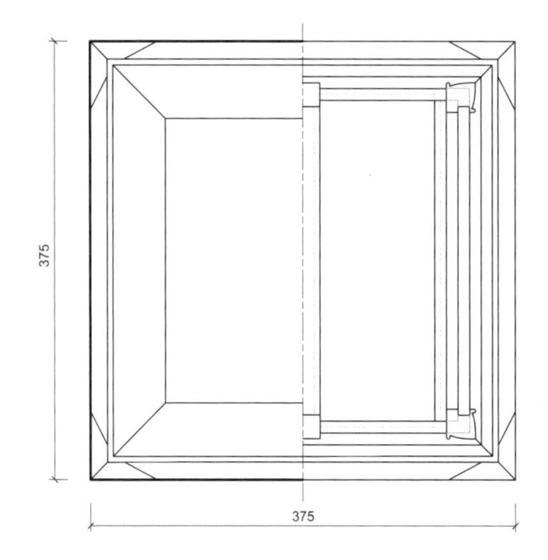

三视结构（CAD 图 1）

3. 用材效果

用材效果（材质：紫檀；效果图 2）

用材效果（材质：黄花梨；效果图 3）

用材效果（材质：红酸枝；效果图 4）

4. 结构爆炸

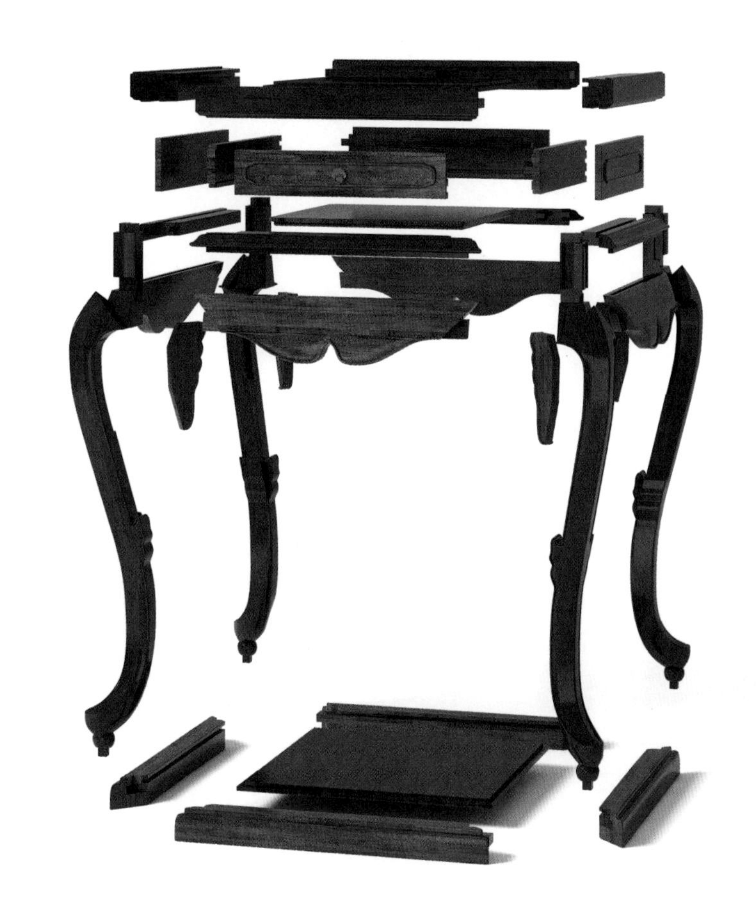

结构爆炸（效果图 5）

5. 部件示意

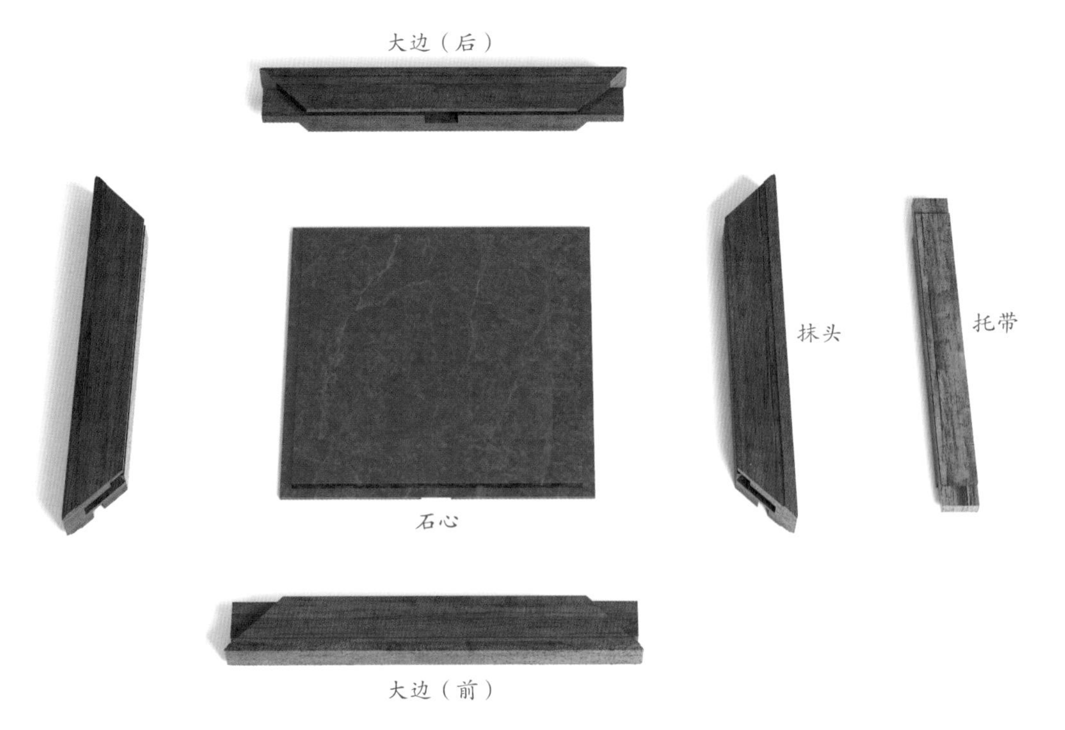

部件示意—几面（效果图 6）

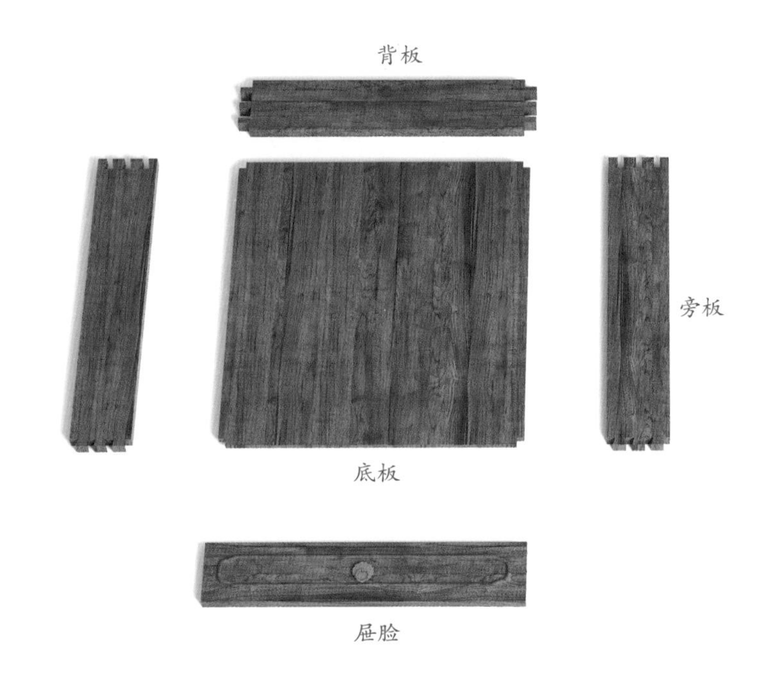

部件示意—抽屉（效果图 7）

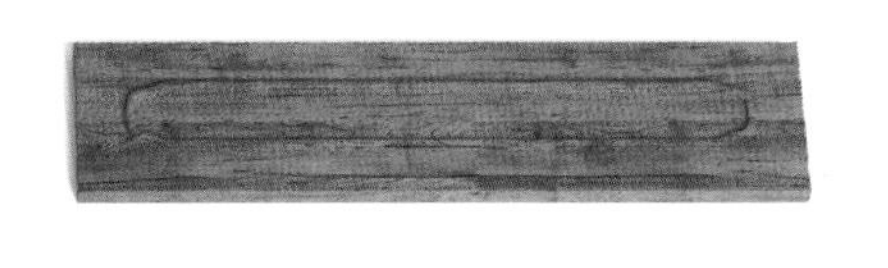

部件示意—束腰（效果图 8）

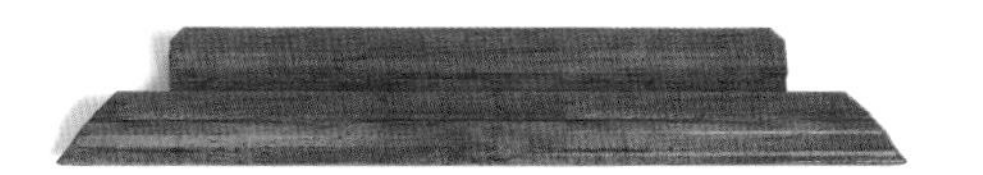
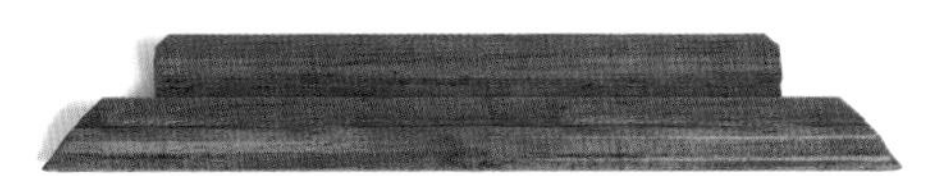
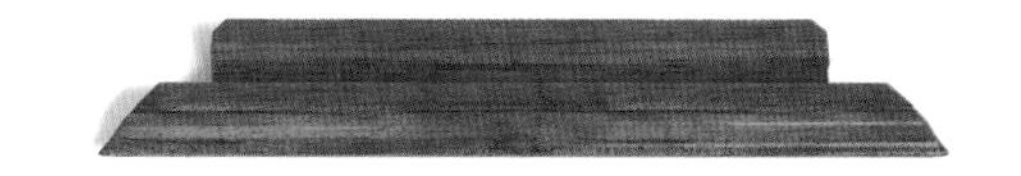

部件示意—托腮（效果图 9）

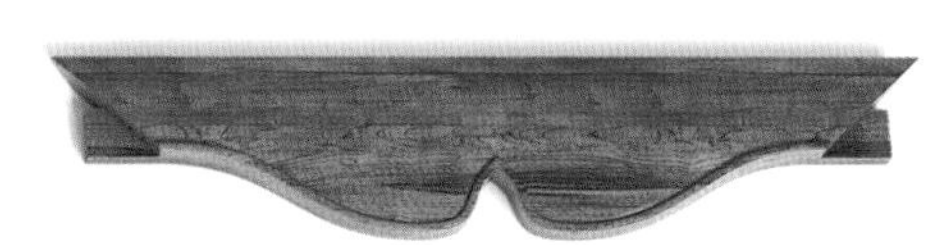
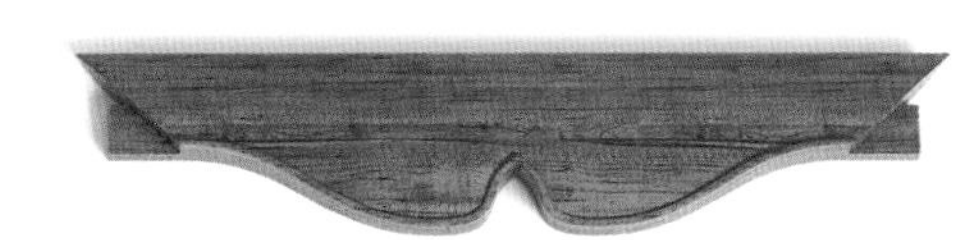

部件示意—牙板（效果图 10）

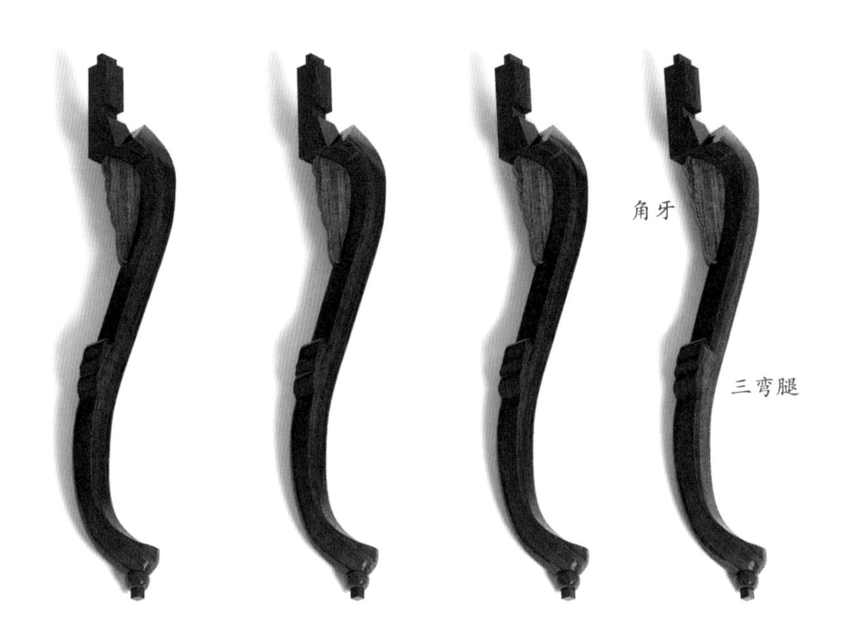

部件示意—腿子（效果图11）

部件示意—底座（效果图12）

6. 细部详解

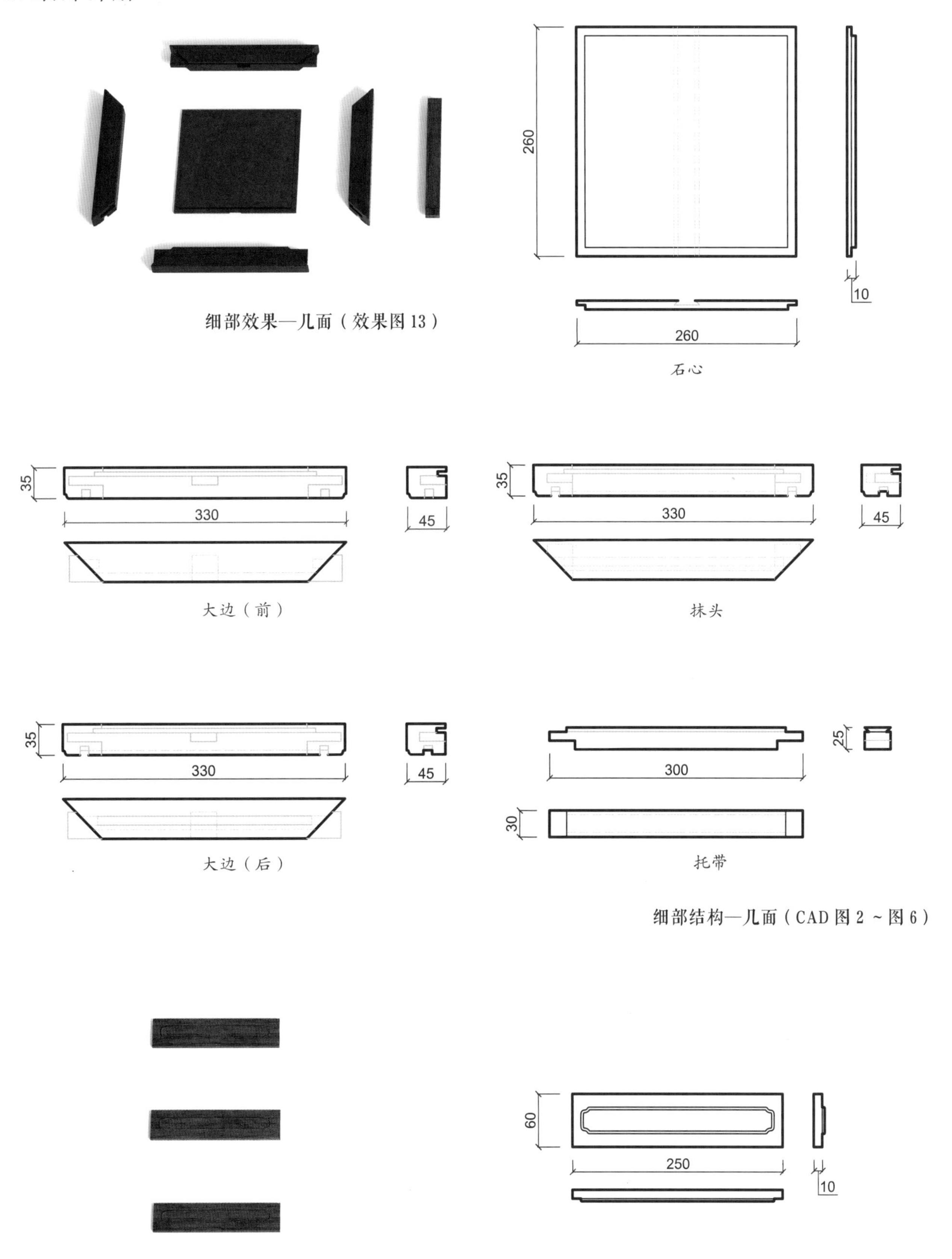

细部效果—几面（效果图 13）

细部结构—几面（CAD 图 2 ~ 图 6）

细部效果—束腰（效果图 14）

细部结构—束腰（CAD 图 7）

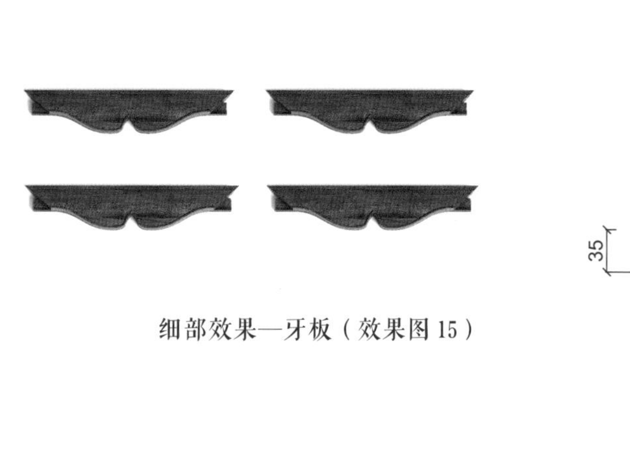

细部效果—牙板（效果图 15）

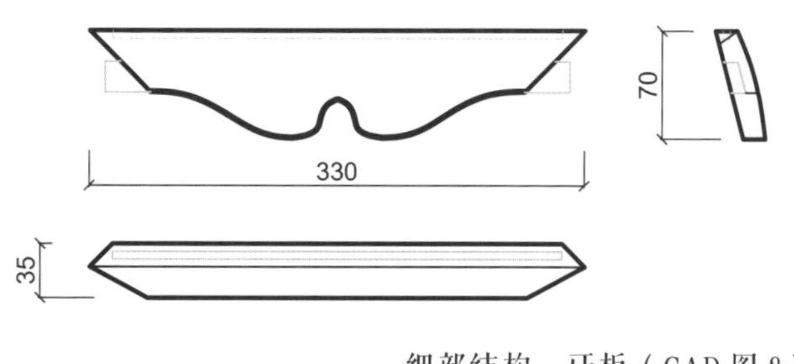

细部结构—牙板（CAD 图 8）

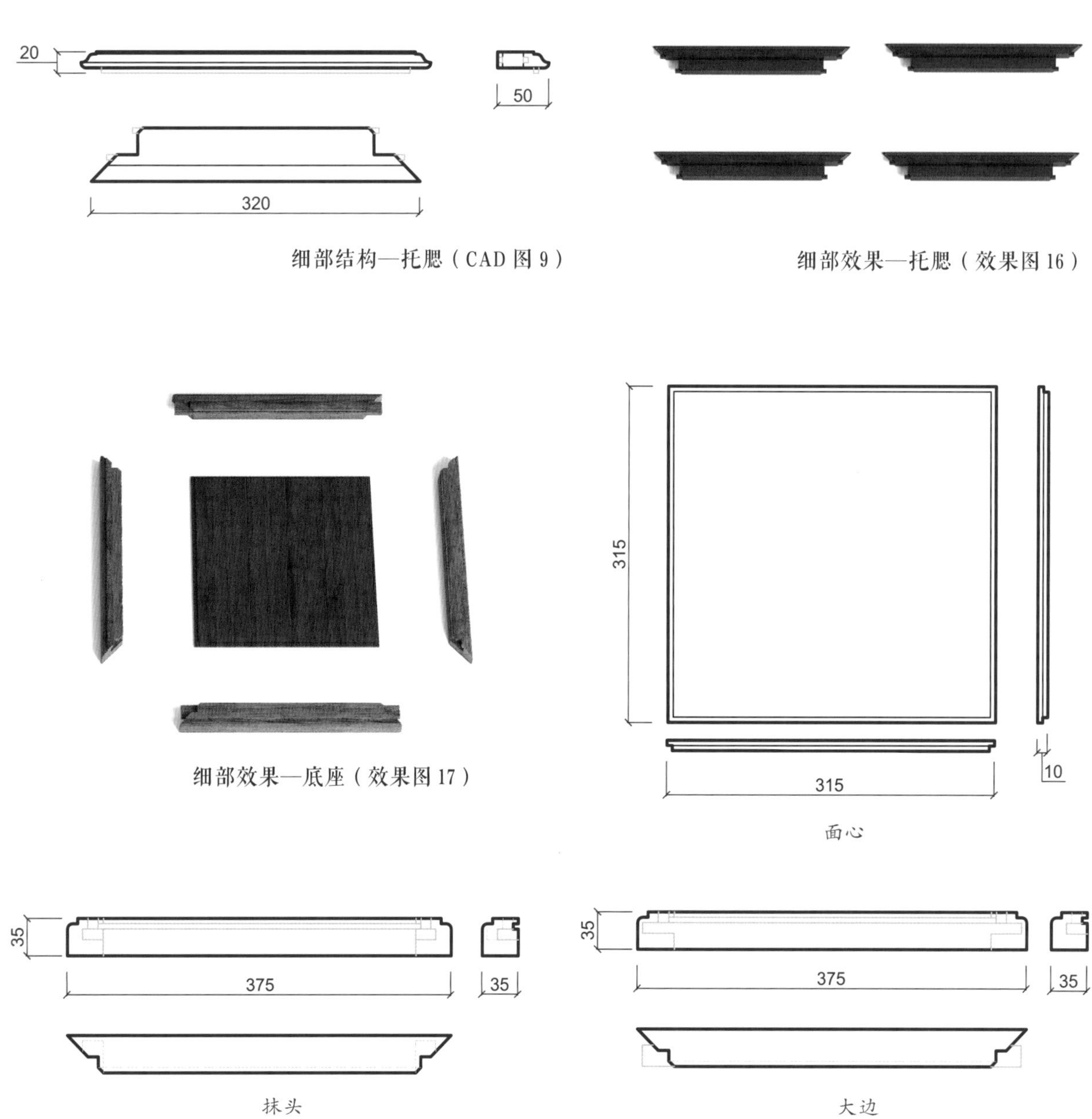

细部结构—托腮（CAD 图 9）

细部效果—托腮（效果图 16）

细部效果—底座（效果图 17）

细部结构—底座（CAD 图 10 ~ 图 12）

细部效果—抽屉（效果图 18）

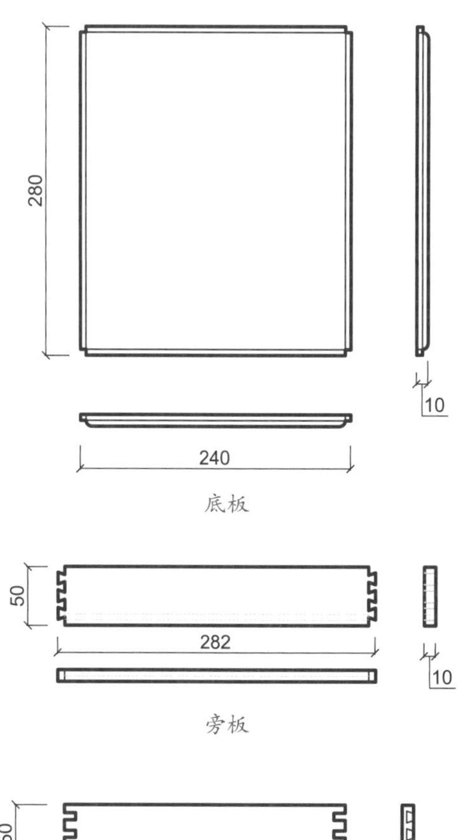

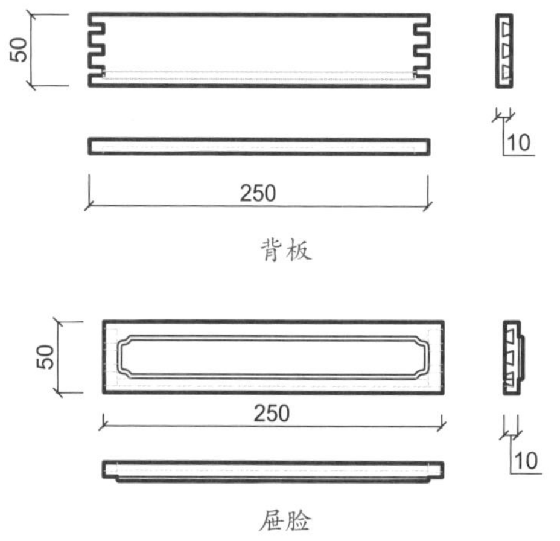

细部结构—抽屉（CAD 图 13 ~ 图 16）

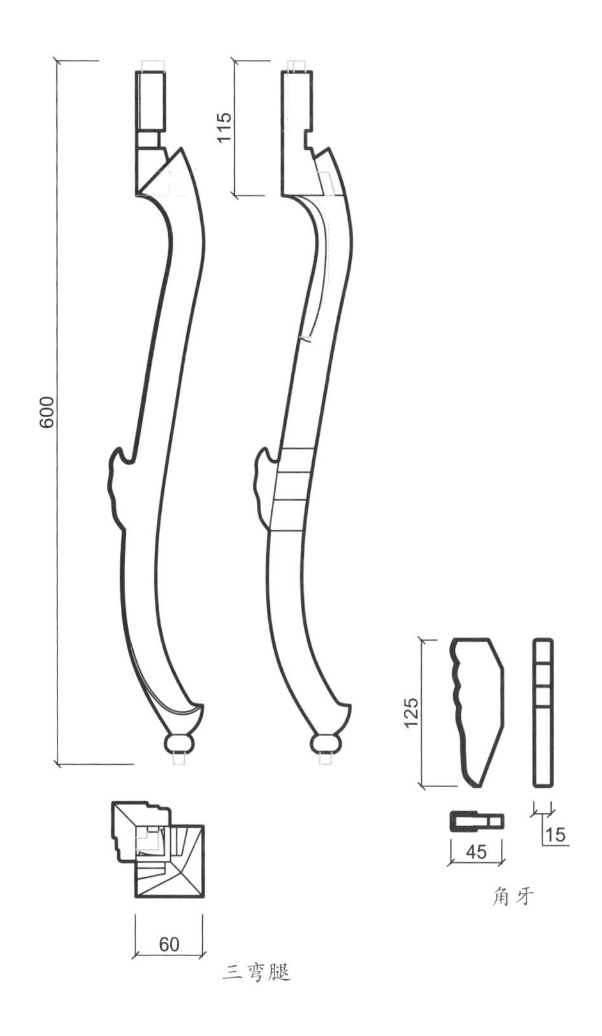

细部结构—腿子（CAD 图 17 ~ 图 18）

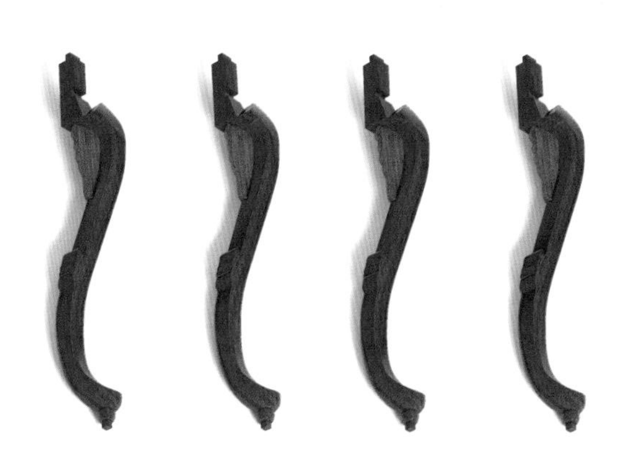

细部效果—腿子（效果图 19）

折角方香几

材质：黄花梨

年款：清

整体外观（效果图1）

1. 器形点评

此方几几面为正方形，边角做出折角，边沿立面雕饰长方形开光，下有束腰。四腿为方材，四腿上部装透雕拐子加横枨牙子。四腿下端装管脚枨，管脚枨之间攒框装硬板。此方几形态修长，亭然立玉，方中带曲，曲中见方，富有变化，美观实用。

2. CAD 图示

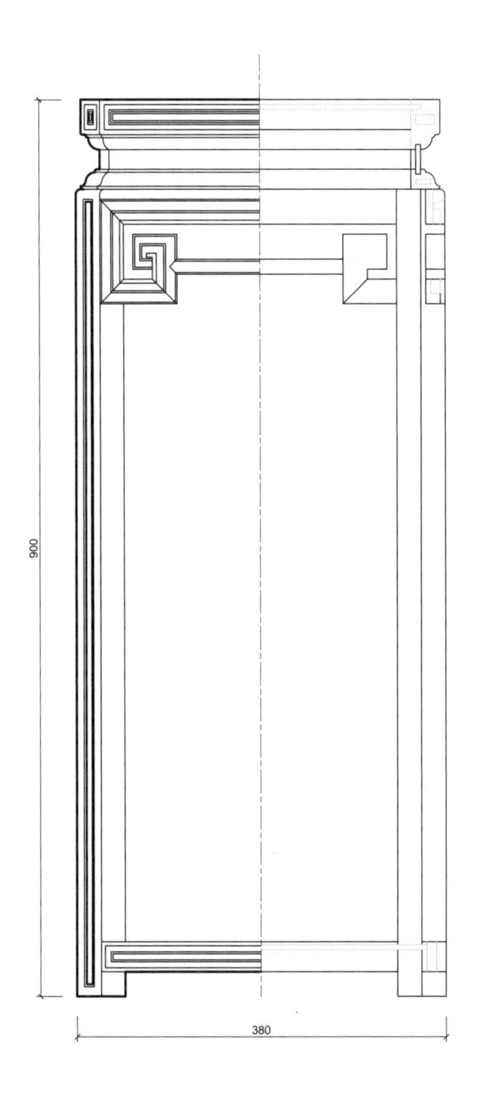

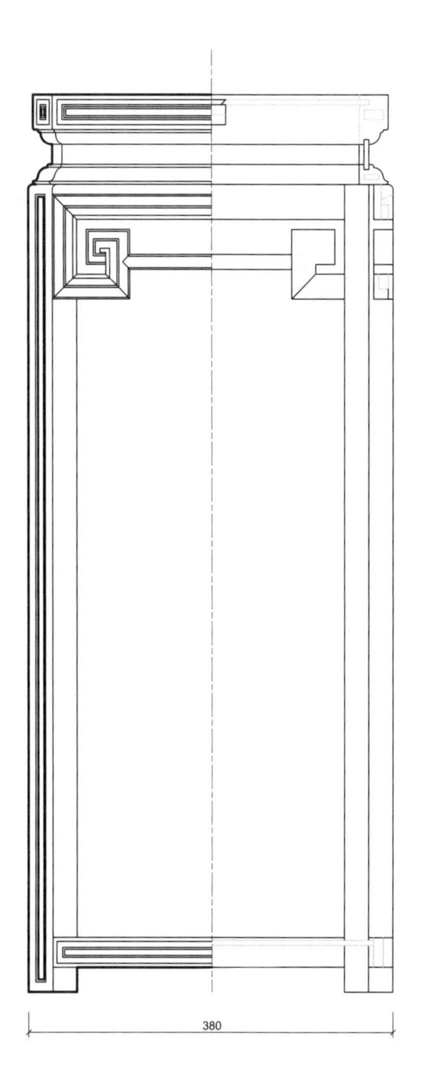

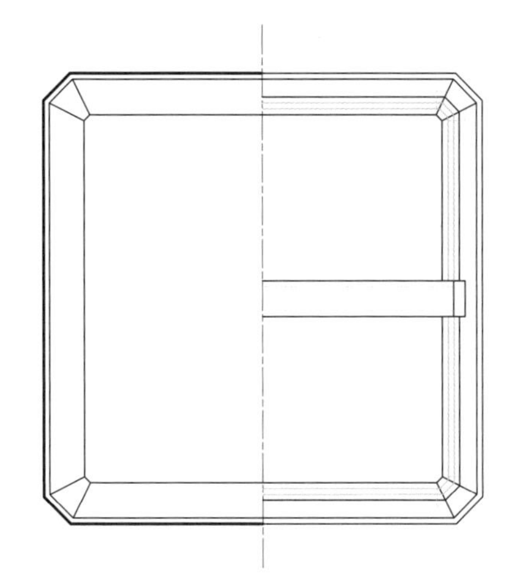

三视结构（CAD 图 1）

3. 用材效果

用材效果（材质：紫檀；效果图 2）

用材效果（材质：黄花梨；效果图 3）

用材效果（材质：红酸枝；效果图 4）

4. 结构爆炸

结构爆炸（效果图 5）

5. 部件示意

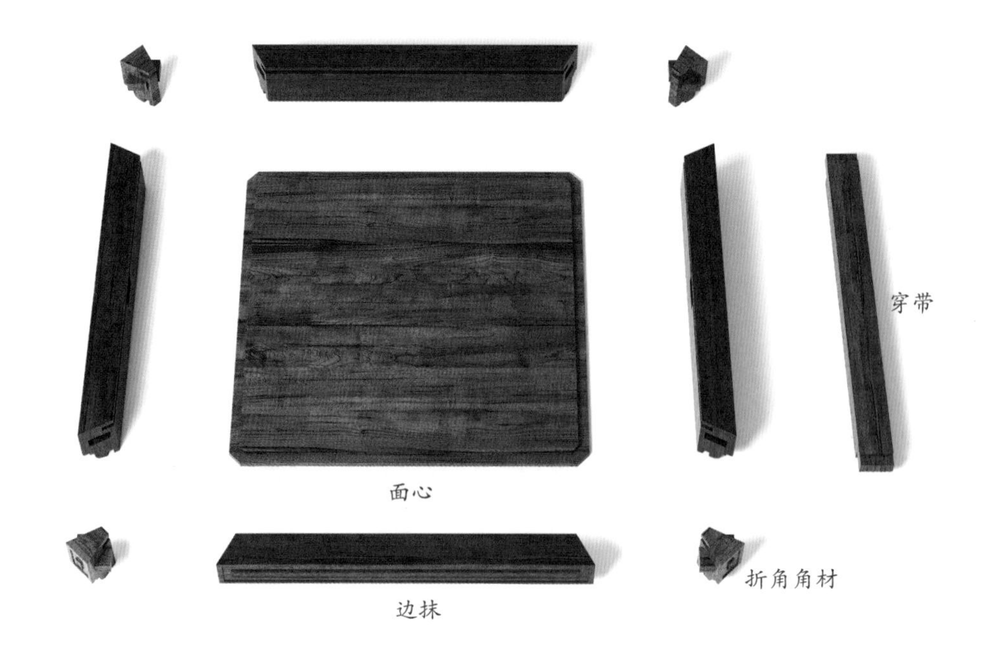

部件示意—几面（效果图 6）

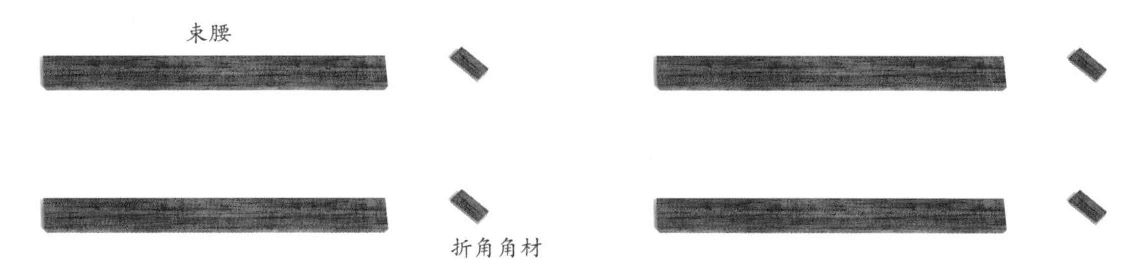

部件示意—束腰（效果图 7）

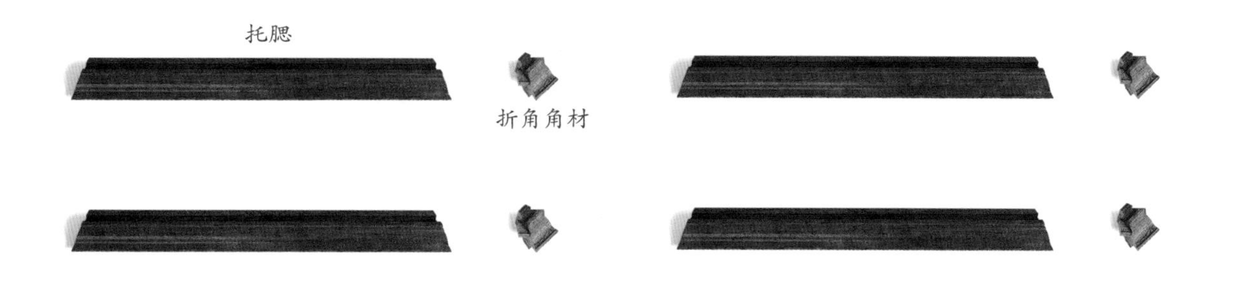

部件示意—托腮（效果图 8）

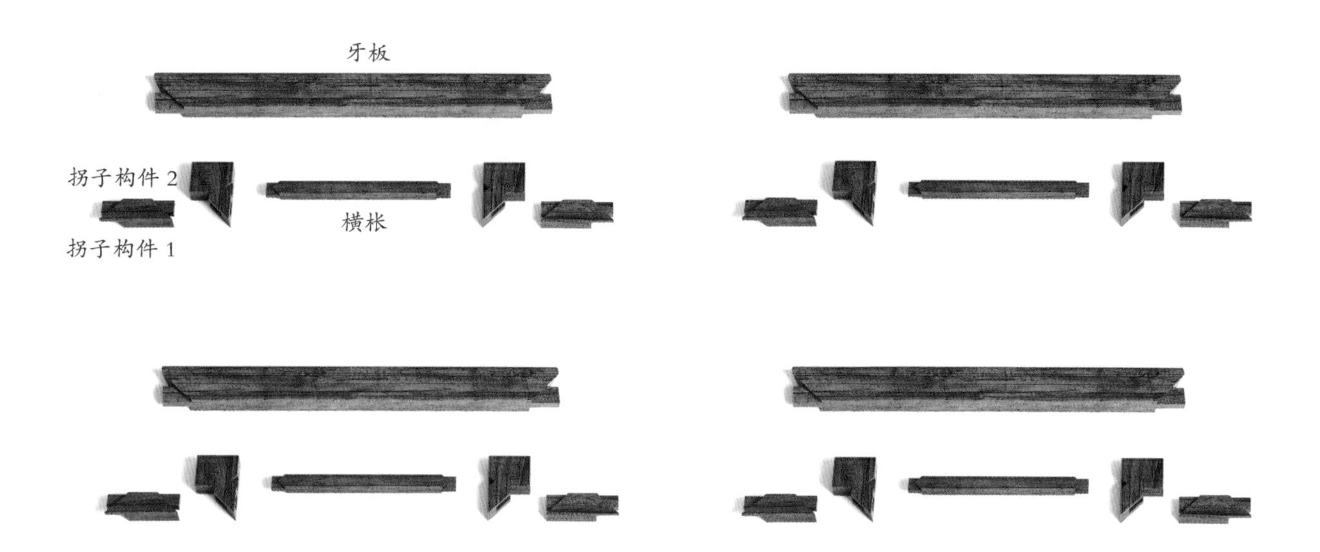

部件示意—牙条结构（效果图 9）

部件示意—管脚枨和屉板（效果图 10）

部件示意—腿子（效果图 11）

6. 细部详解

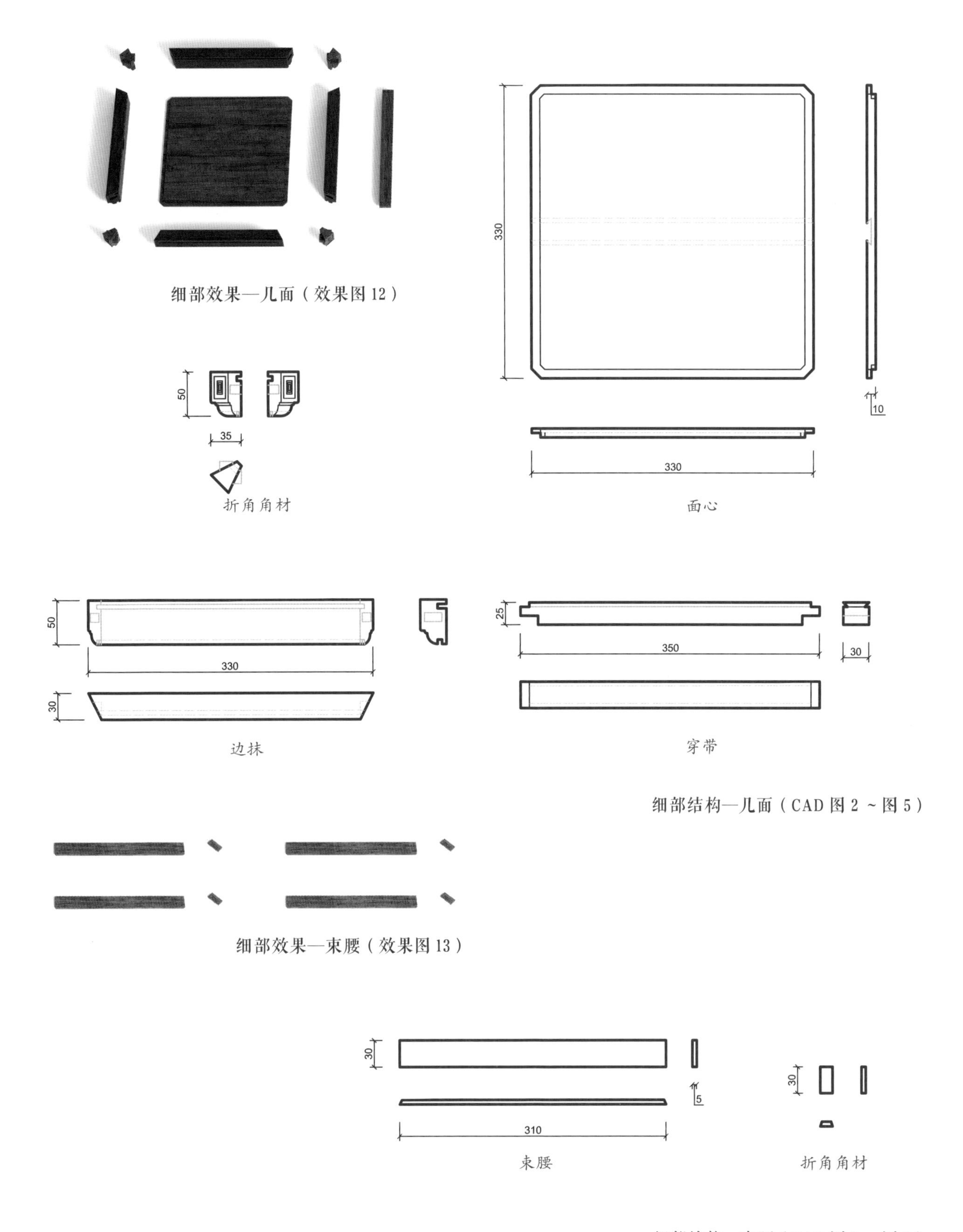

细部效果—几面（效果图 12）

细部结构—几面（CAD 图 2 ~ 图 5）

细部效果—束腰（效果图 13）

细部结构—束腰（CAD 图 6 ~ 图 7）

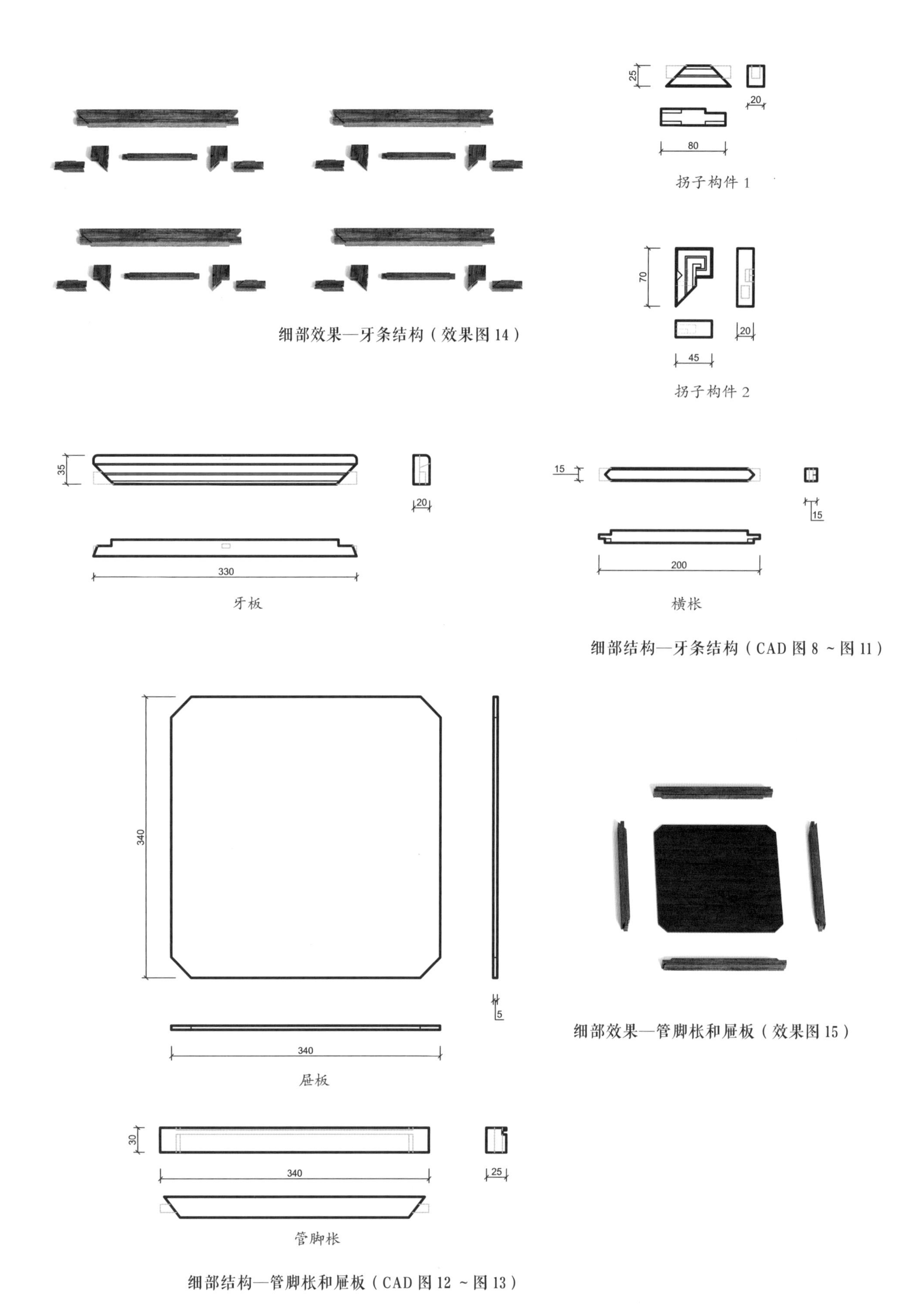

扬子构件 1

扬子构件 2

细部效果—牙条结构（效果图 14）

牙板

横枨

细部结构—牙条结构（CAD 图 8 ~图 11）

屉板

细部效果—管脚枨和屉板（效果图 15）

管脚枨

细部结构—管脚枨和屉板（CAD 图 12 ~图 13）

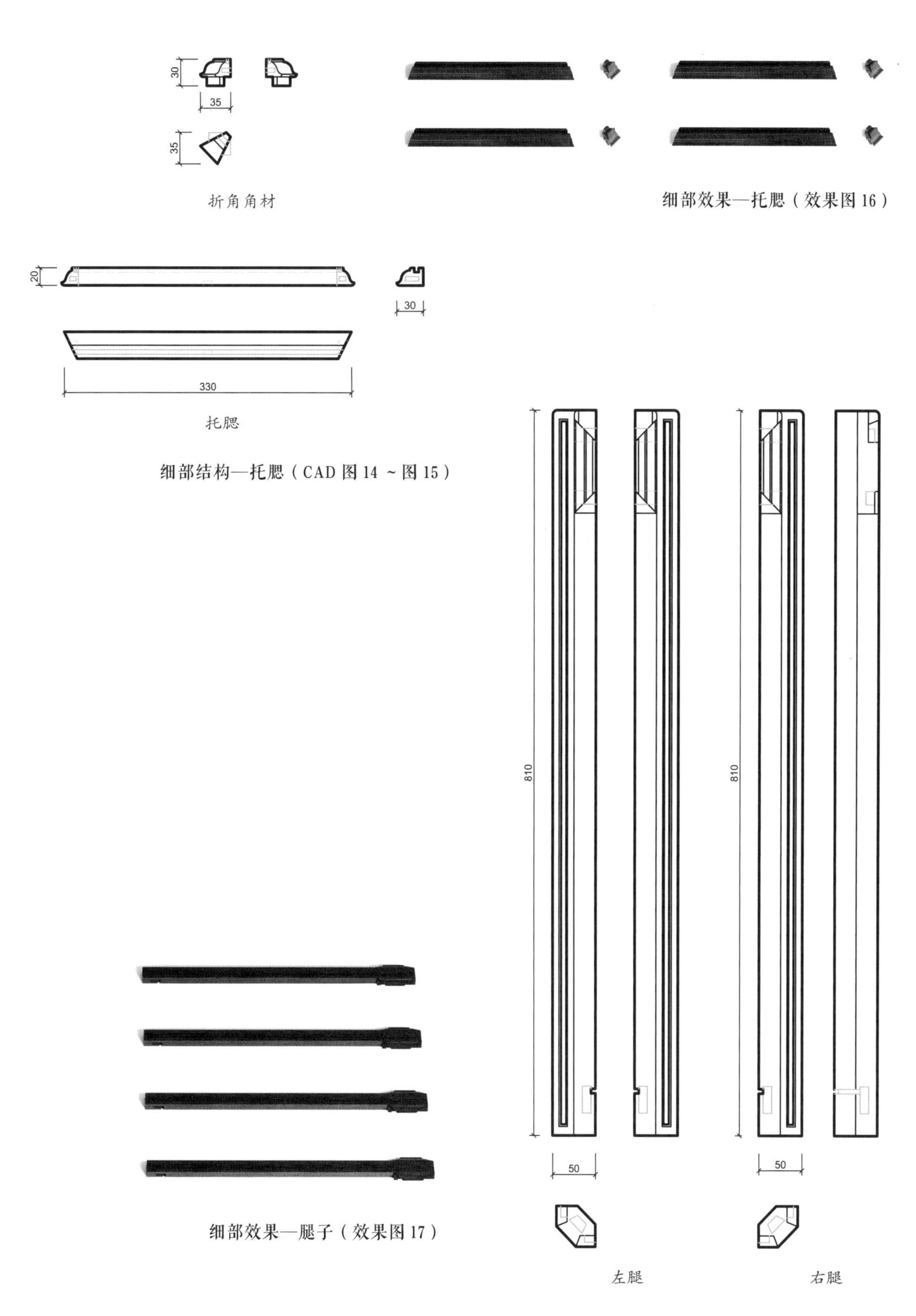

折角角材

细部效果—托腮（效果图 16）

托腮

细部结构—托腮（CAD 图 14 ~ 图 15）

细部效果—腿子（效果图 17）

左腿

右腿

细部结构—腿子（CAD 图 16 ~ 图 17）

云龙纹六方香几

材质：紫檀

年款：清

整体外观（效果图1）

1. 器形点评

此香几几面为六方形，下有束腰，透雕开光。六腿为方材，腿子边沿起皮条线，六腿上端安有雕云龙纹牙板，六腿足端雕成内翻回纹马蹄足，足下踩托泥。此香几造型规整，雕饰精美，做工精湛，美观大方。

2. CAD 图示

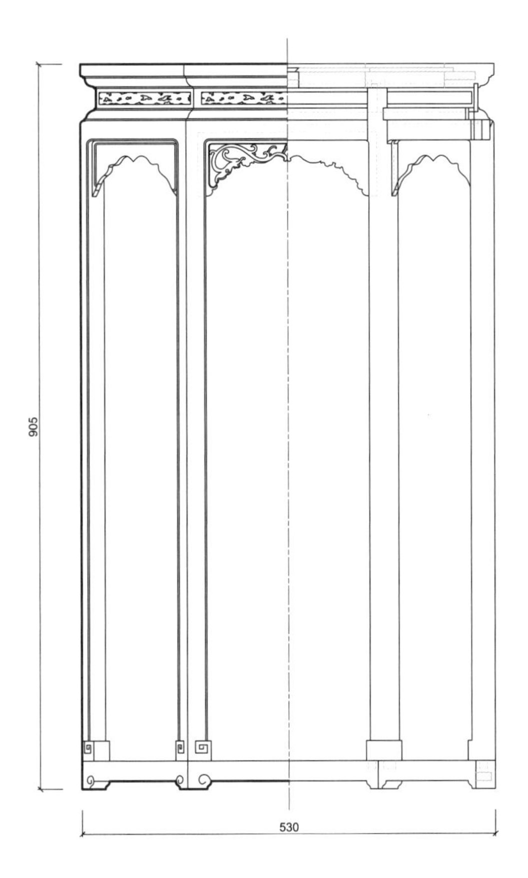

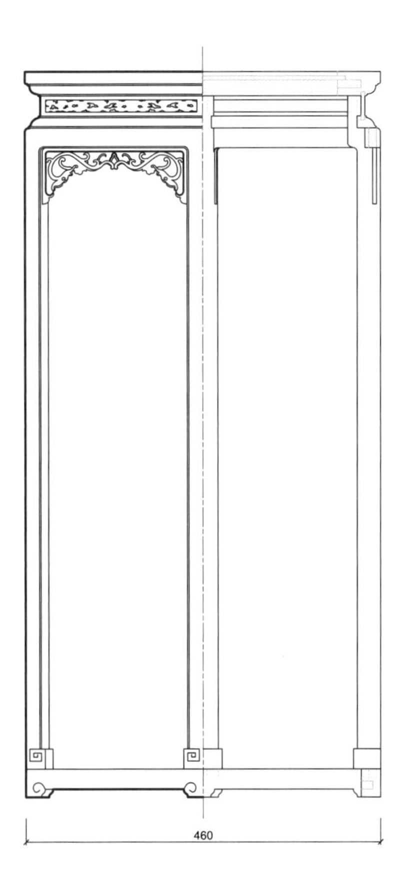

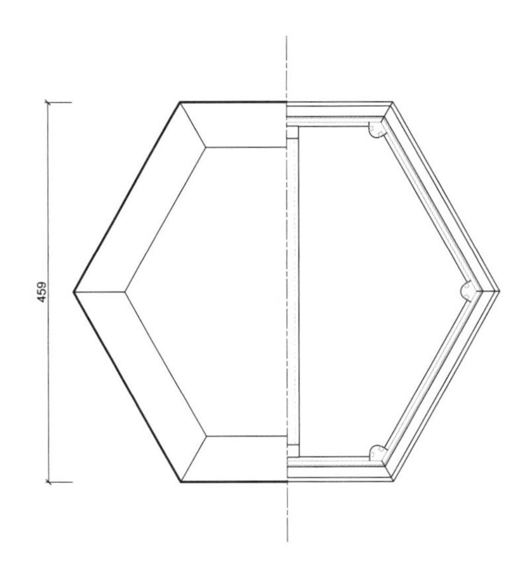

三视结构（CAD 图 1）

注：视图中部分纹饰略去。

3. 用材效果

用材效果（材质：紫檀；效果图 2）

用材效果（材质：黄花梨；效果图 3）

用材效果（材质：红酸枝；效果图 4）

4. 结构爆炸

结构爆炸（效果图 5）

5. 部件示意

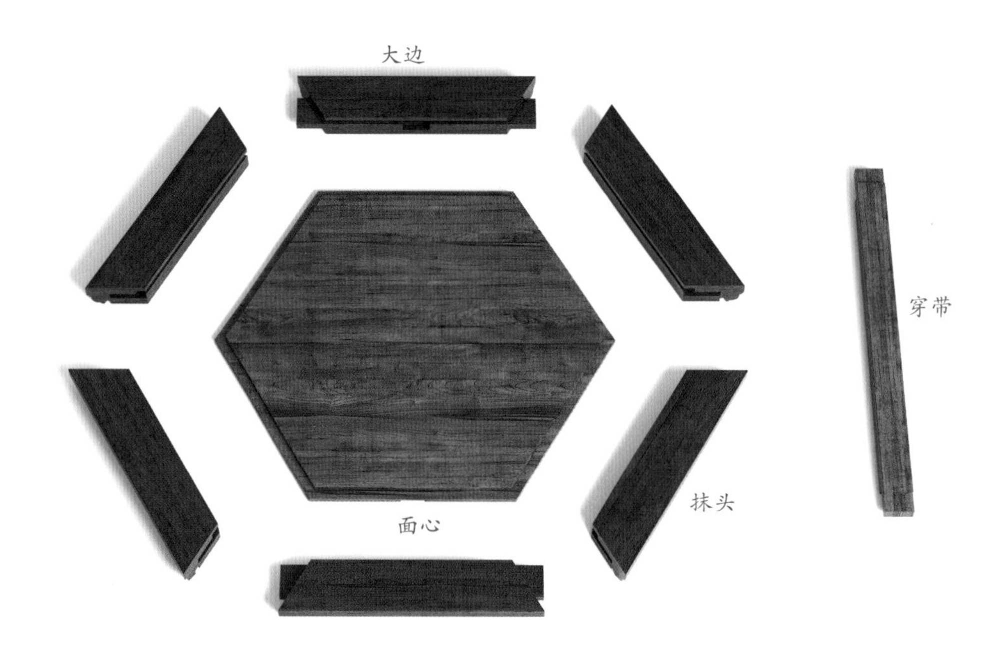

部件示意—几面（效果图 6）

部件示意—束腰（效果图 7）

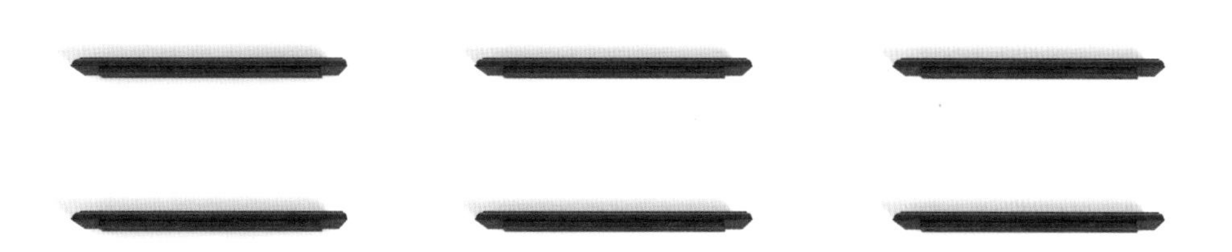

部件示意—托腮（效果图 8）

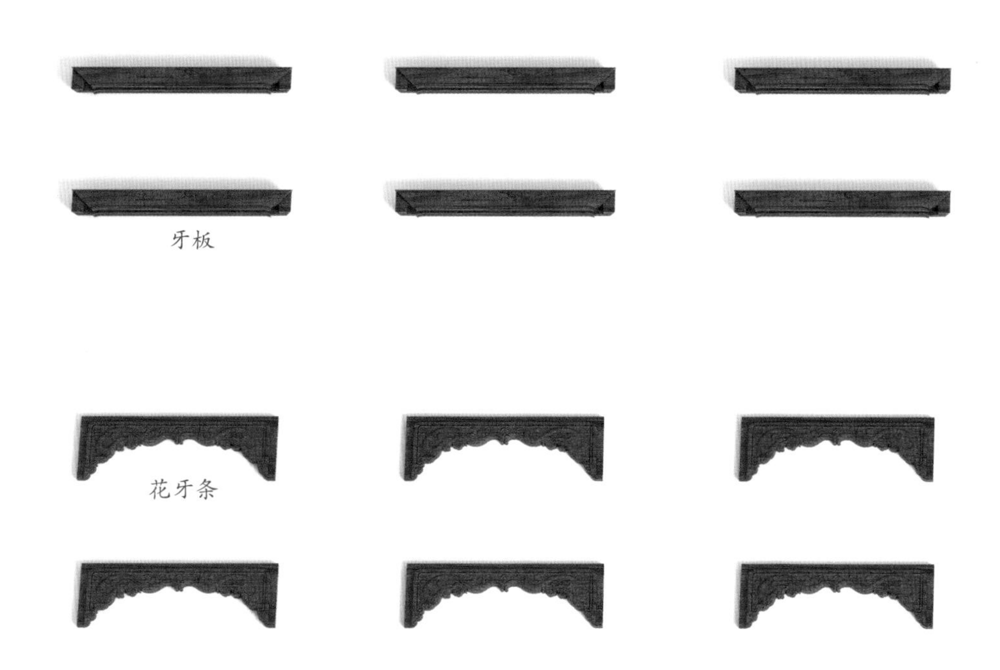

部件示意—牙子（效果图 9）

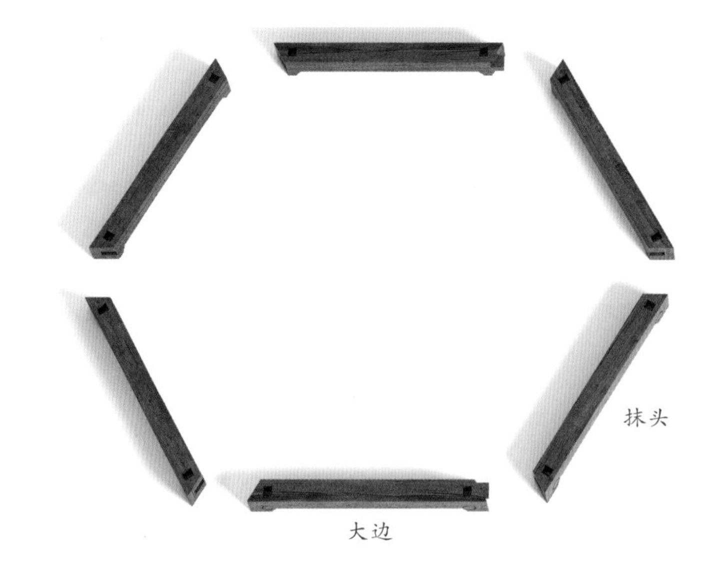

部件示意—托泥（效果图 10）

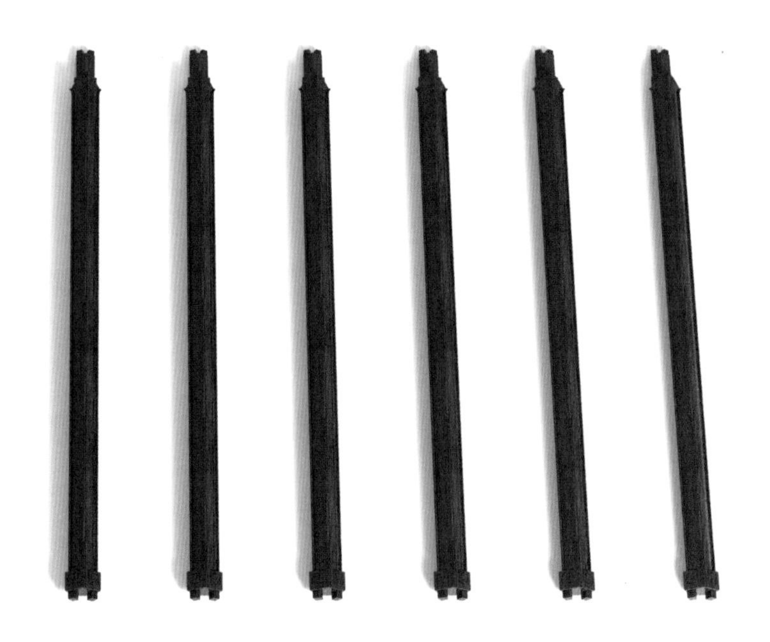

部件示意—腿子（效果图 11）

6. 细部详解

细部效果—几面（效果图 12）

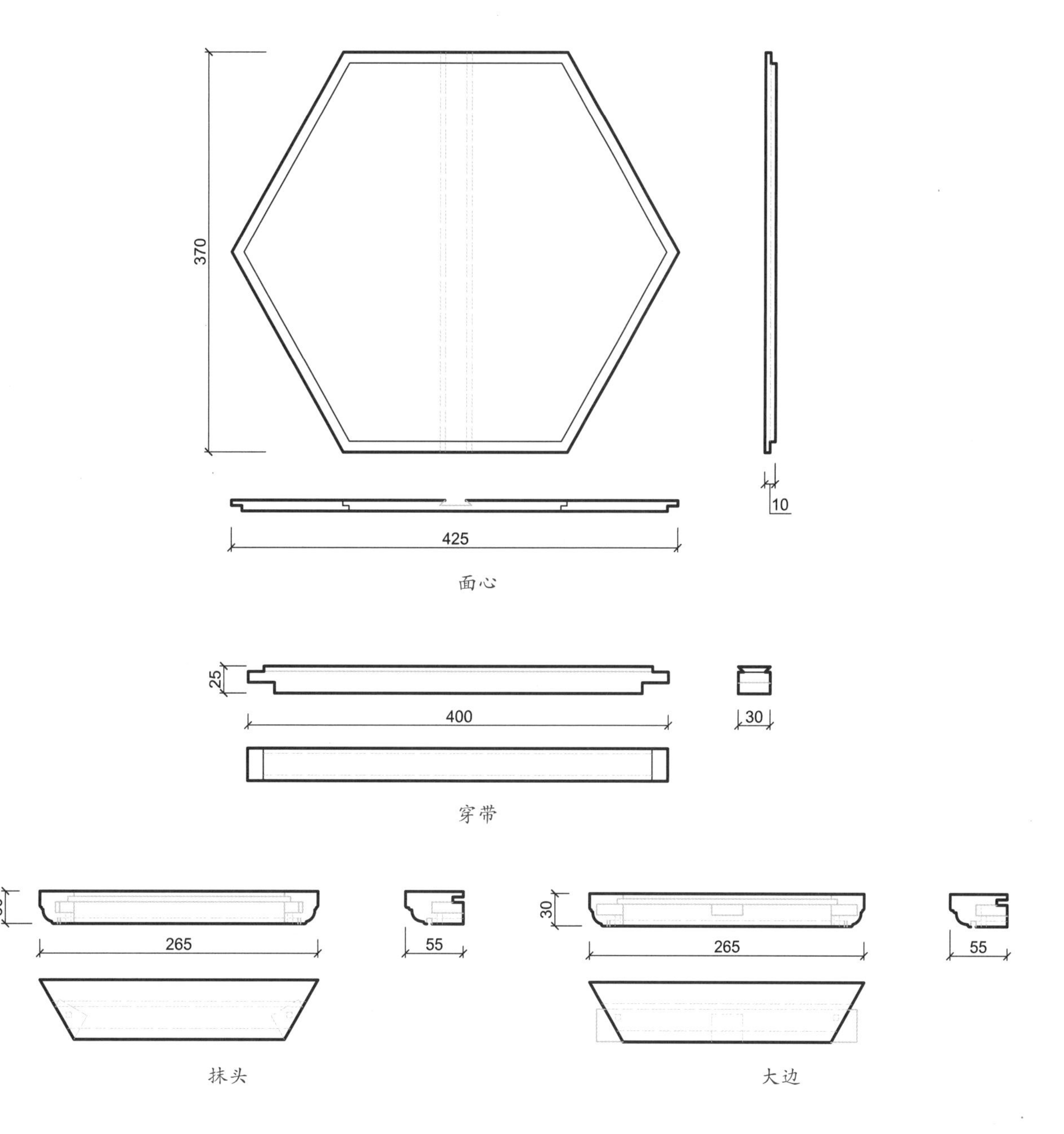

细部结构—几面（CAD 图 2 ~图 5）

细部效果—束腰（效果图 13）

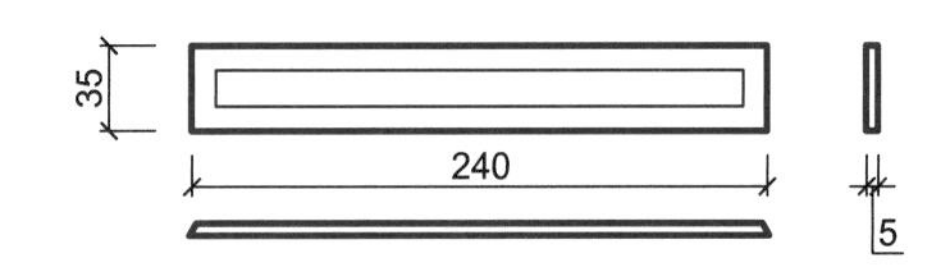

细部结构—束腰（CAD 图 6）

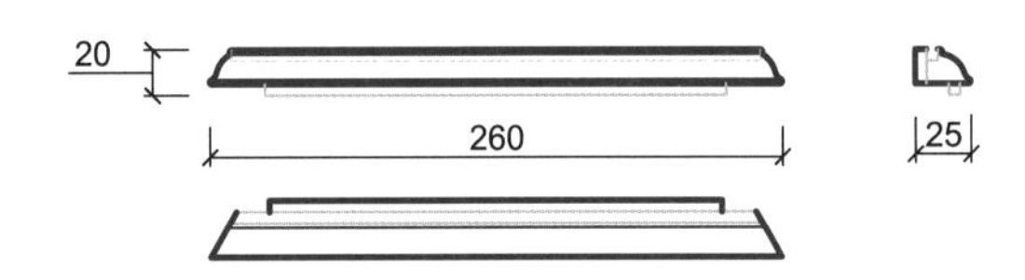

细部结构—托腮（CAD 图 7）

细部效果—托腮（效果图 14）

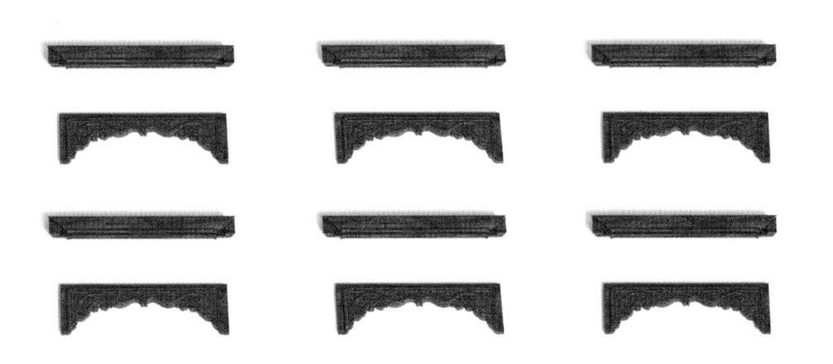

细部效果—牙子（效果图 15）

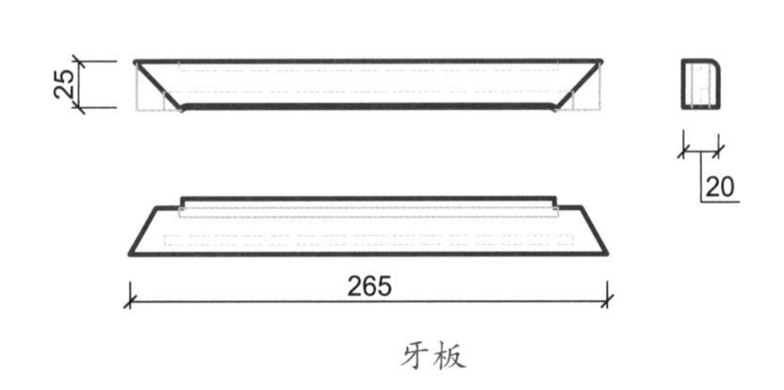

牙板

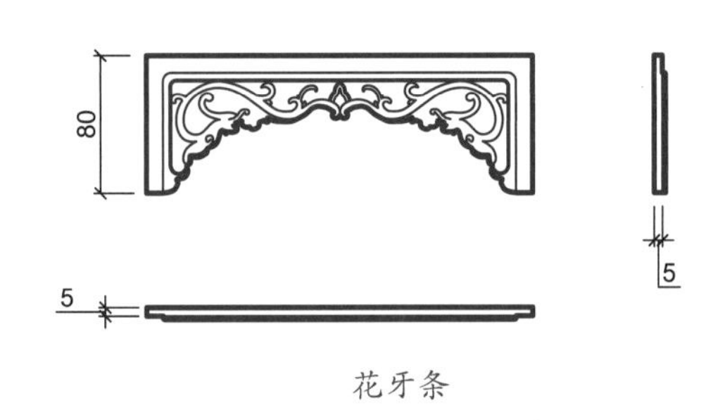

花牙条

细部结构—牙子（CAD 图 8 ~ 图 9）

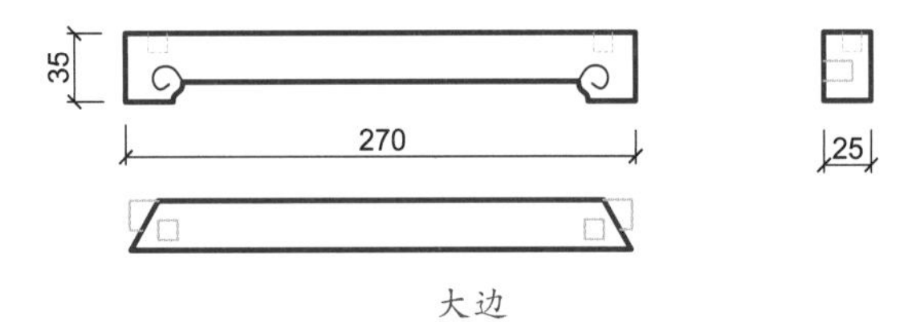

大边

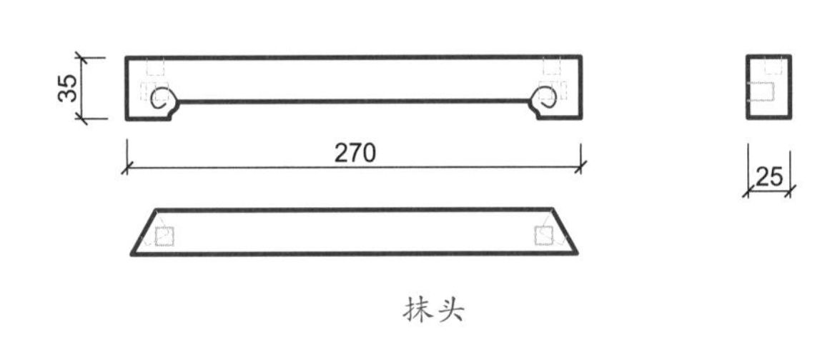

抹头

细部结构—托泥（CAD 图 10 ~ 图 11）

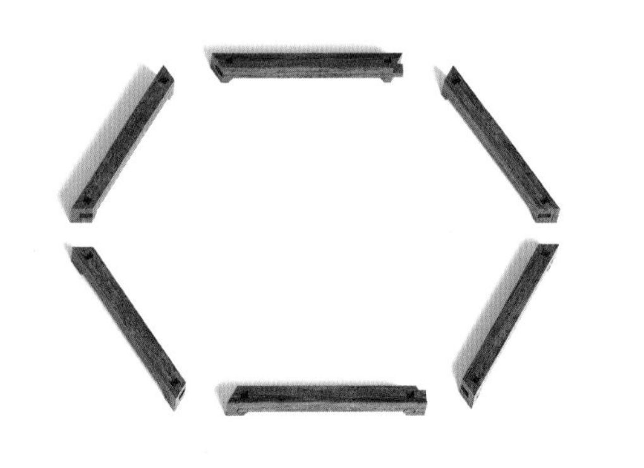

细部效果—托泥（效果图 16）

细部效果—腿子（效果图 17）

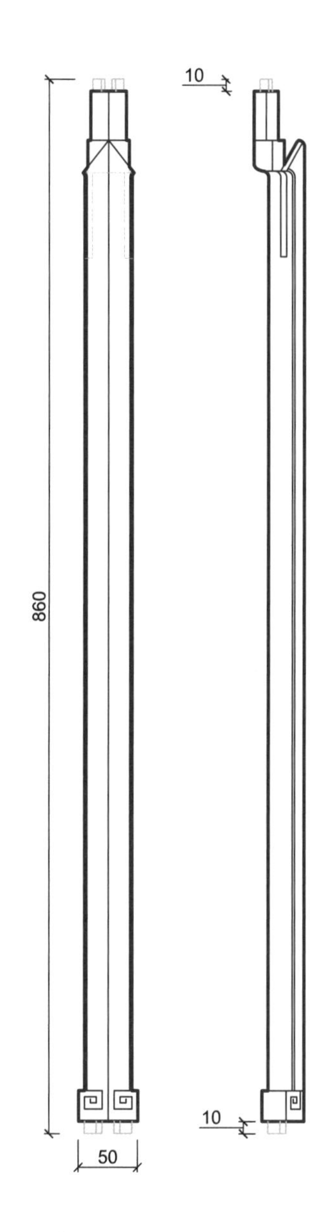

细部结构—腿子（CAD 图 12）

展腿式八方香几

材质：紫檀

年款：清

整体外观（效果图1）

1. 器形点评

此几几面的边角为折角，几面下有束腰，束腰下有托腮。四腿为方材展腿，腿子上部接近中段位置起拐子回纹翅，足端雕内翻马蹄足，下踩托泥。托泥下有龟足相承。此几线脚流畅，曲中带方，方曲相合，富于变化。

2. CAD 图示

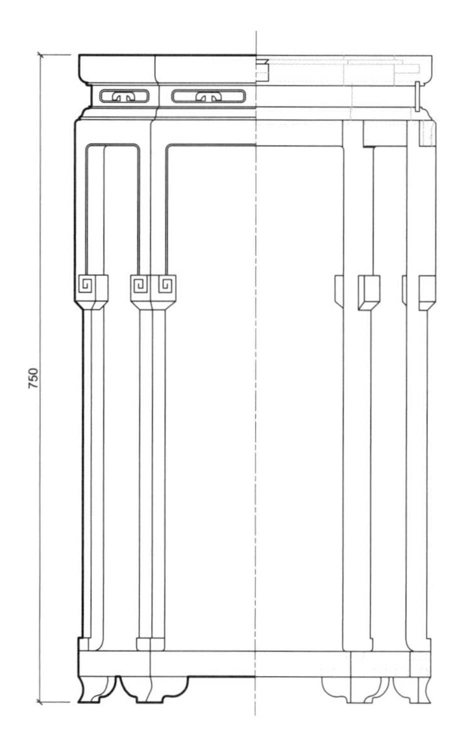

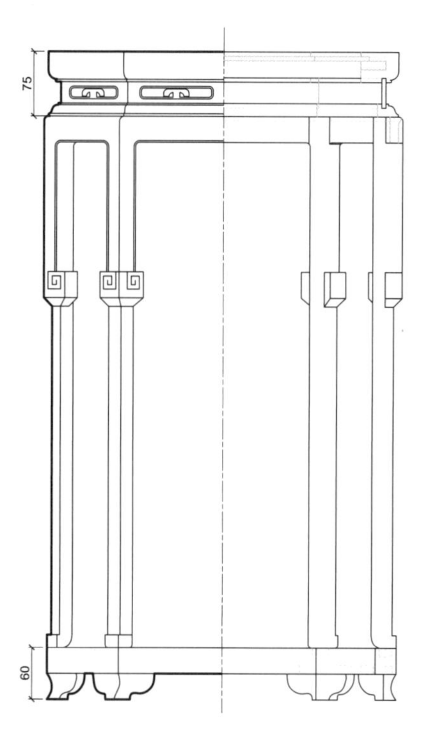

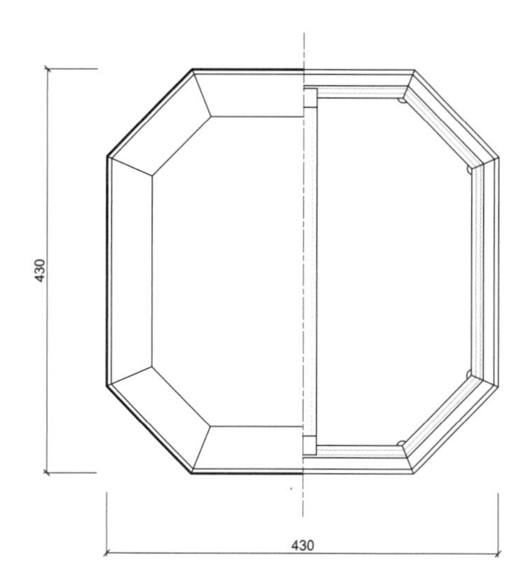

三视结构（CAD 图 1）

3. 用材效果

用材效果（材质：紫檀；效果图 2）

用材效果（材质：黄花梨；效果图 3）

用材效果（材质：红酸枝；效果图 4）

4. 结构爆炸

结构爆炸（效果图 5）

5. 部件示意

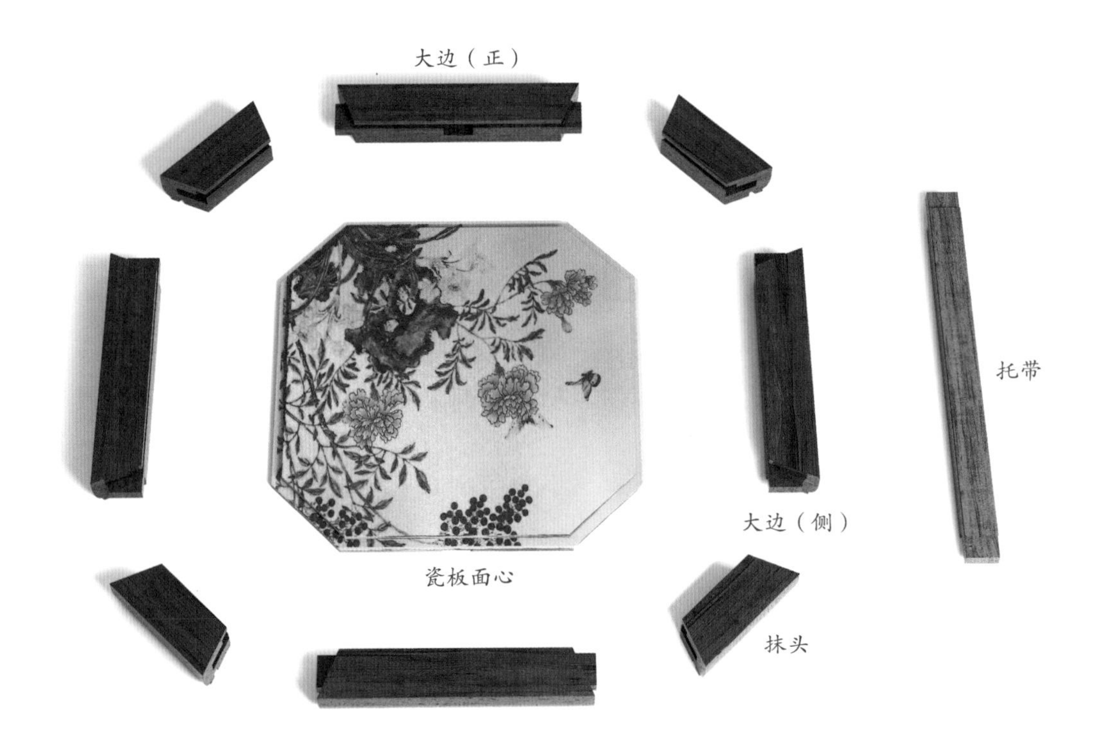

部件示意—几面（效果图6）

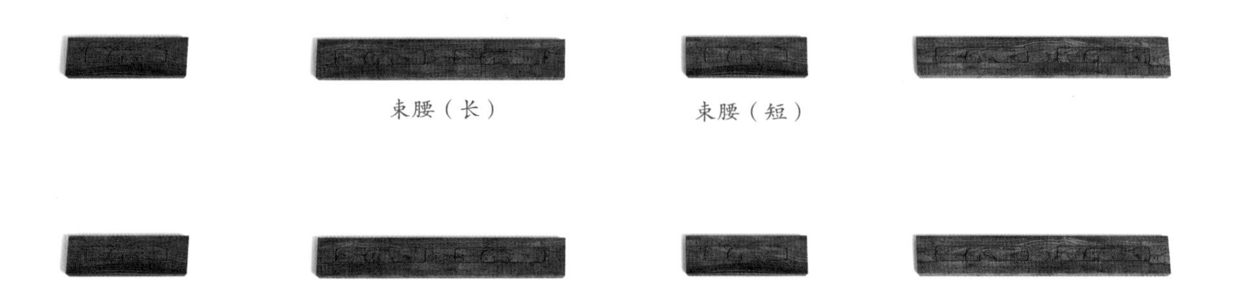

部件示意—束腰（效果图7）

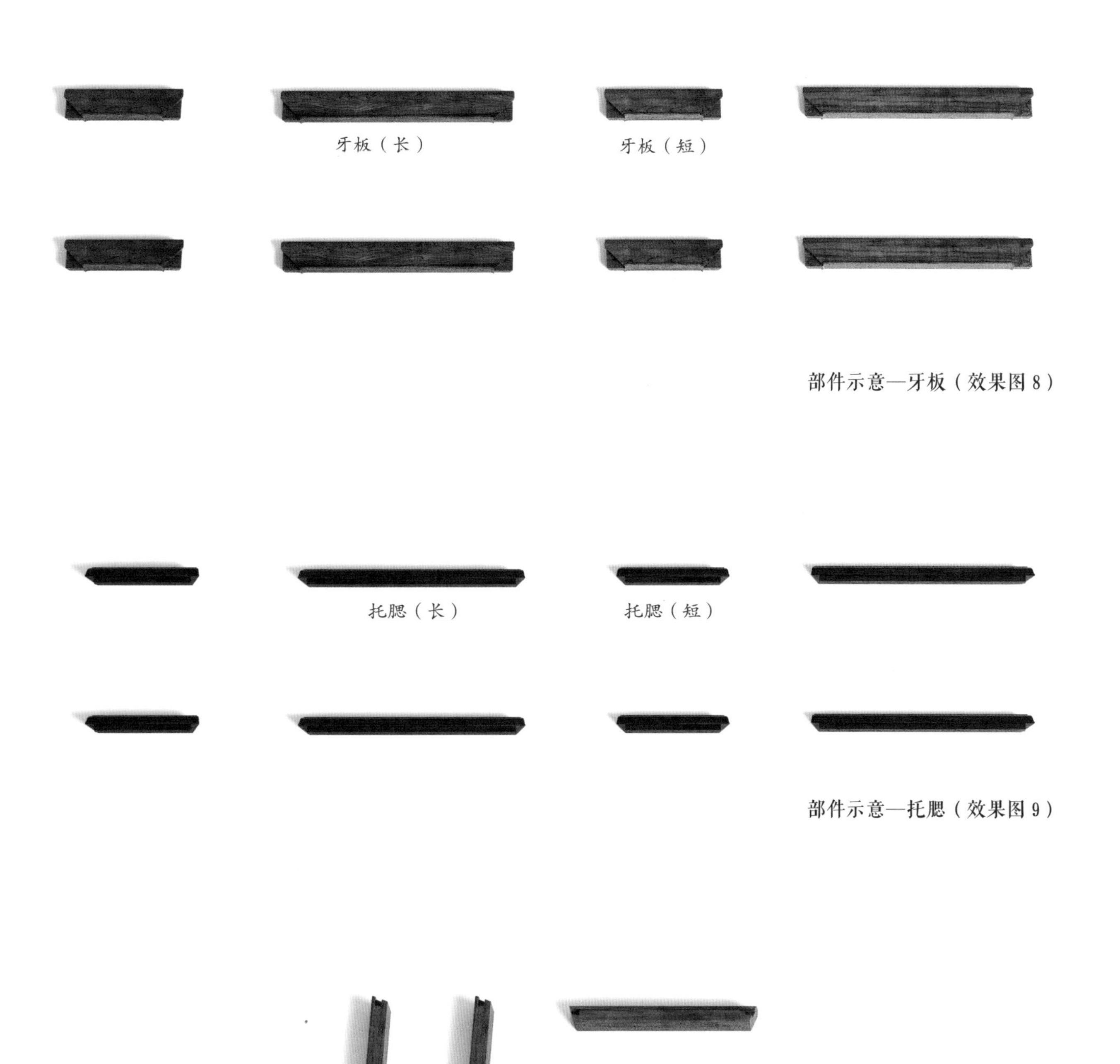

部件示意—牙板（效果图8）

部件示意—托腮（效果图9）

部件示意—托泥（效果图10）

部件示意—腿子（效果图 11）

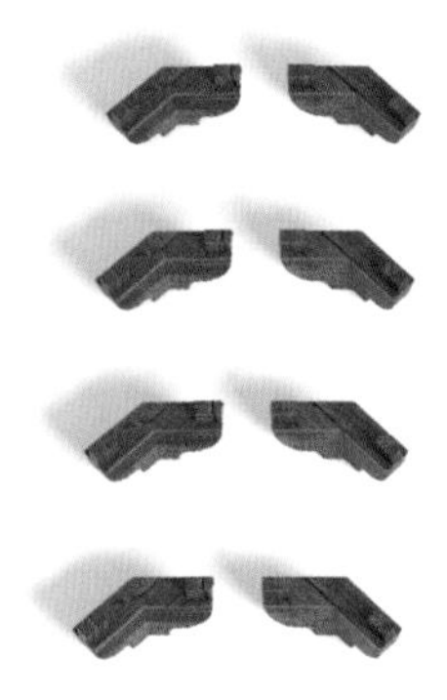

部件示意—龟足（效果图 12）

6. 细部详解

细部效果—几面（效果图 13）

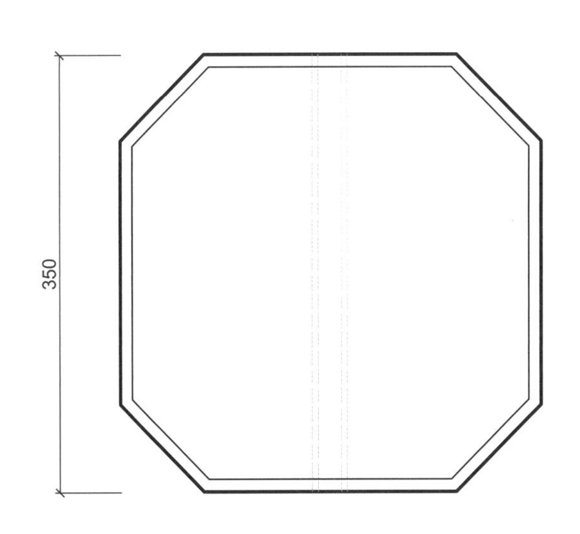

350

瓷板面心

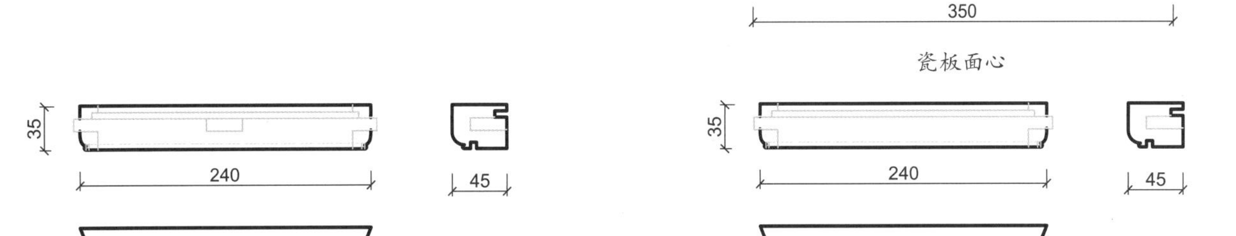

大边（正）

大边（侧）

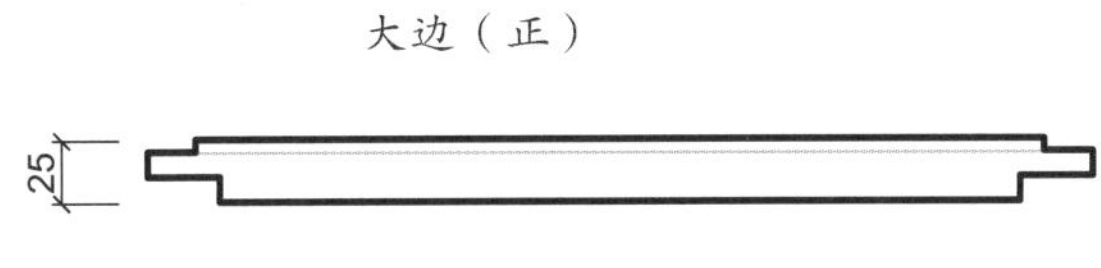

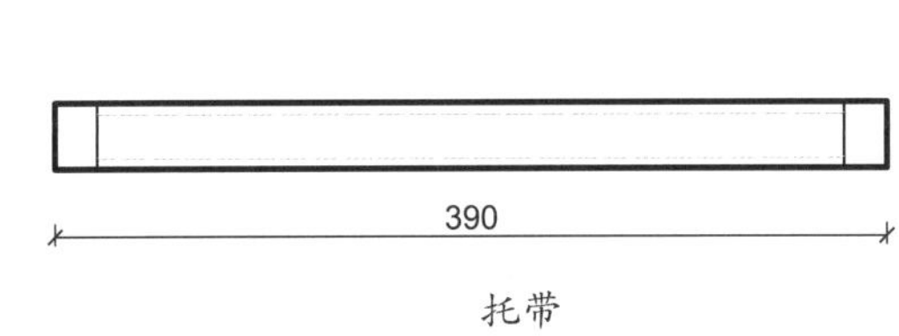

托带

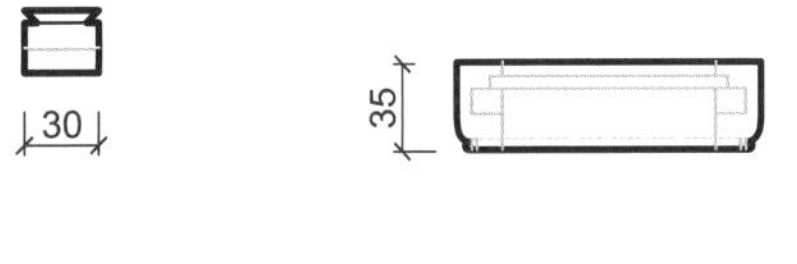

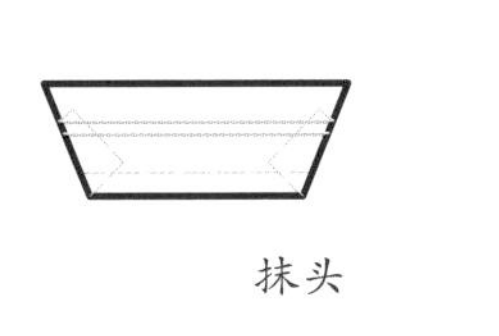

抹头

细部结构—几面（CAD 图 2 ~ 图 6）

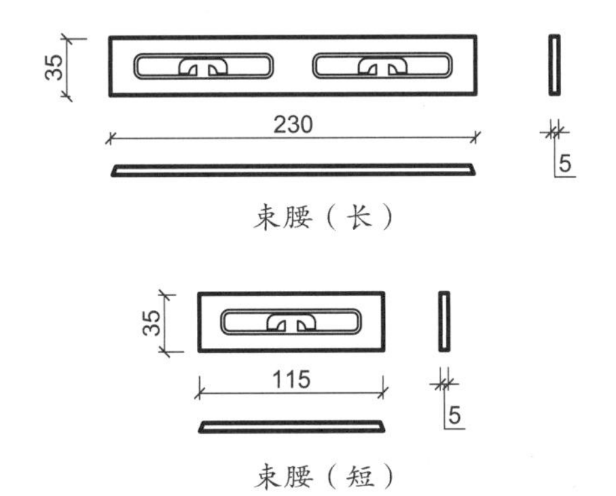

细部结构—束腰（CAD 图 7 ~ 图 8）

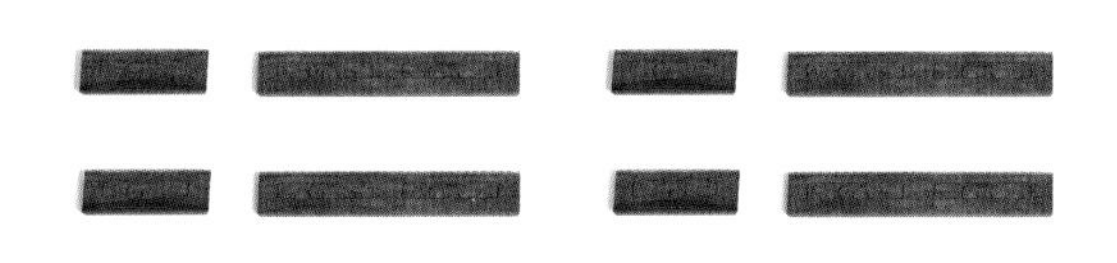

细部效果—束腰（效果图 14）

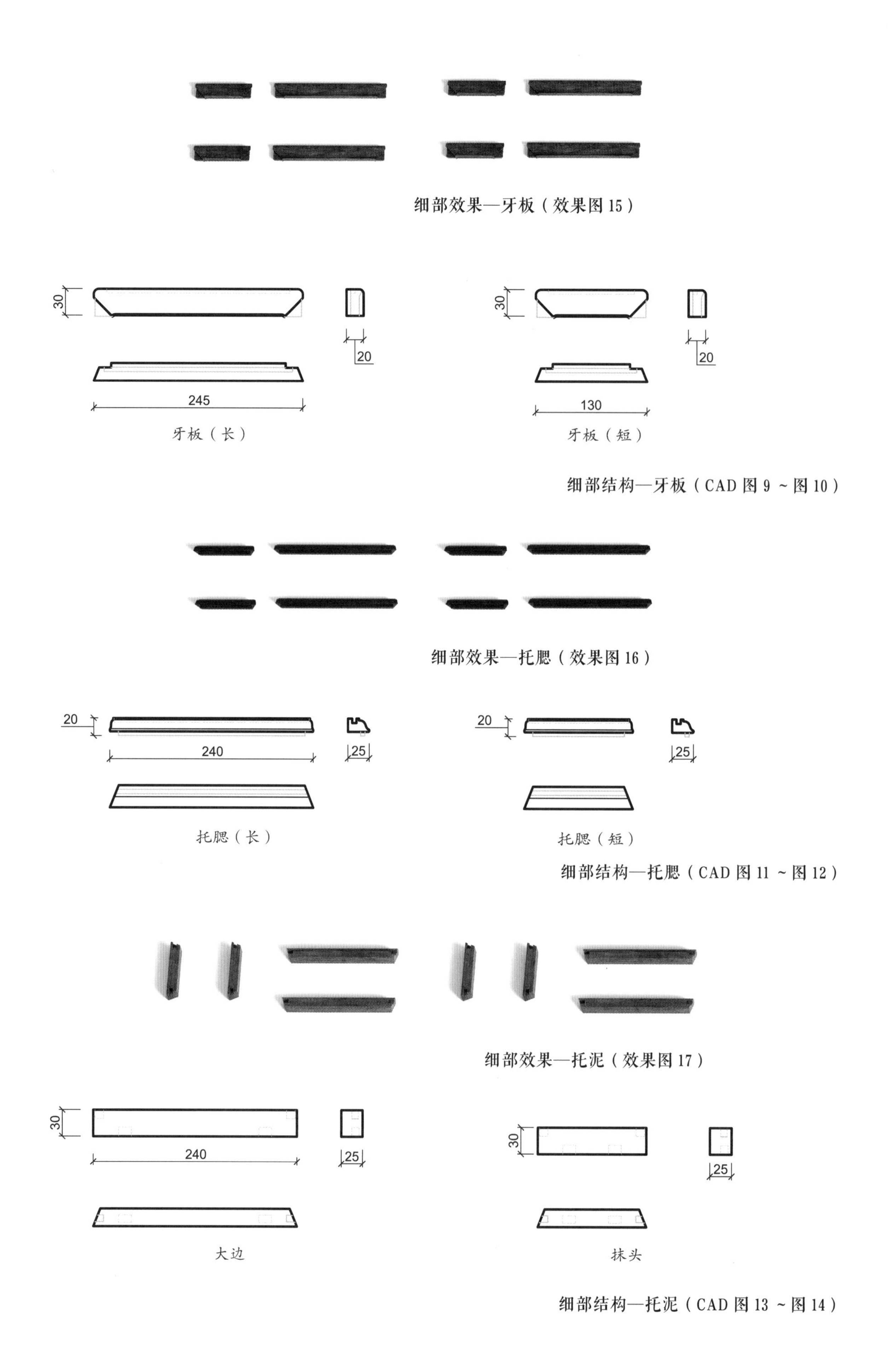

细部效果—牙板（效果图 15）

细部结构—牙板（CAD 图 9 ~ 图 10）

细部效果—托腮（效果图 16）

细部结构—托腮（CAD 图 11 ~ 图 12）

细部效果—托泥（效果图 17）

细部结构—托泥（CAD 图 13 ~ 图 14）

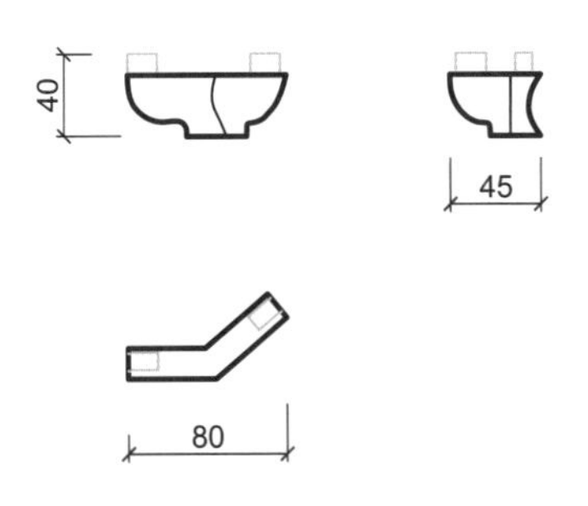

细部结构—龟足（CAD 图 15）

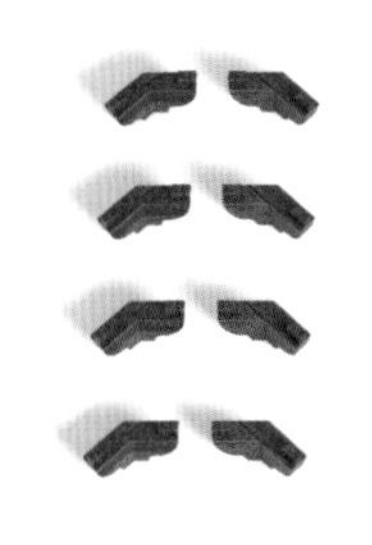

细部效果—龟足（效果图 18）

细部效果—腿子（效果图 19）

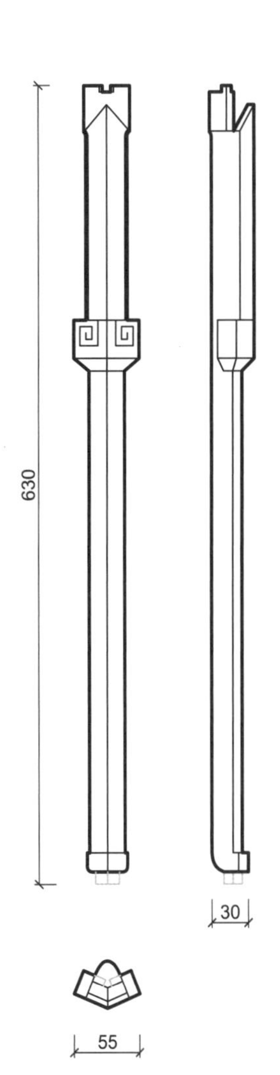

细部结构—腿子（CAD 图 16）

高束腰三弯腿圆香几

材质：黄花梨

年款：明

整体外观（效果图1）

1. 器形点评

此香几几面为圆形，由四段弧形弯材攒成边框，中装圆形心板而成。几面之下有束腰，束腰中间植矮柱，分段装绦环板，束腰之下为壸门牙板。四腿为三弯腿，腿上端起云纹翅，足端内卷成象鼻式足，四腿之下踩圆形台座。此香几造型简洁，线条柔婉，形态修长，有亭然玉立之感。

2. CAD 图示

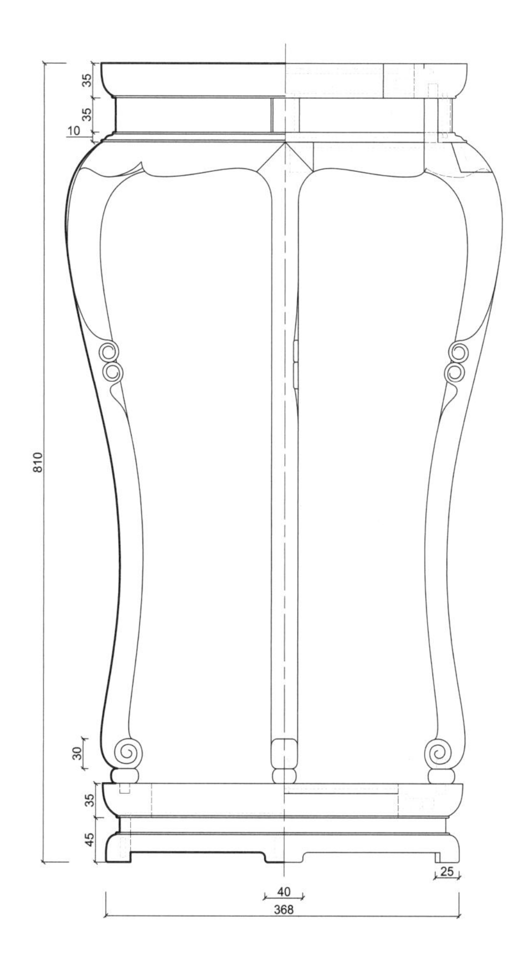

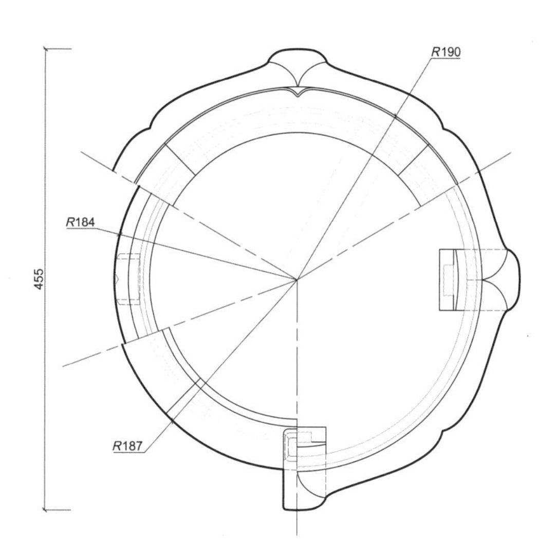

三视结构（CAD 图 1）

3. 用材效果

用材效果（材质：紫檀；效果图 2）

用材效果（材质：黄花梨；效果图 3）

用材效果（材质：红酸枝；效果图 4）

4. 结构爆炸

结构爆炸（效果图 5）

5. 部件示意

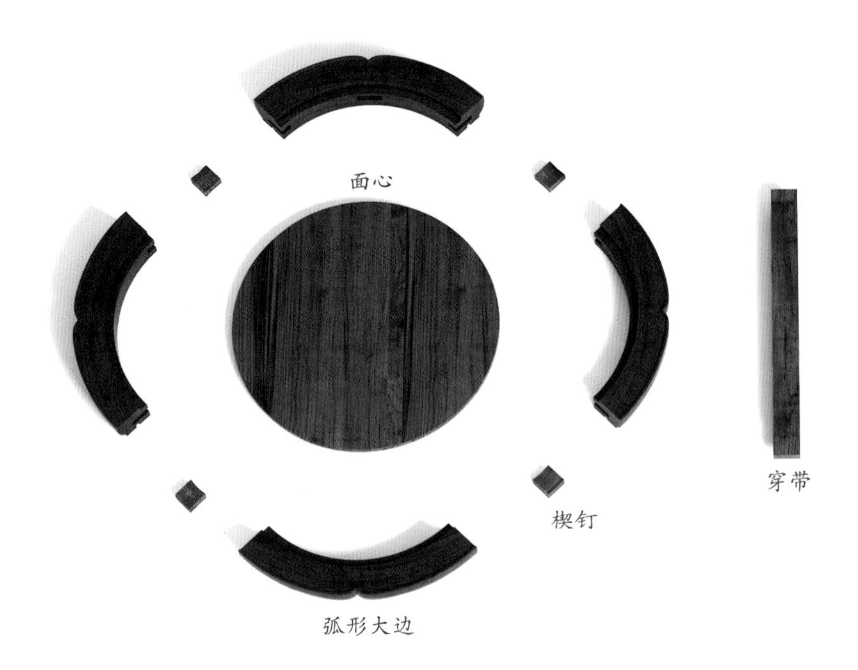

部件示意—几面（效果图 6）

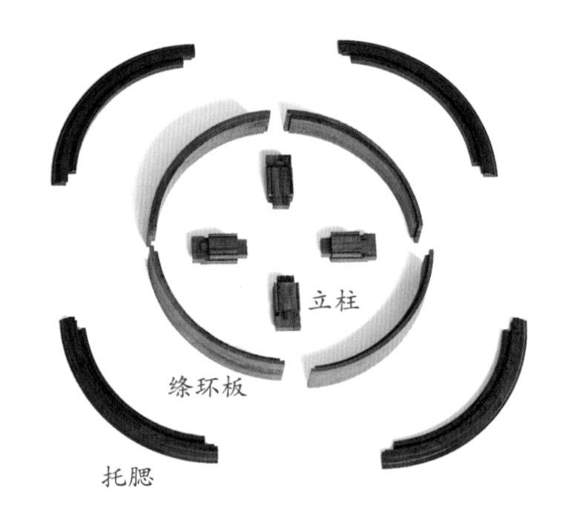

部件示意—束腰和托腮（效果图 7）

部件示意—牙板（效果图 8）

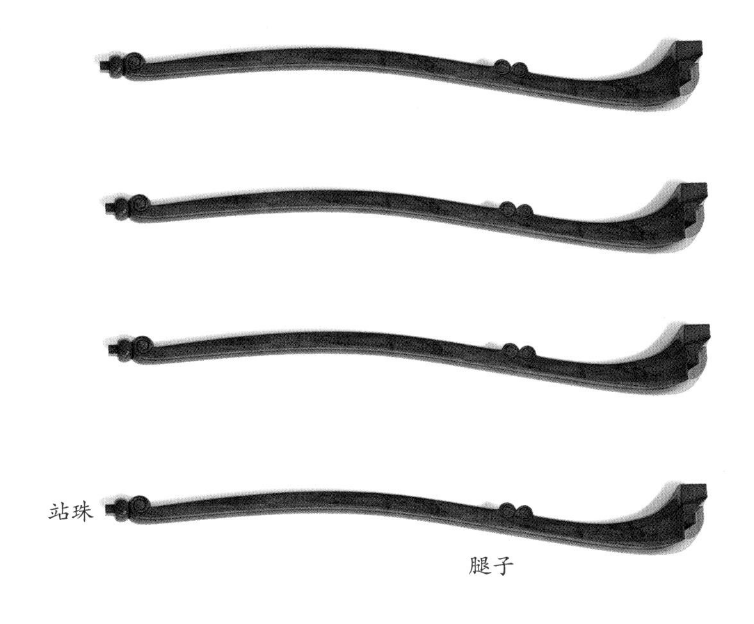

部件示意—腿子（效果图 9）

部件示意—底座（效果图 10）

6. 细部详解

细部效果—几面（效果图 11）

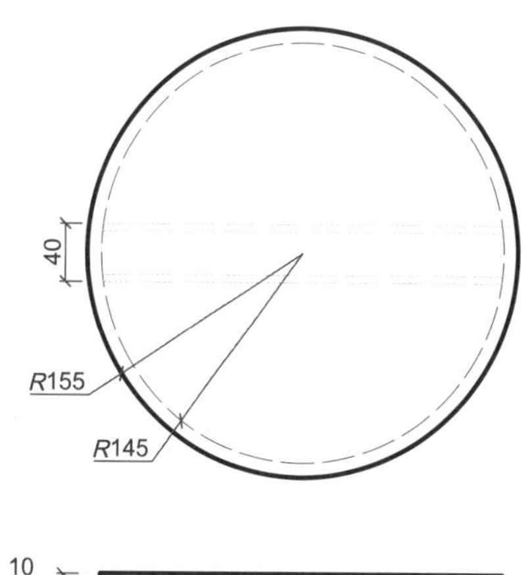

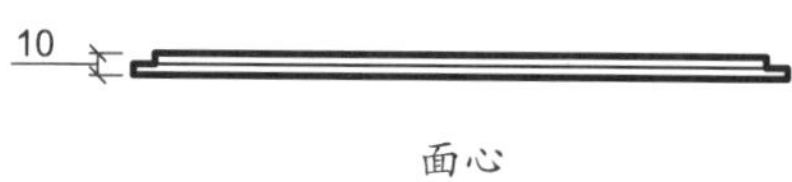

面心

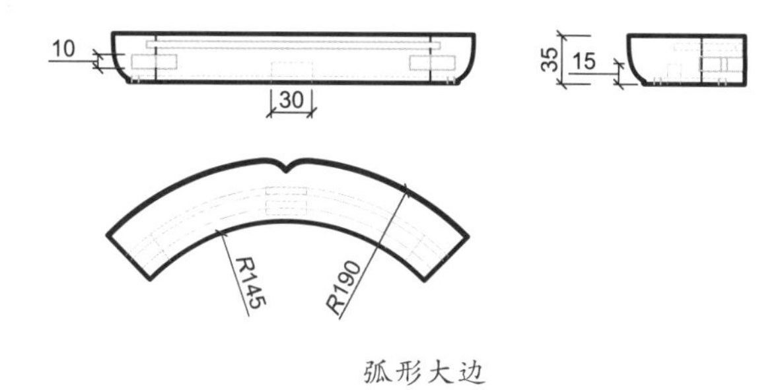

弧形大边

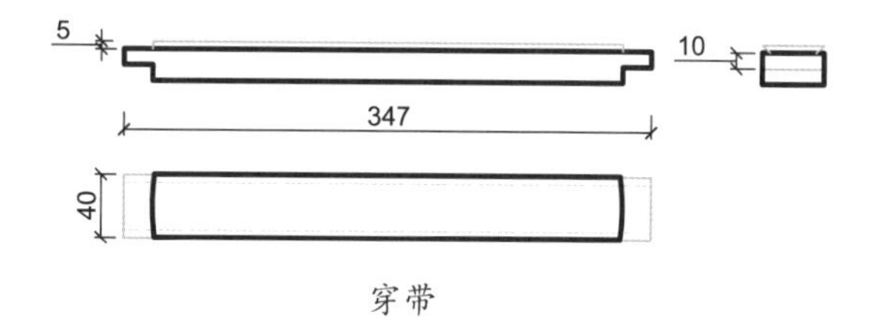

穿带

细部结构—几面（CAD 图 2 ~ 图 4）

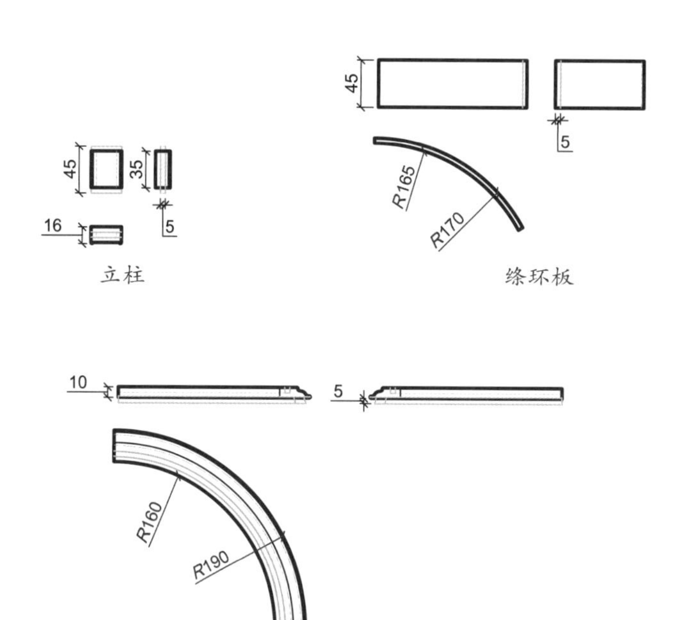

立柱

绦环板

托腮

细部效果—束腰和托腮（效果图 12）

细部结构—束腰和托腮（CAD 图 5 ~ 图 7）

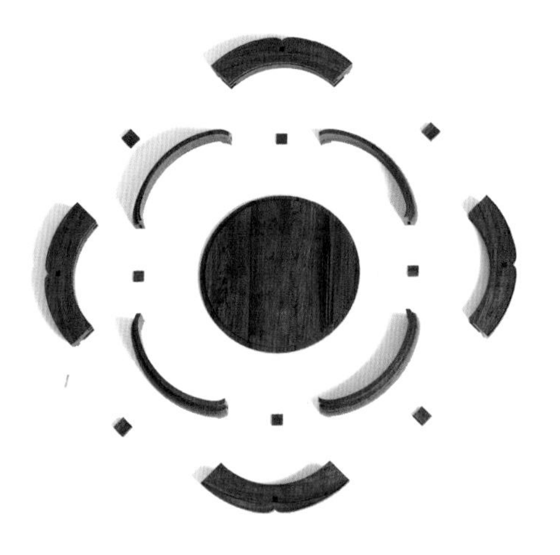

细部效果—底座（效果图 13）

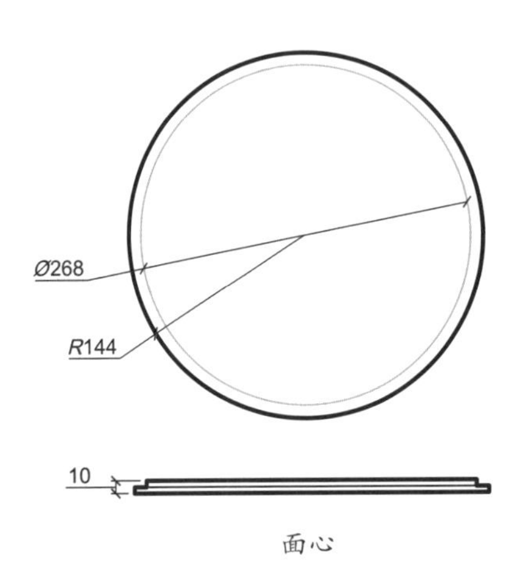

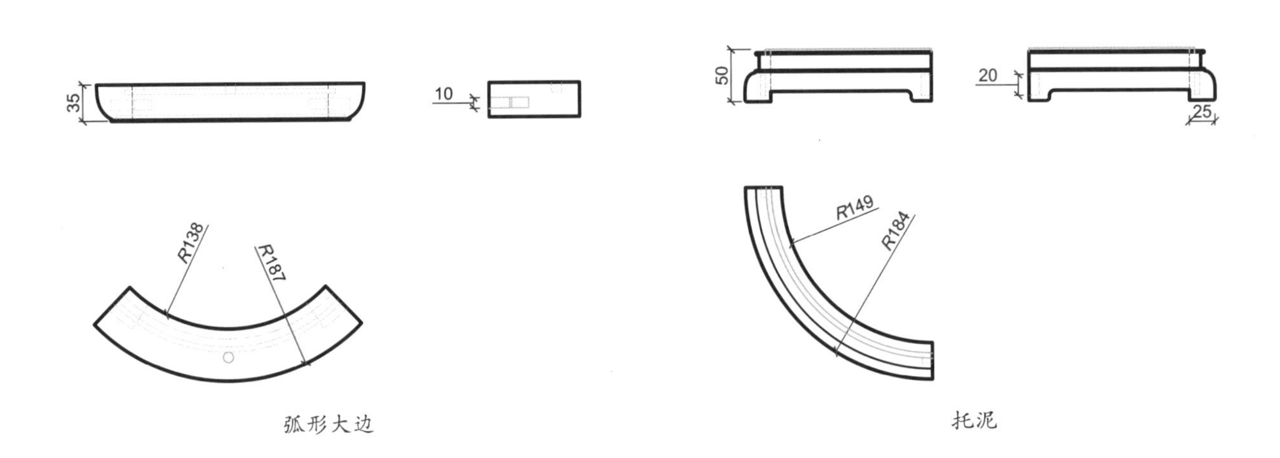

细部结构—底座（CAD 图 8 ~ 图 10）

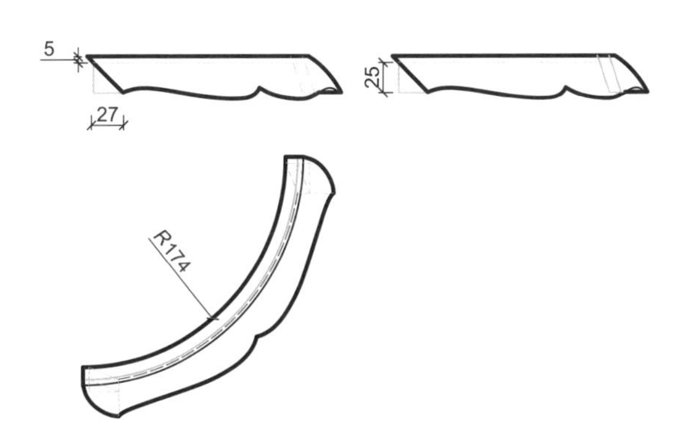

细部结构—牙板（CAD 图 11）

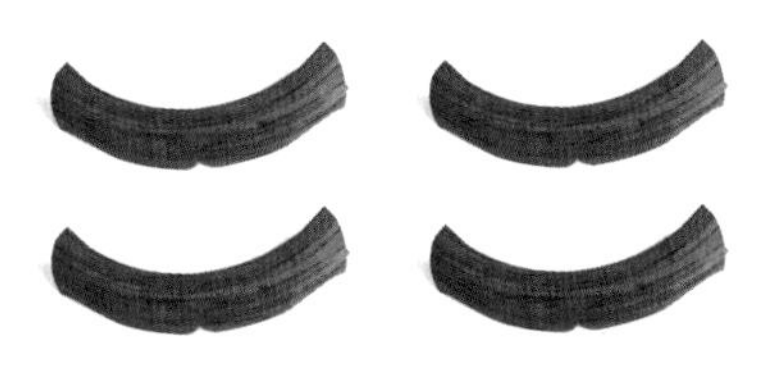

细部效果—牙板（效果图 14）

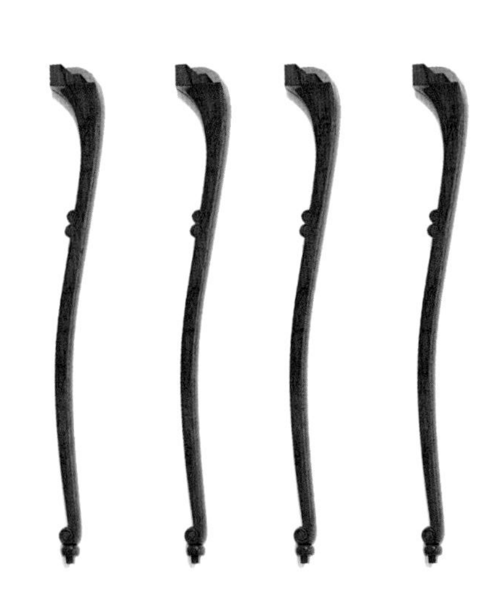

细部效果—腿子（效果图 15）

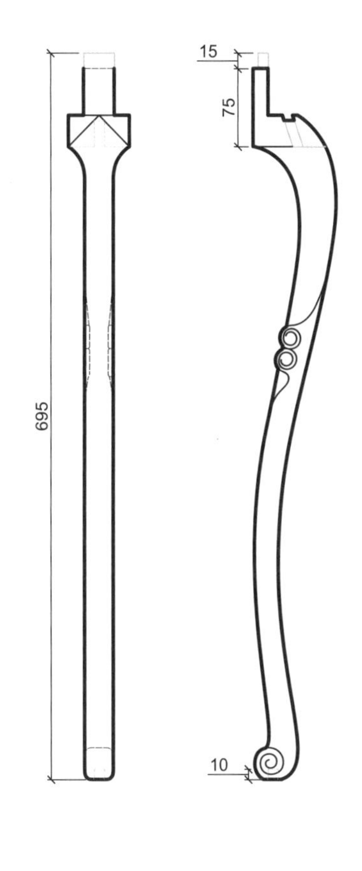

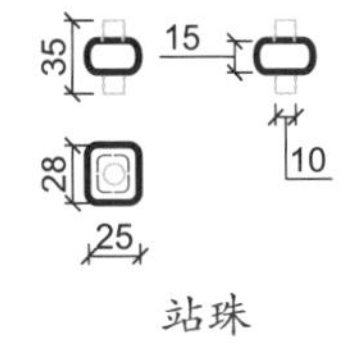

站珠

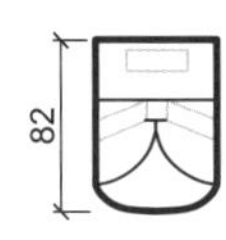

腿子

细部结构—腿子（CAD 图 12 ~ 图 13）

勾云纹高香几

材质：红酸枝

年款：宋

整体外观（效果图1）

1. 器形点评

此香几几面为正方形，冰盘沿线脚。几面之下安有壶门牙板，牙头雕成勾云纹。四腿为圆材，直落到地，四腿上段装四面平横枨相连，横枨之下亦装壶门牙板。此香几线条流畅，造型简洁洗练，体形修长，美观大方，有宋式家具秀雅飘逸之风。

2. CAD 图示

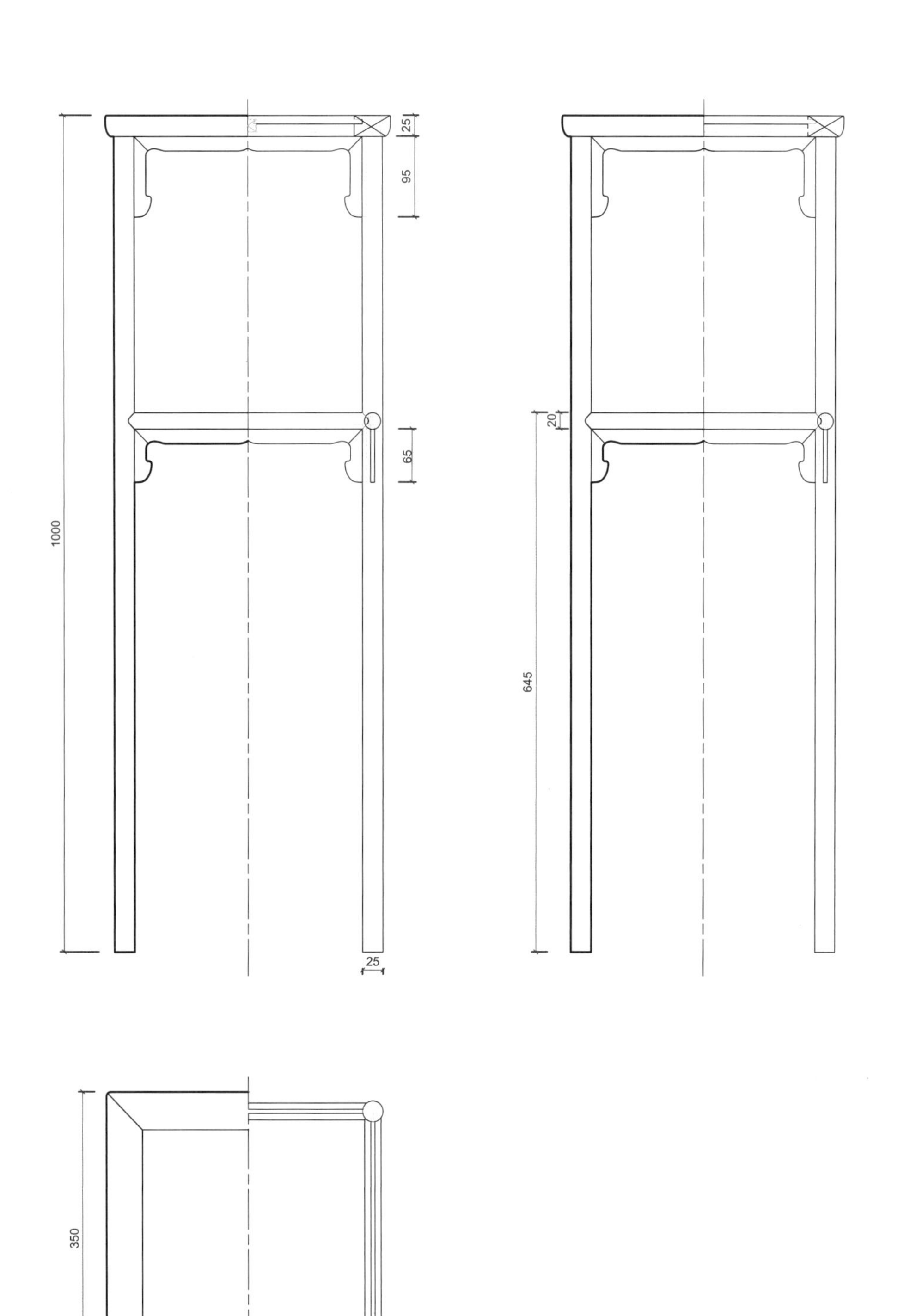

三视结构（CAD 图 1）

3. 用材效果

用材效果（材质：紫檀；效果图 2）

用材效果（材质：黄花梨；效果图 3）

用材效果（材质：红酸枝；效果图 4）

4. 结构爆炸

结构爆炸（效果图 5）

5. 部件示意

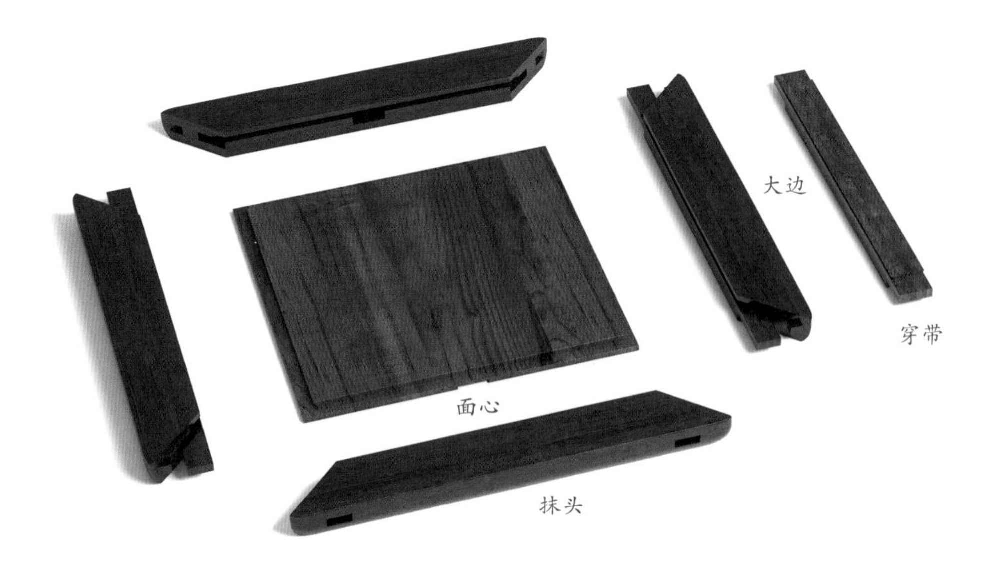

部件示意—几面（效果图 6）

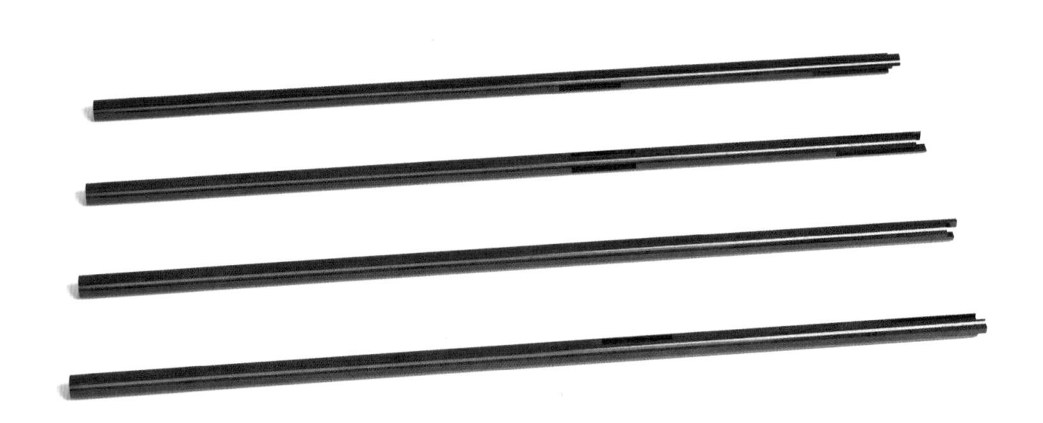

部件示意—腿子（效果图 7）

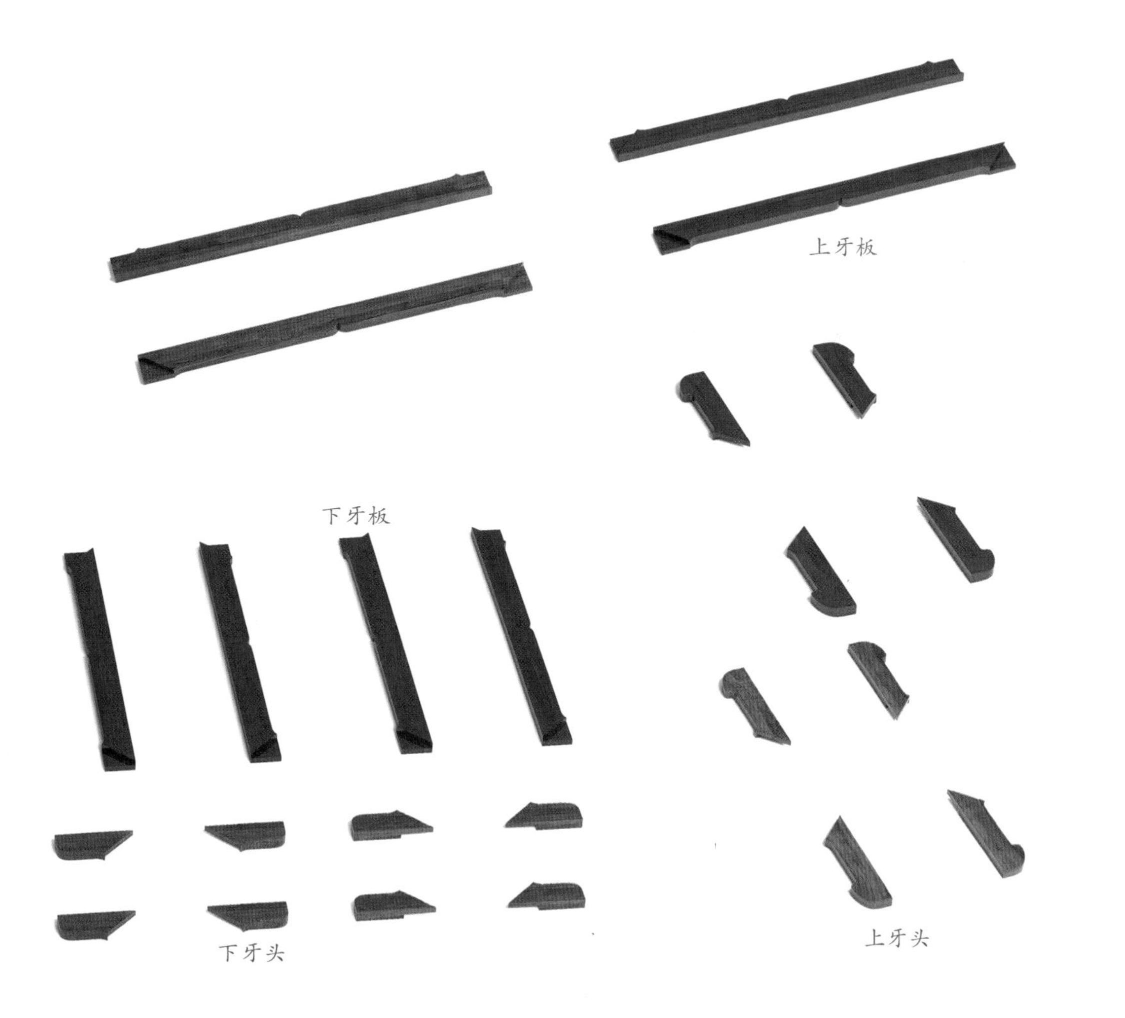

部件示意—牙子（效果图 8）

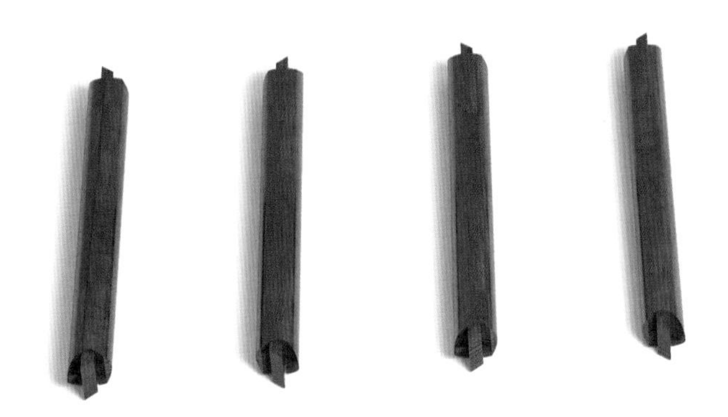

部件示意—横枨（效果图 9）

6. 细部详解

细部效果—几面（效果图 10）

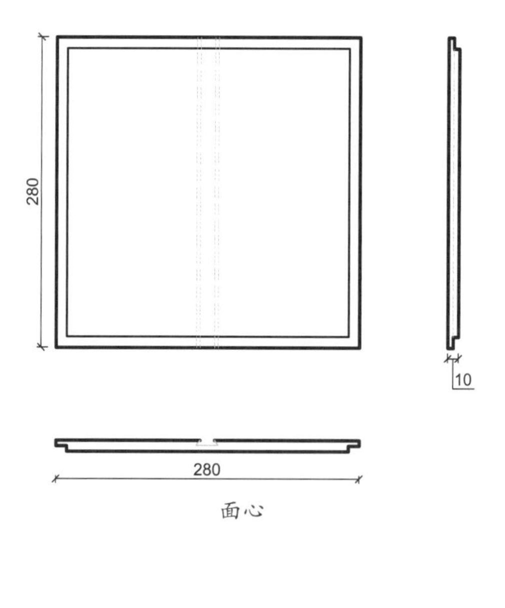

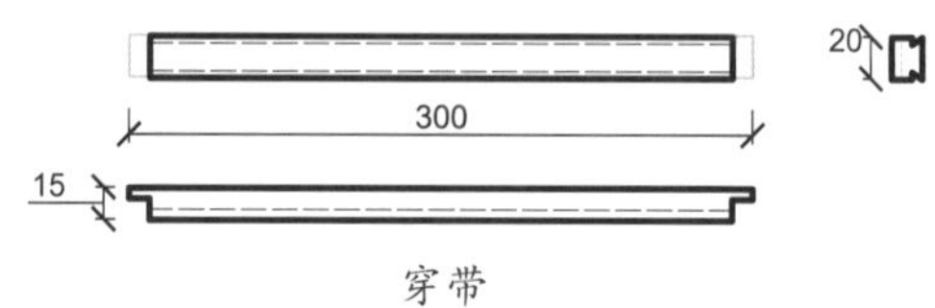

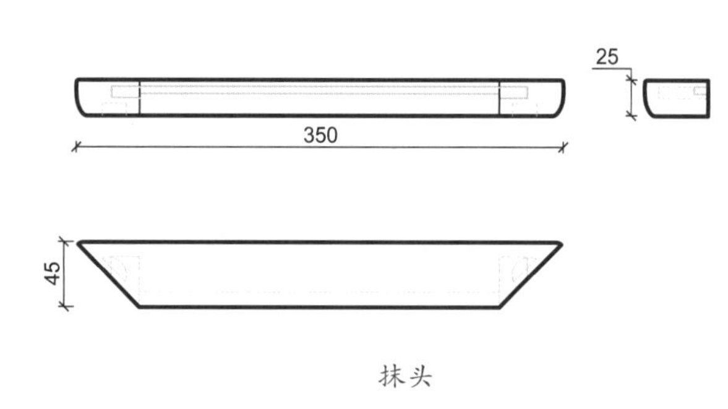

25
350
45
大边

细部结构—几面（CAD 图 2 ～图 5）

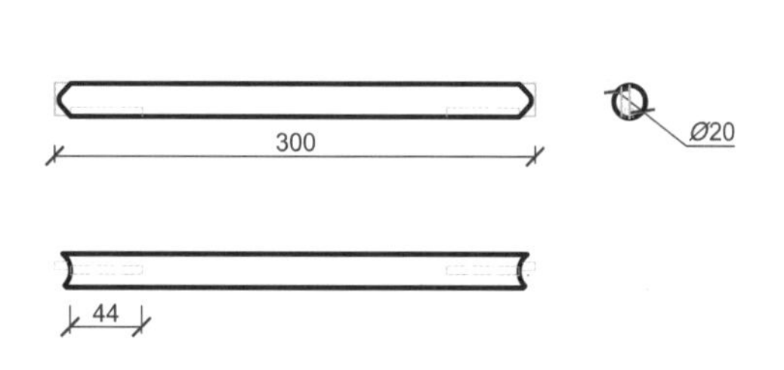

细部结构—横枨（CAD 图 6）

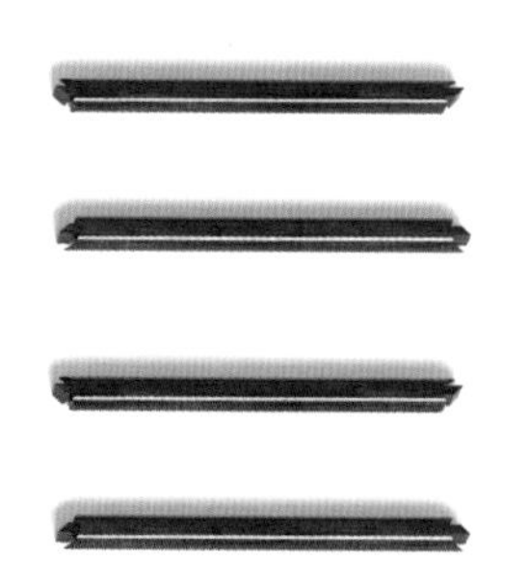

细部效果—横枨（效果图 11）

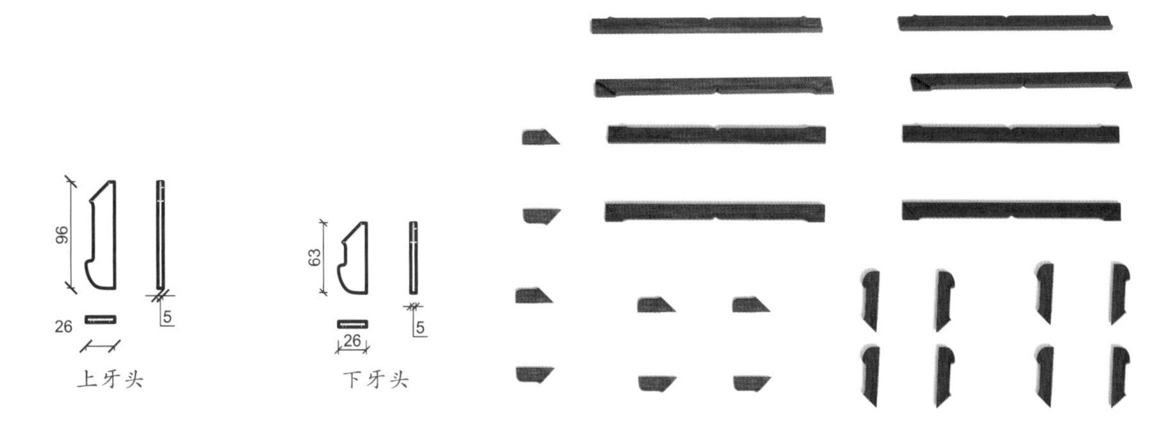

17
279
5
上牙板
17
279
5
下牙板

细部结构—牙子（CAD 图 7 ~ 图 10）

细部效果—牙子（效果图 12）

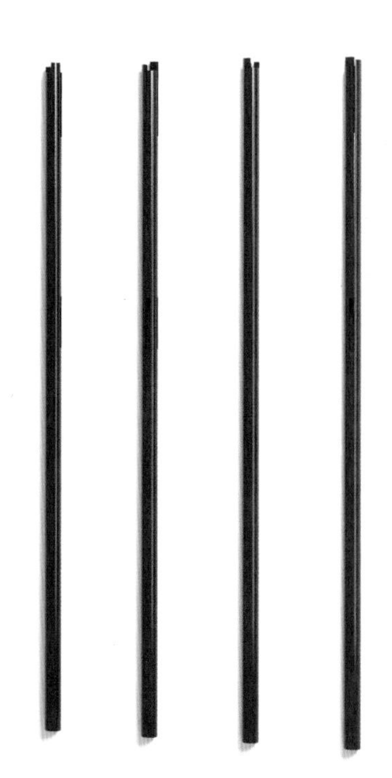

细部效果—腿子（效果图 13）

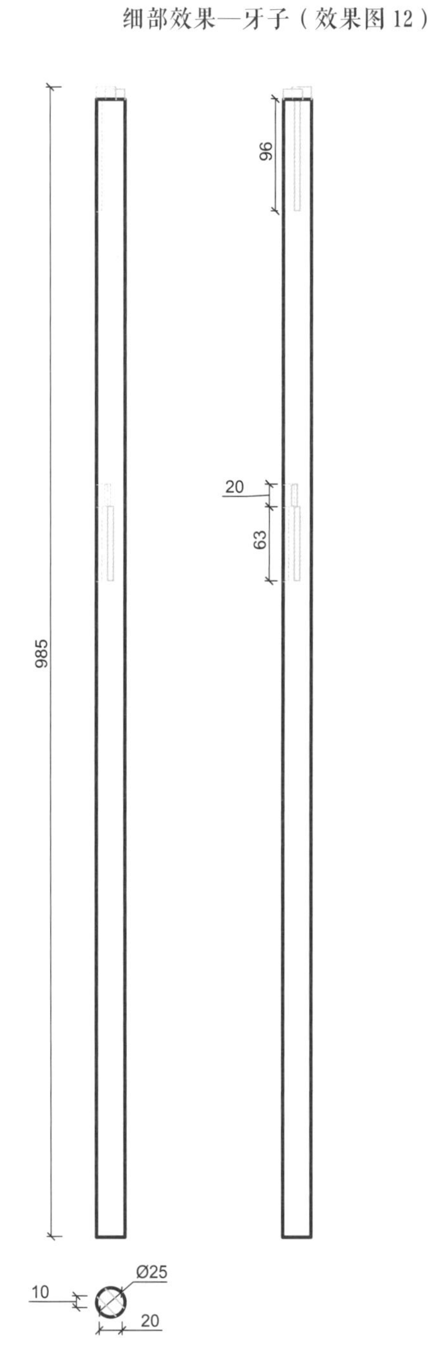

细部结构—腿子（CAD 图 11）

拐子回纹高花几

材质：红酸枝

年款：清

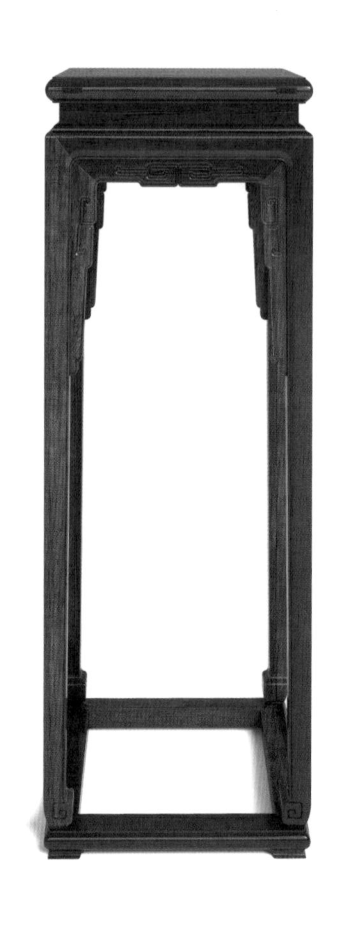

整体外观（效果图 1）

1. 器形点评

此几几面为正方形，边沿为素混面，下有高束腰，牙板雕回纹拐子。四腿为方材，足端雕内翻回纹马蹄，下踩托泥。托泥之下有龟足相承。此花几形态修长，清新雅致。

2. CAD 图示

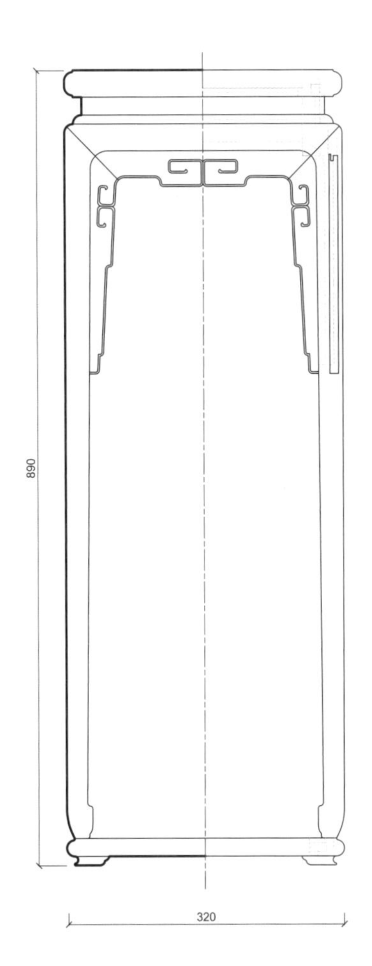

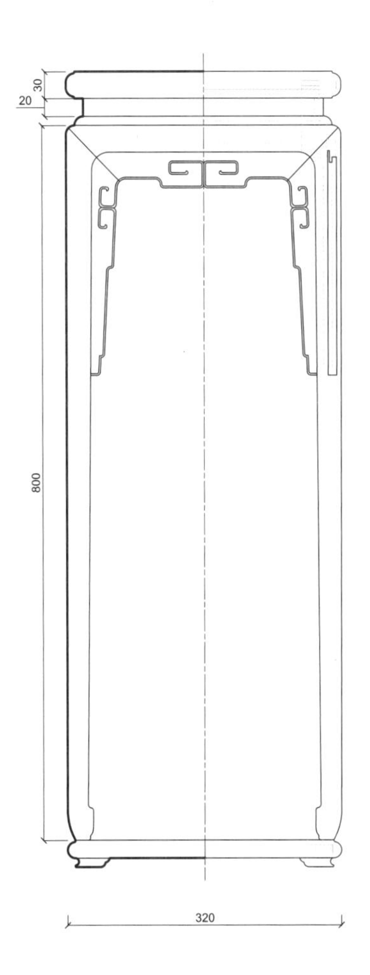

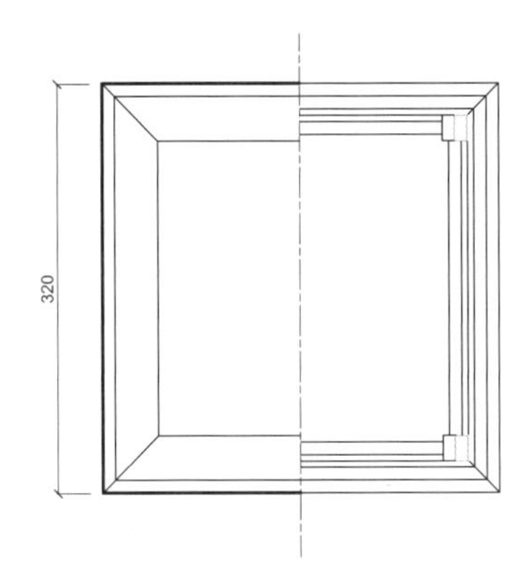

三视结构（CAD 图 1）

注：视图中部分纹饰略去。

3. 用材效果

用材效果（材质：紫檀；效果图 2）

用材效果（材质：黄花梨；效果图 3）

用材效果（材质：红酸枝；效果图 4）

4. 结构爆炸

结构爆炸（效果图 5）

5. 部件示意

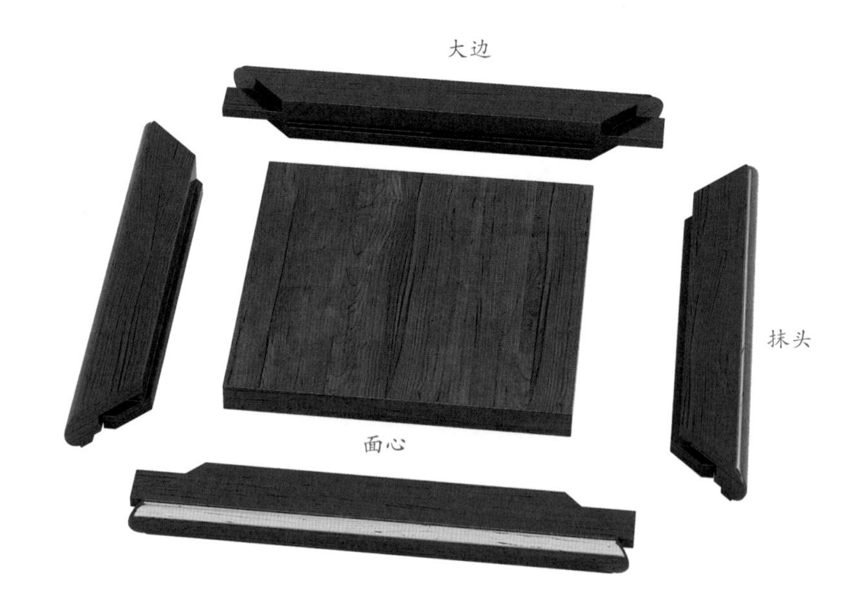

部件示意—几面（效果图 6）

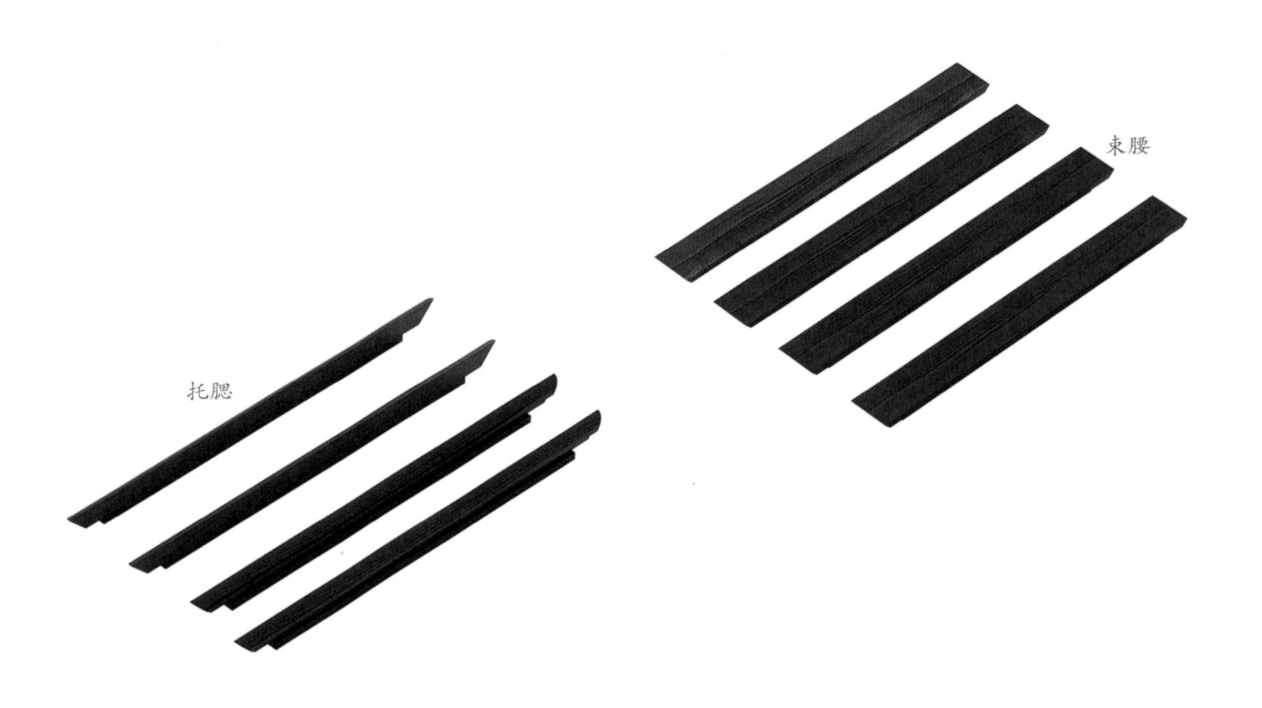

部件示意—束腰和托腮（效果图 7）

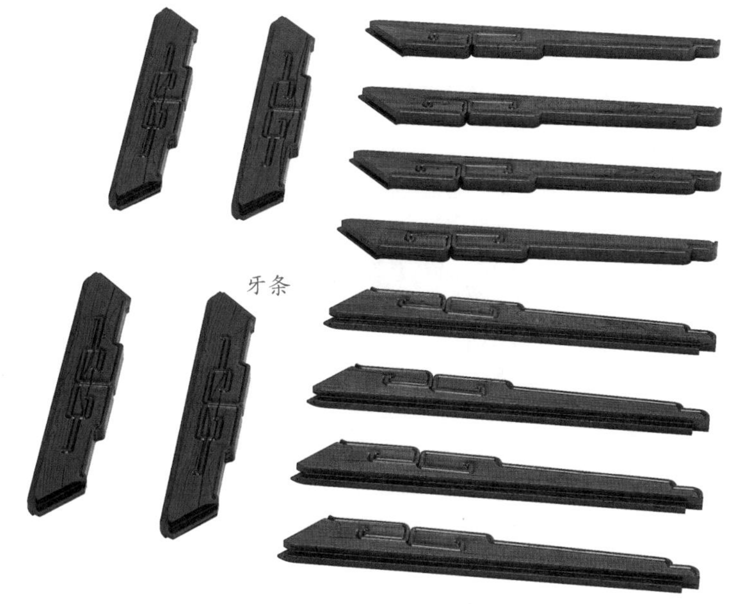

部件示意—牙子（效果图8）

部件示意—托泥（效果图9）

部件示意—腿子（效果图 10）

部件示意—龟足（效果图 11）

6. 细部详解

细部效果—几面（效果图 12）

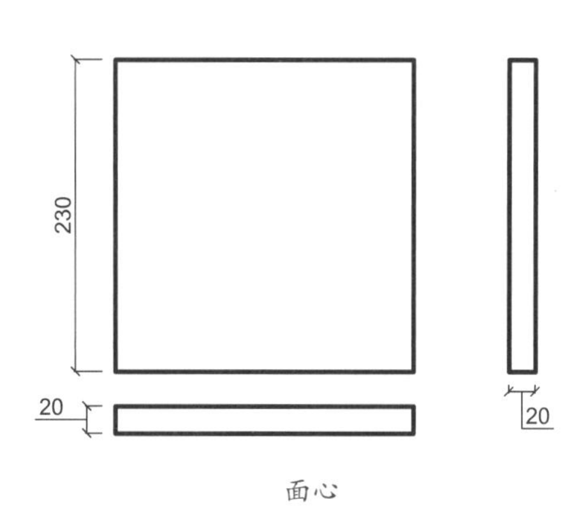

面心

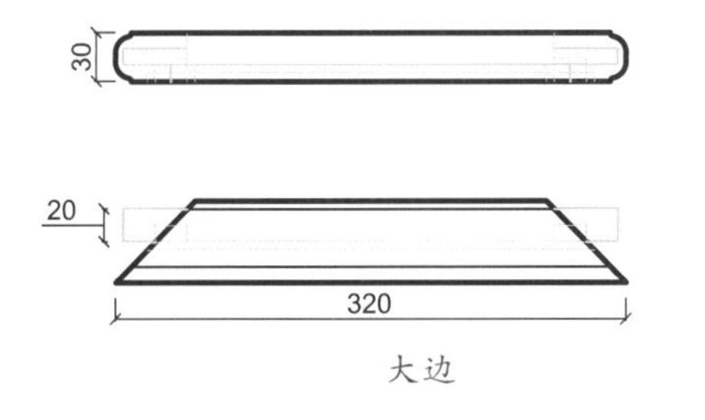

大边

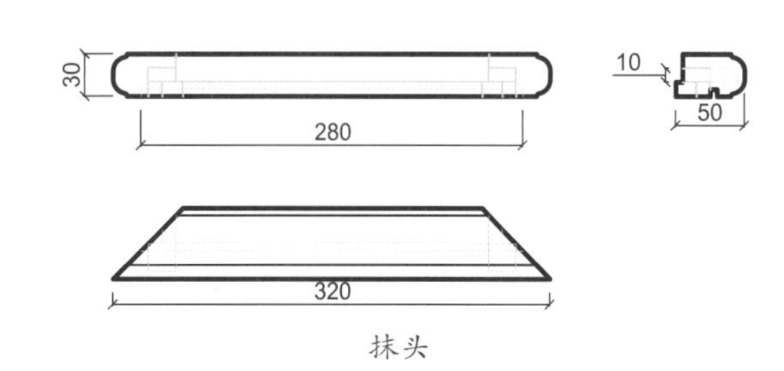

抹头

细部结构—几面（CAD 图 2 ~ 图 4）

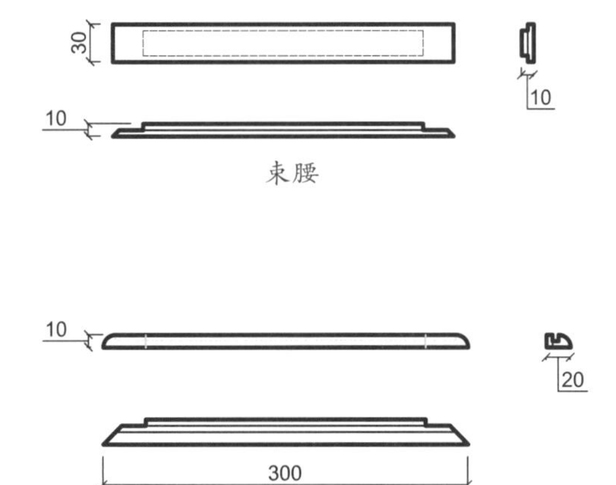

托腮

细部结构—束腰和托腮（CAD 图 5 ~ 图 6）

细部效果—束腰和托腮（效果图 13）

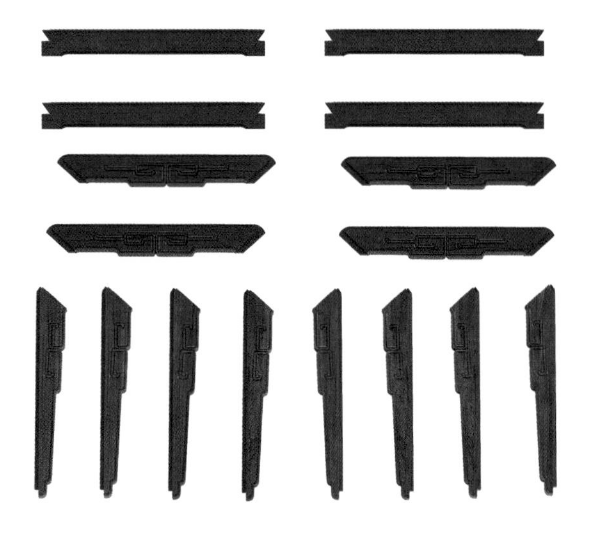

细部效果—牙子（效果图 14）

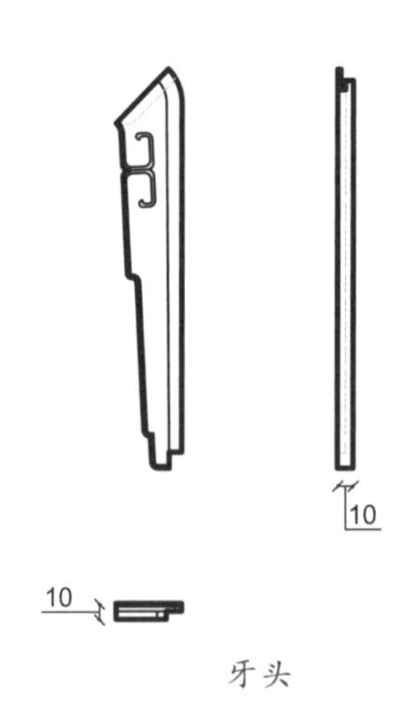

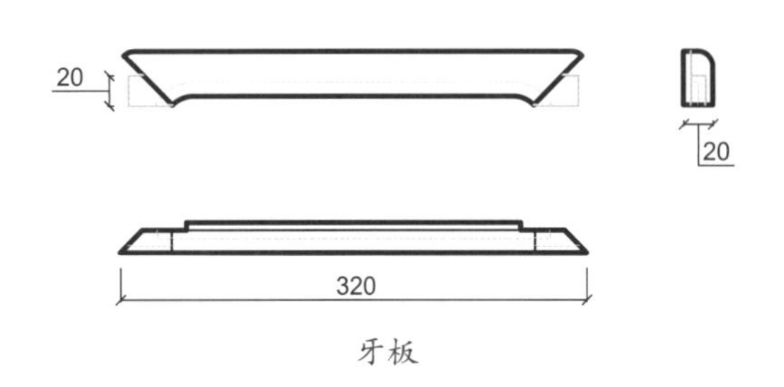

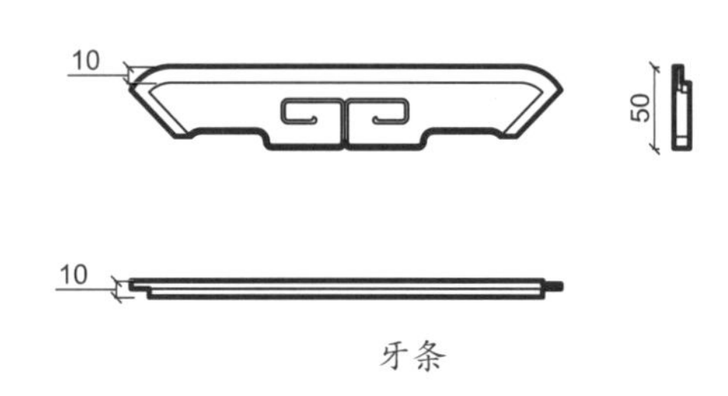

细部结构—牙子（CAD 图 7 ~ 图 9）

细部效果—托泥（效果图 15）

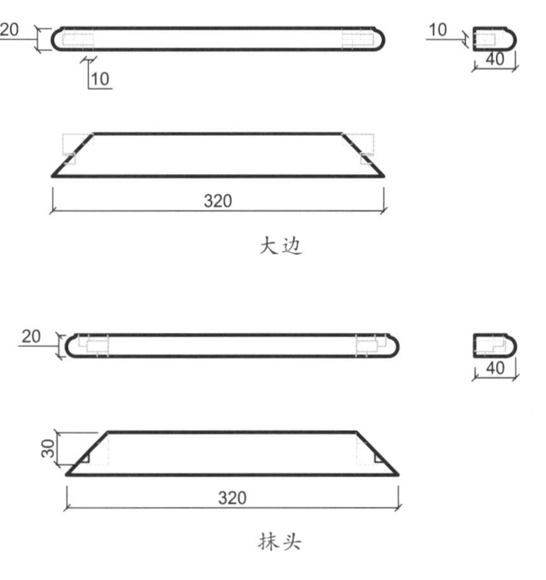

细部结构—托泥（CAD 图 10 ~ 图 11）

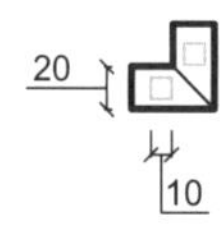

细部结构—龟足（CAD 图 12）

细部效果—龟足（效果图 16）

细部效果—腿子（效果图 17）

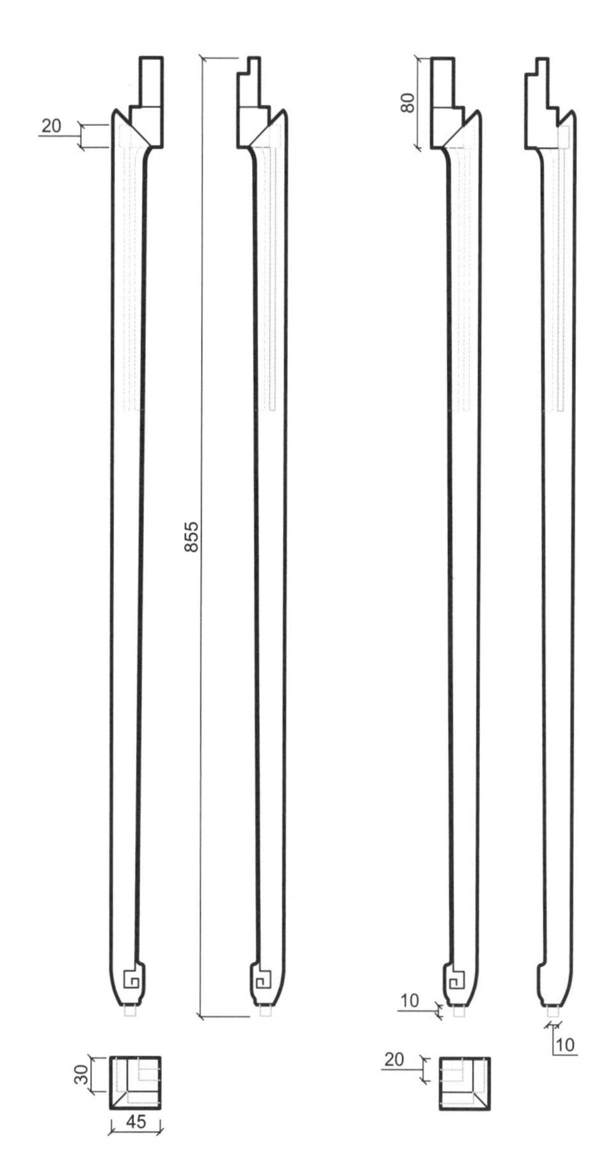

细部结构—腿子（CAD 图 13 ~ 图 14）

拐子纹高花几

材质：黄花梨

年款：清

整体外观（效果图1）

1. 器形点评

此花几几面为正方形，冰盘沿线脚，几面边沿下有垛边，高束腰。束腰之下安透雕拐子纹牙子。四腿为方材，直落到地，四腿足端以横竖材攒成棂格屉板。此花几体形修长逸秀，雕饰丰富，既是实用的承具，又是一件赏心悦目的佳器。

2. CAD 图示

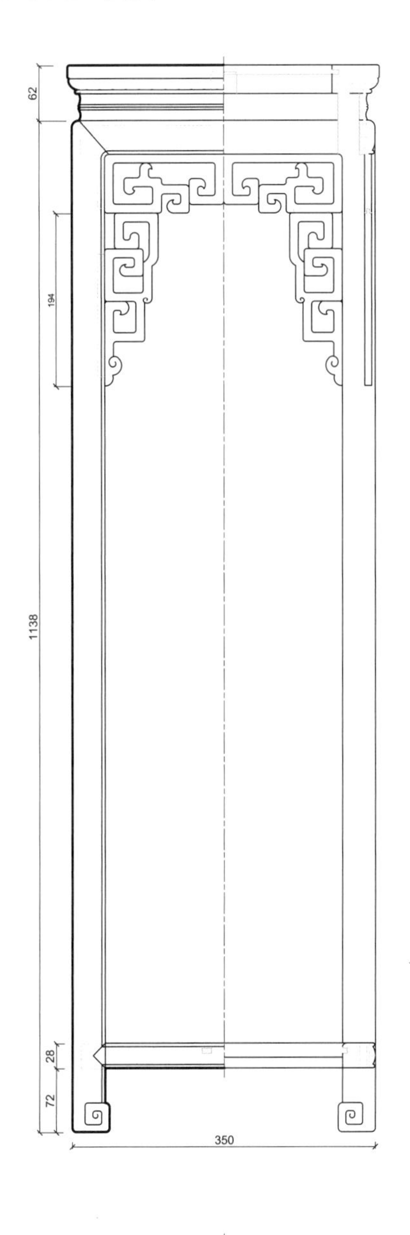

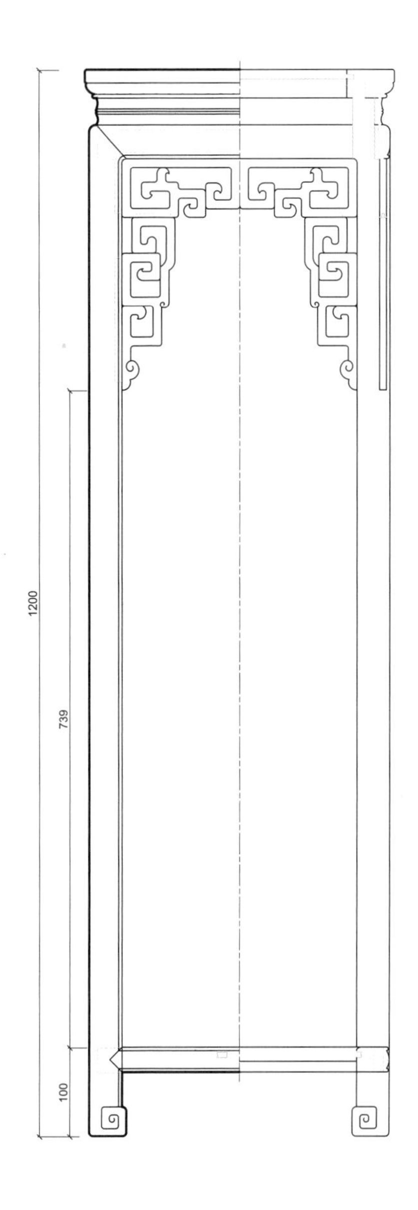

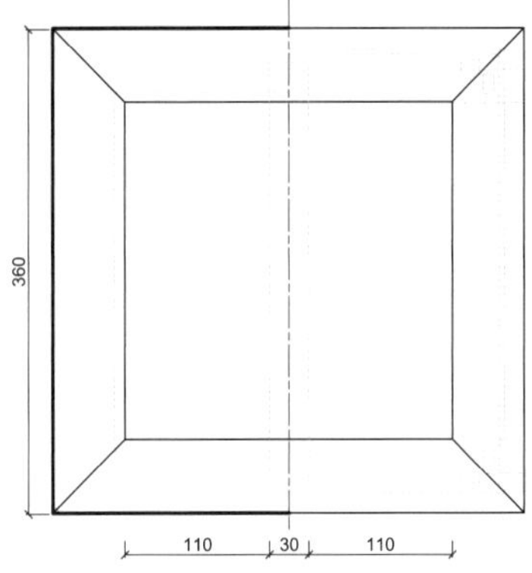

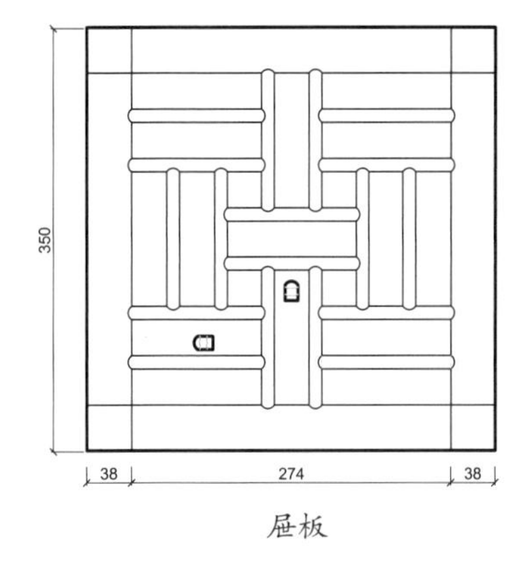

屉板

主视图	左视图
俯视图	细节图

三视结构（CAD 图 1）

3. 用材效果

用材效果（材质：紫檀；效果图 2）

用材效果（材质：黄花梨；效果图 3）

用材效果（材质：红酸枝；效果图 4）

4. 结构爆炸

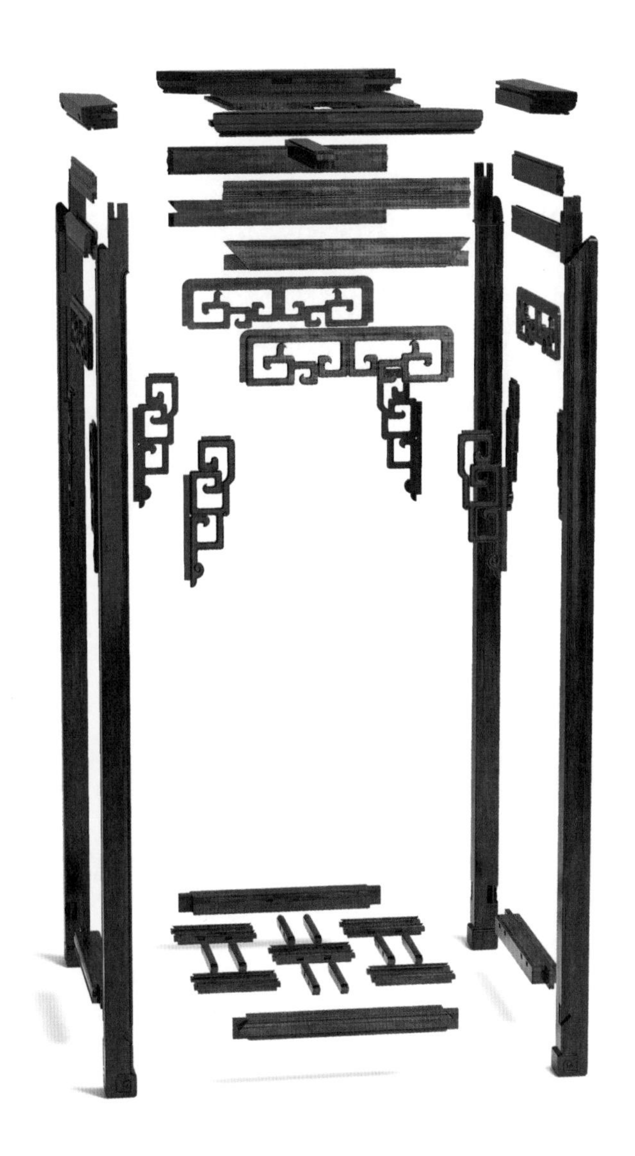

结构爆炸（效果图 5）

5. 部件示意

部件示意—几面（效果图 6）

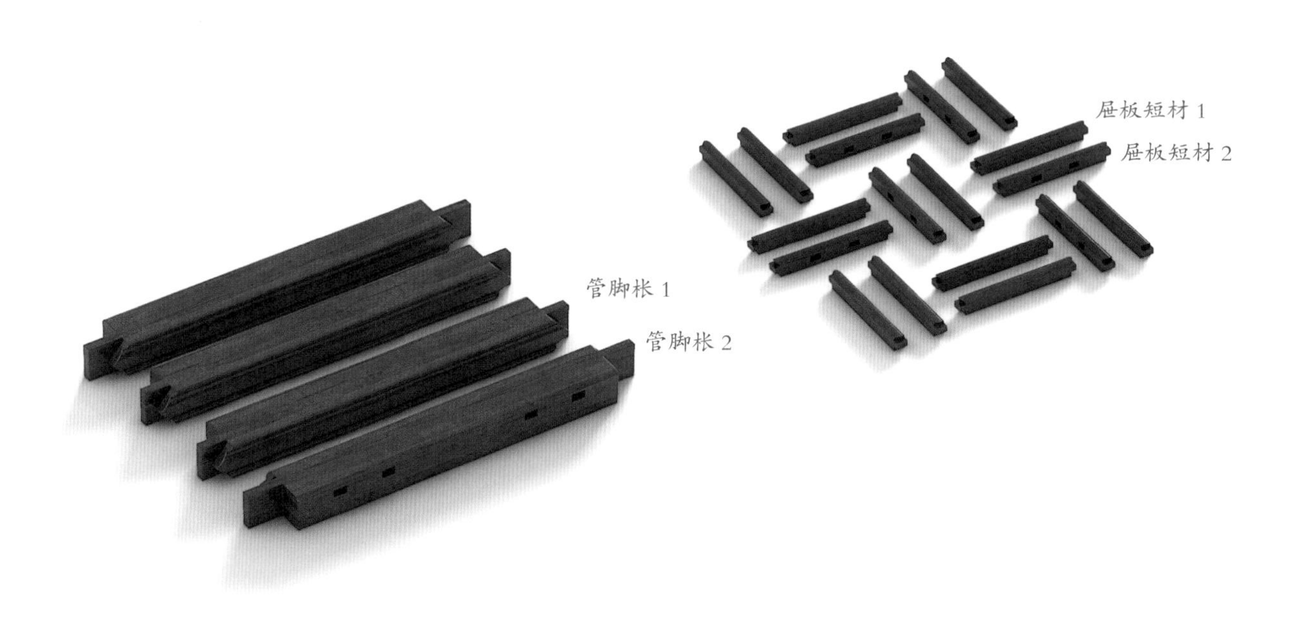

部件示意—管脚枨和屉板（效果图 7）

部件示意—牙子（效果图8）

部件示意—束腰（效果图9）

部件示意—腿子（效果图10）

6. 细部详解

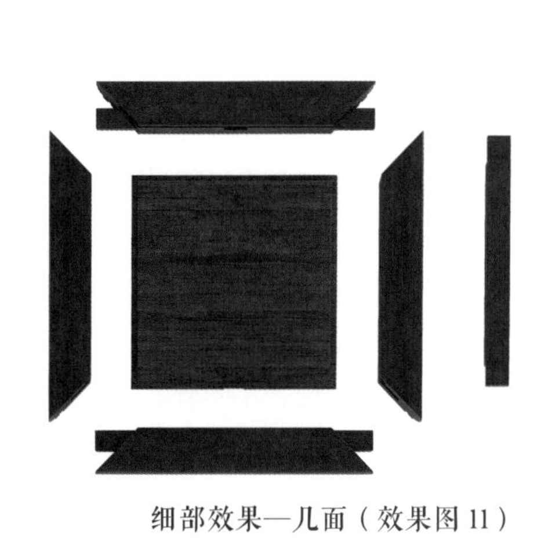

细部效果—几面（效果图 11）

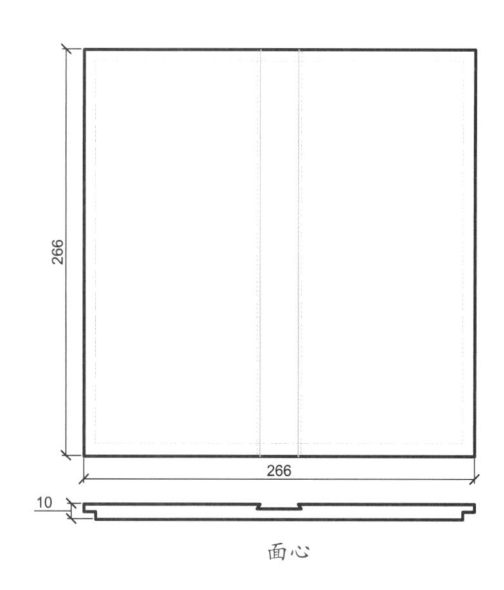

面心

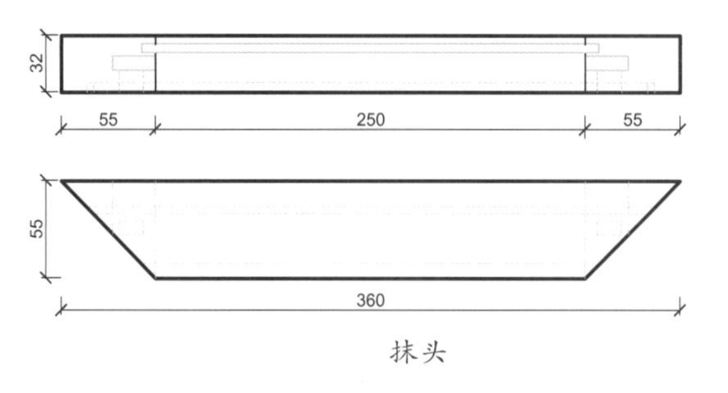

抹头

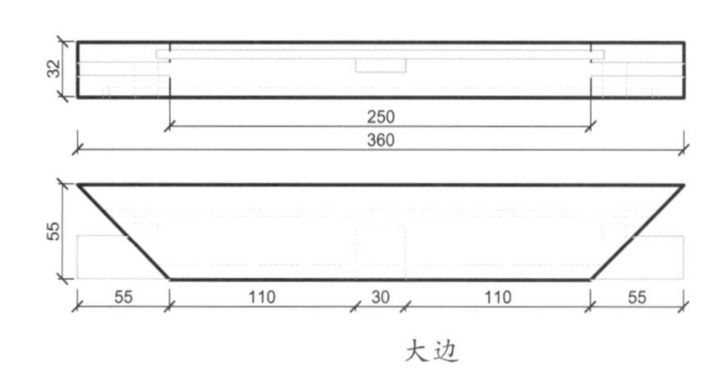

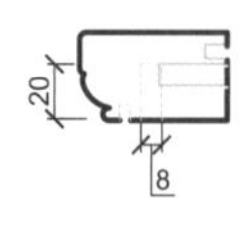

大边

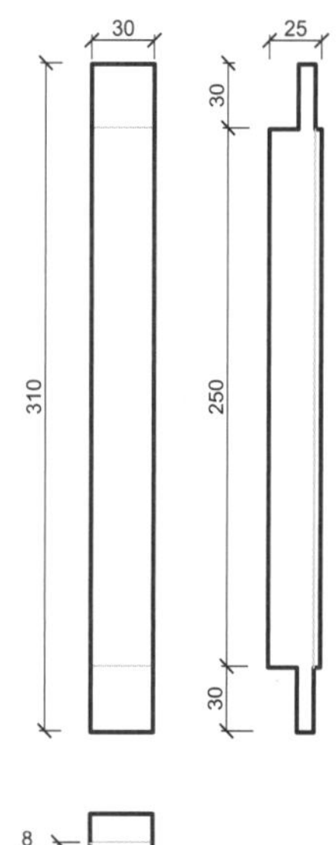

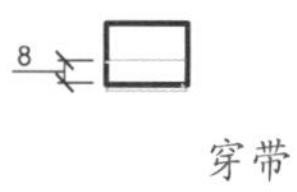

穿带

细部结构—几面（CAD 图 2 ~图 5）

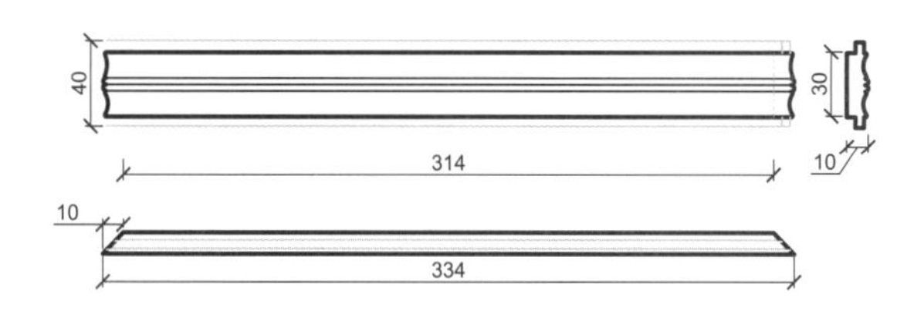

细部结构—束腰（CAD 图 6）

细部效果—束腰（效果图 12）

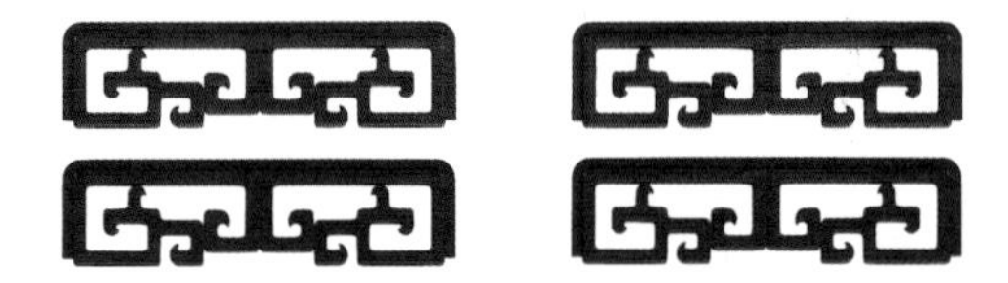

细部效果—牙子（效果图 13）

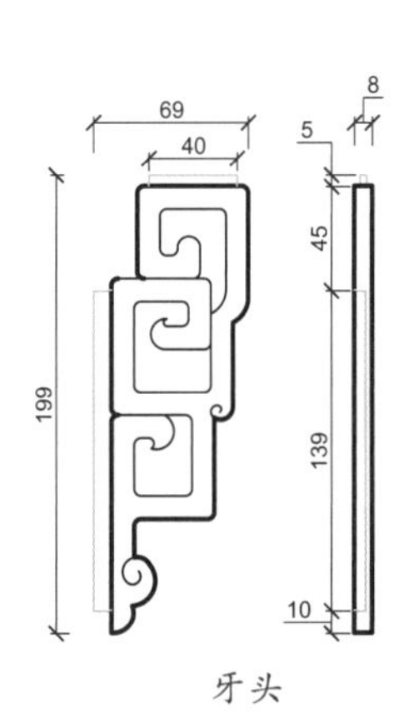

牙头

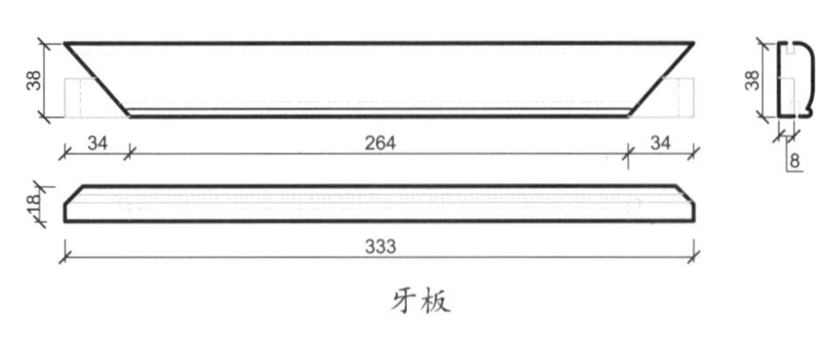

牙板

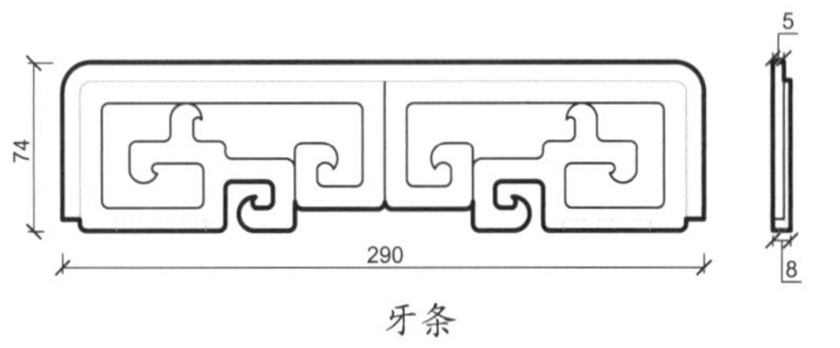

牙条

细部结构—牙子（CAD 图 7 ～图 9）

11
122
5
16
111

屉板短材 1

11
122
11
6
16
35
30
11

屉板短材 2

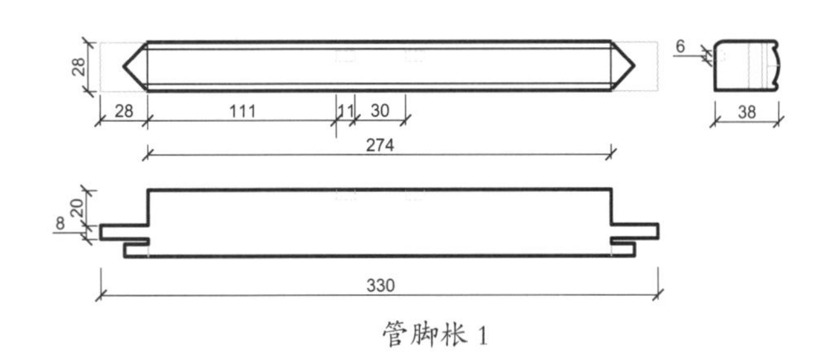

管脚枨 1

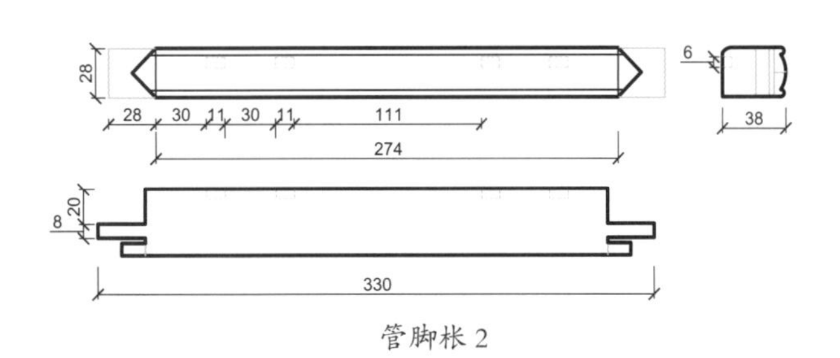

管脚枨 2

细部结构—管脚枨和屉板（CAD 图 10 ～图 13）

细部效果—管脚枨和屉板（效果图 14）

细部效果—腿子（效果图 15）

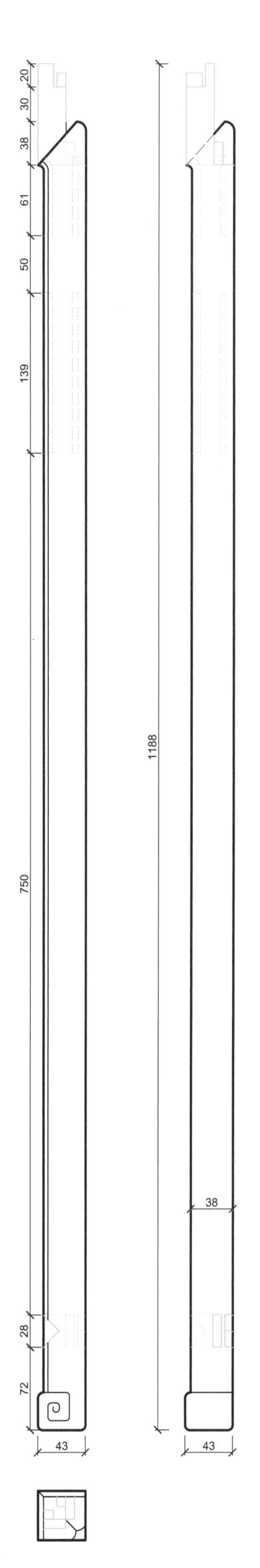

细部结构—腿子（CAD 图 14）

四面平勾云足方香几

材质：红酸枝

年款：宋

整体外观（效果图 1）

1. 器形点评

此几为四面平形式，几面为正方形，攒框打槽装板。四腿为方材，直落到地，足端雕勾云纹，四腿与几面以粽角榫相接。此几造型简洁，形态修长，有玉树临风之美感。

2. CAD 图示

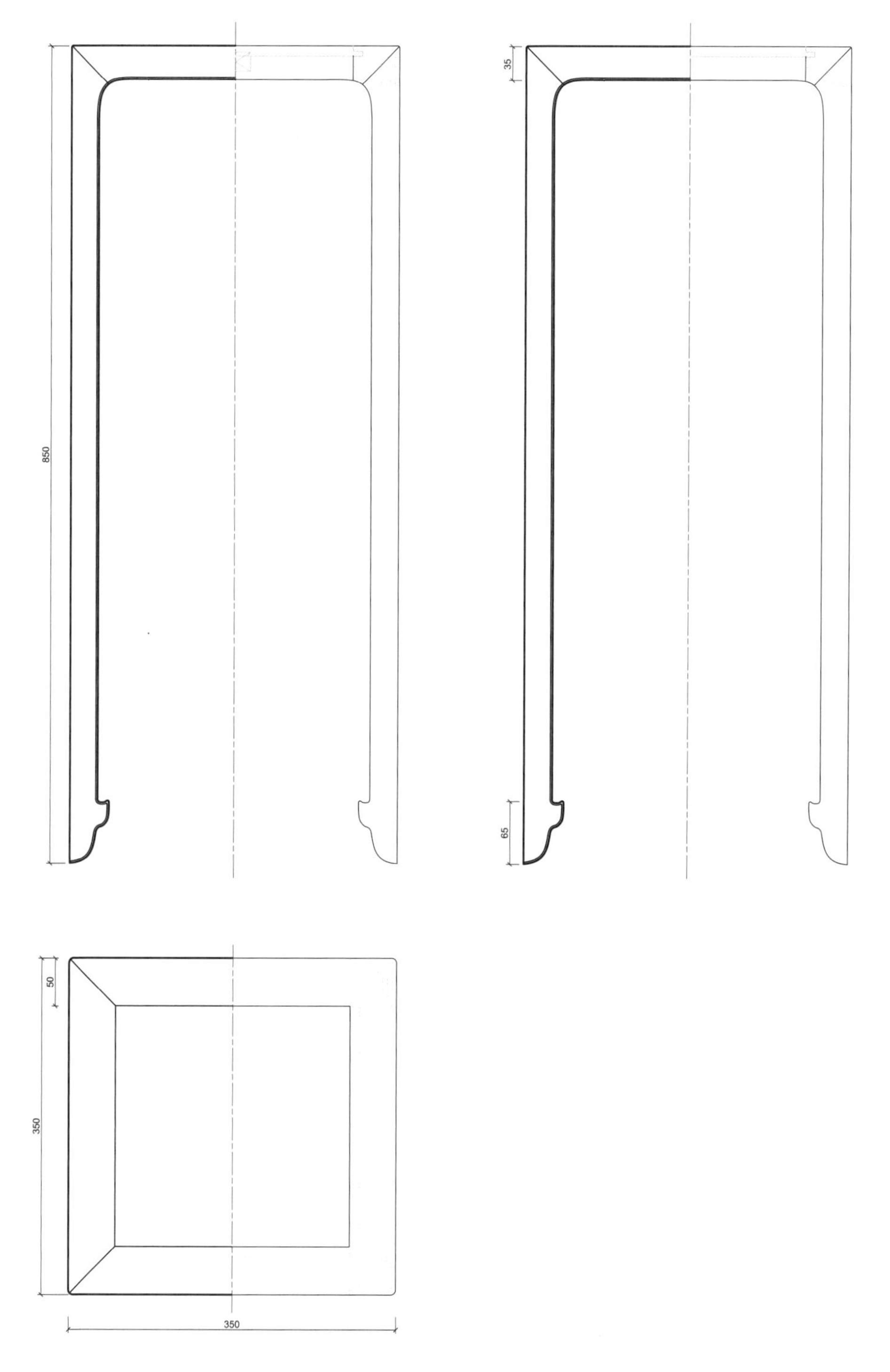

三视结构（CAD 图 1）

3. 用材效果

用材效果（材质：紫檀；效果图 2）

用材效果（材质：黄花梨；效果图 3）

用材效果（材质：红酸枝；效果图 4）

4. 结构爆炸

结构爆炸（效果图 5）

5. 部件示意

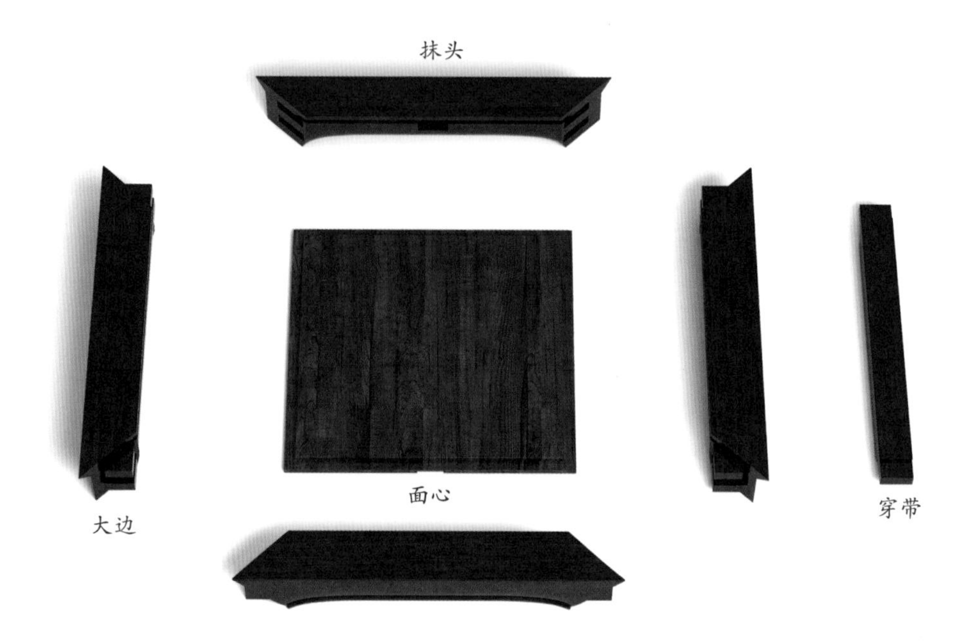

部件示意—几面（效果图 6）

部件示意—腿子（效果图 7）

6. 细部详解

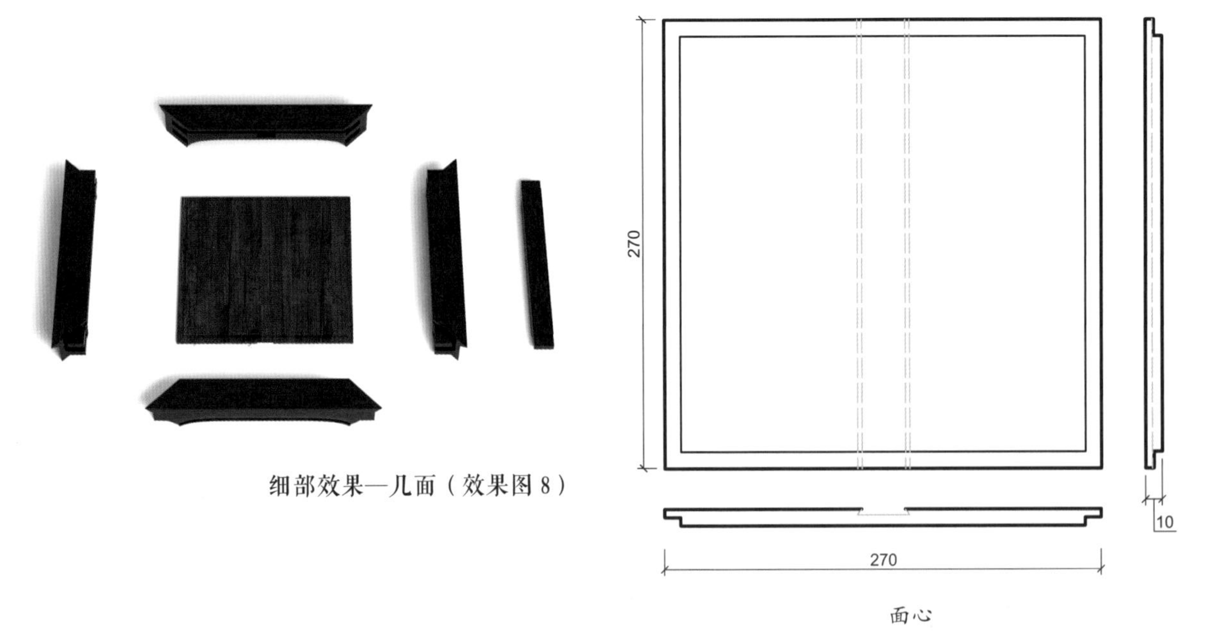

细部效果—几面（效果图8）

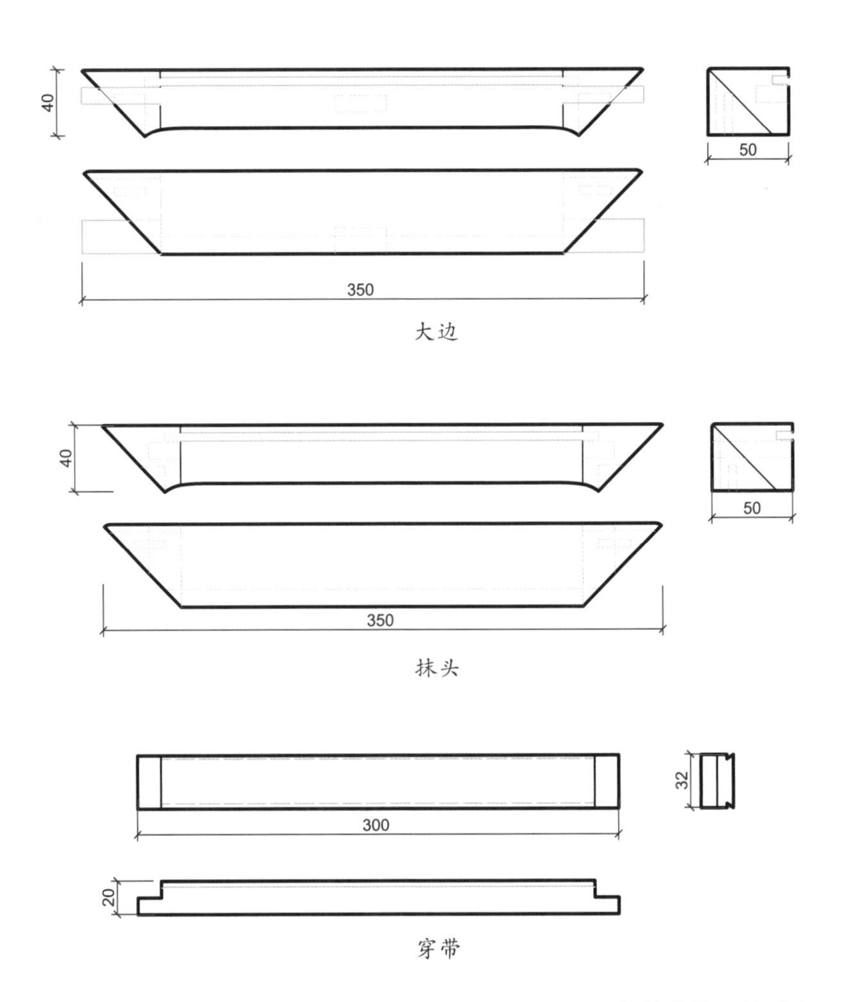

细部结构—几面（CAD图2～图5）

细部效果—腿子（效果图 9）

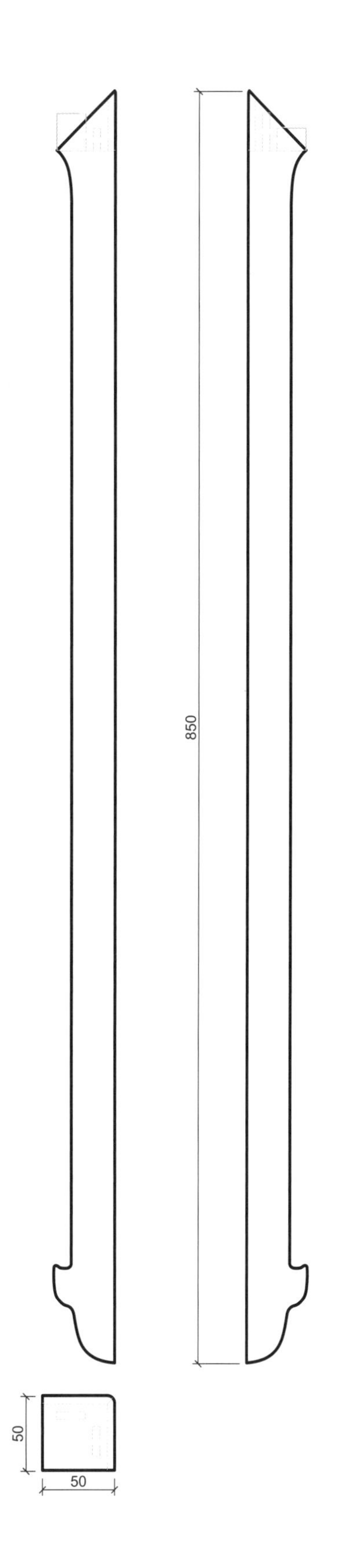

细部结构—腿子（CAD 图 6）

三弯腿梅花式香几

材质：黄花梨

年款：明

整体外观（效果图1）

1. 器形点评

此香几几面做成梅花式，几面下的束腰甚高，下接壶门牙板。五条腿为三弯腿，腿子中部起云纹翅，四腿足端向外向上卷出，托着圆珠。腿足下踩梅花形托泥，托泥下安龟足。此香几体态修长优美，委婉流畅，是一件标准的明式风格精品家具。

2. CAD 图示

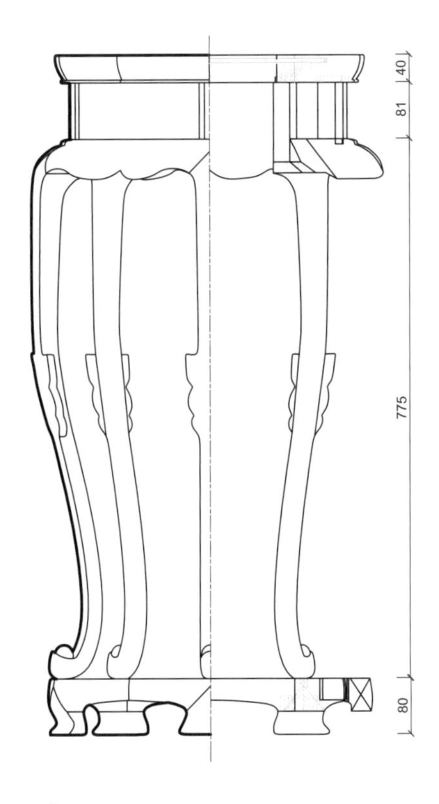

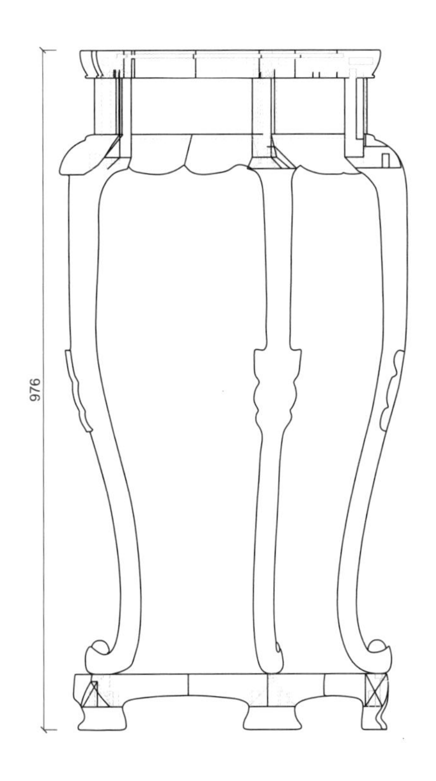

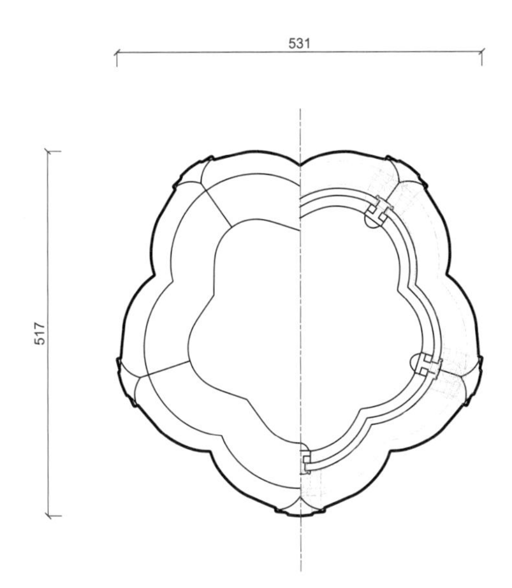

三视结构（CAD 图 1）

3. 用材效果

用材效果（材质：紫檀；效果图 2）

用材效果（材质：黄花梨；效果图 3）

用材效果（材质：红酸枝；效果图 4）

4. 结构爆炸

结构爆炸（效果图5）

5. 部件示意

部件示意—几面（效果图 6）

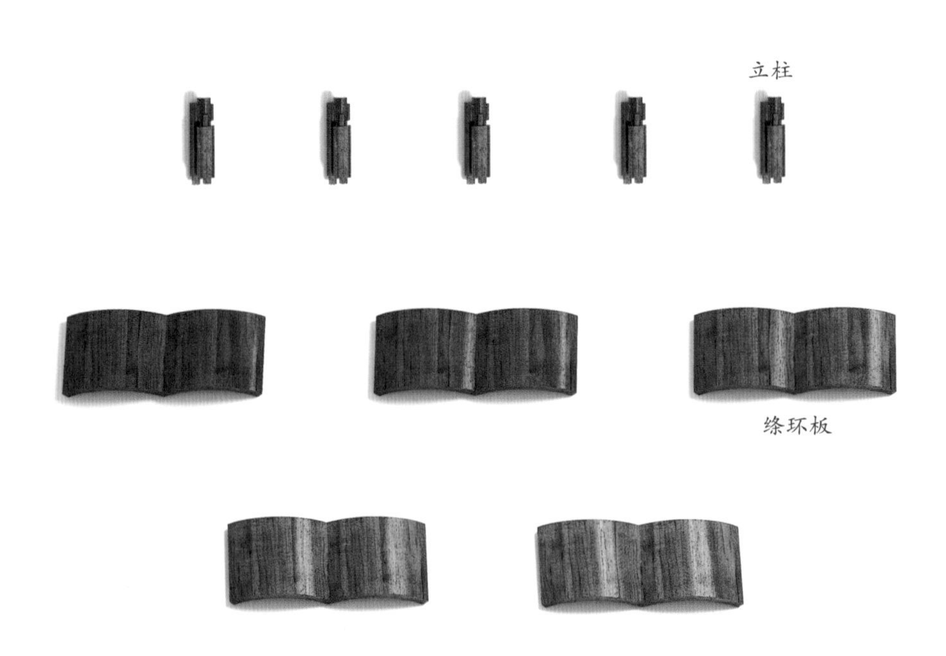

部件示意—束腰（效果图 7）

部件示意—牙板（效果图 8）

部件示意—托泥（效果图 9）

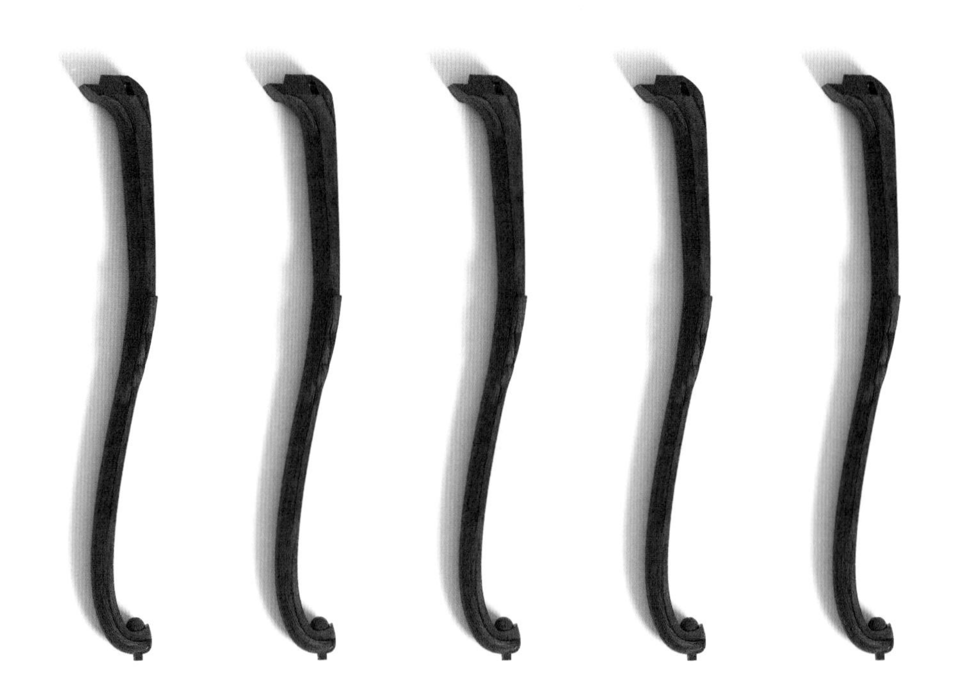

部件示意—腿子（效果图 10）

部件示意—龟足（效果图 11）

6. 细部详解

细部效果—几面（效果图 12）

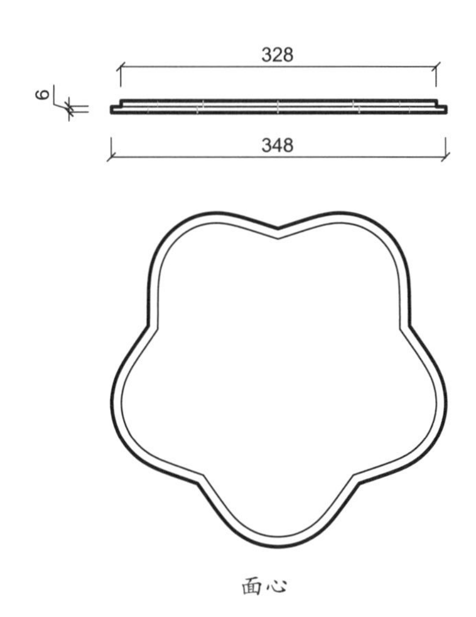

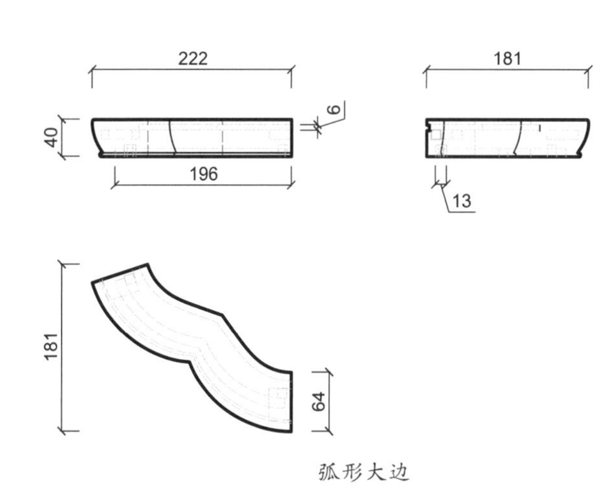

细部结构—几面（CAD 图 2 ~图 3）

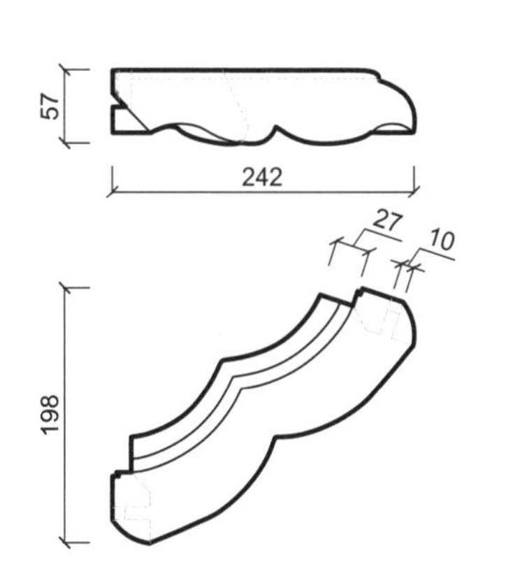

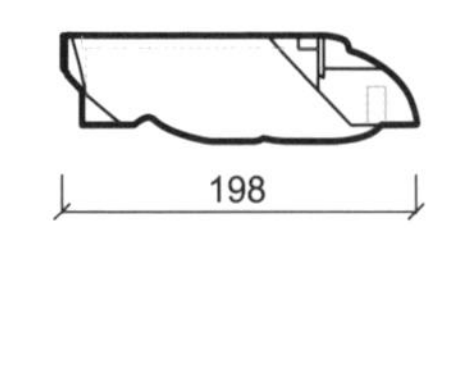

细部结构—牙板（CAD 图 4）

细部效果—牙板（效果图 13）

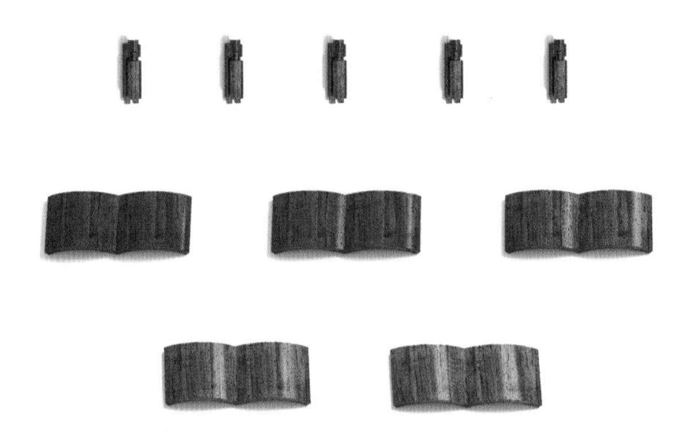

细部效果—束腰（效果图 14）

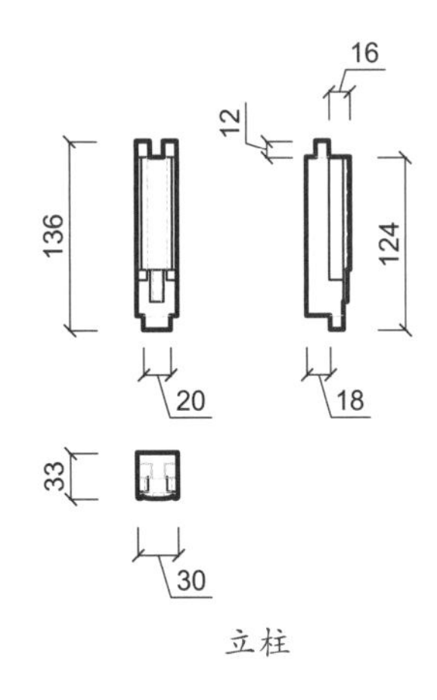

立柱

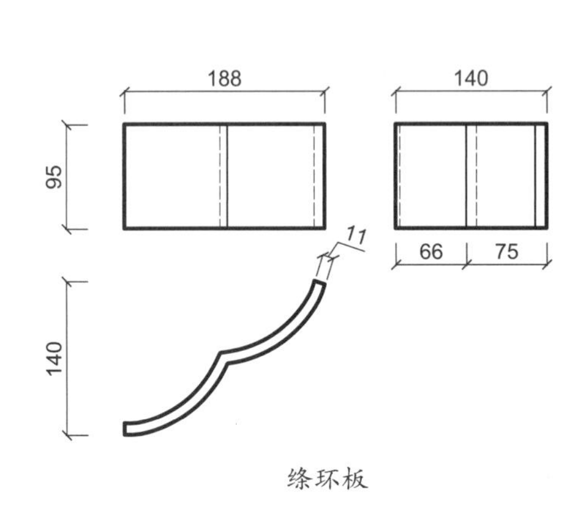

绦环板

细部结构—束腰（CAD 图 5 ~图 6）

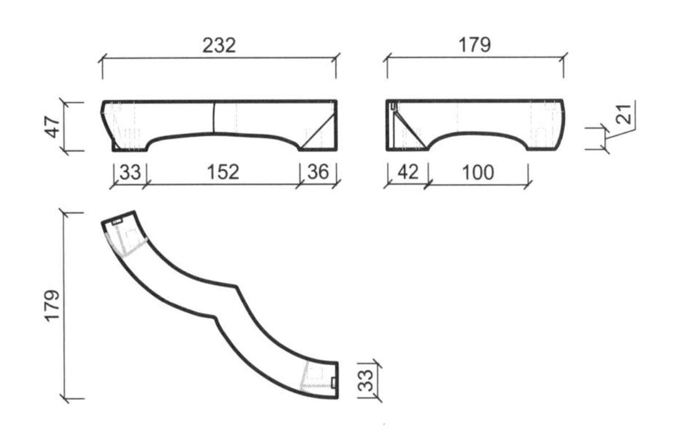

细部结构—托泥（CAD 图 7）

细部效果—托泥（效果图 15）

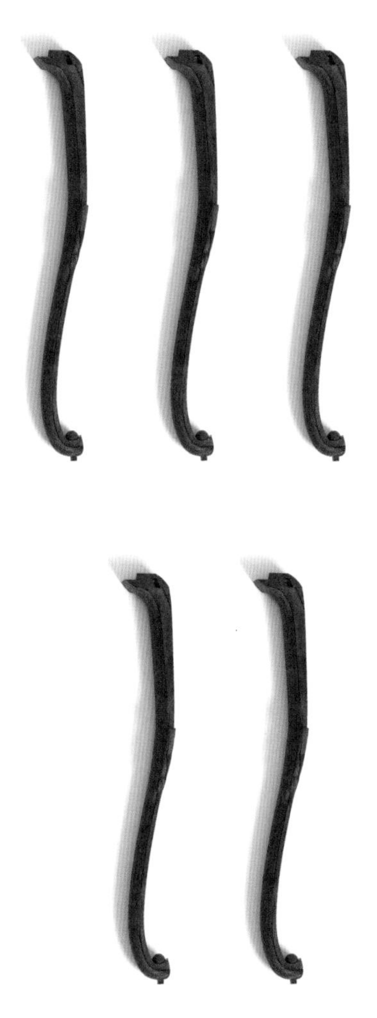

细部效果—腿子（效果图 16）

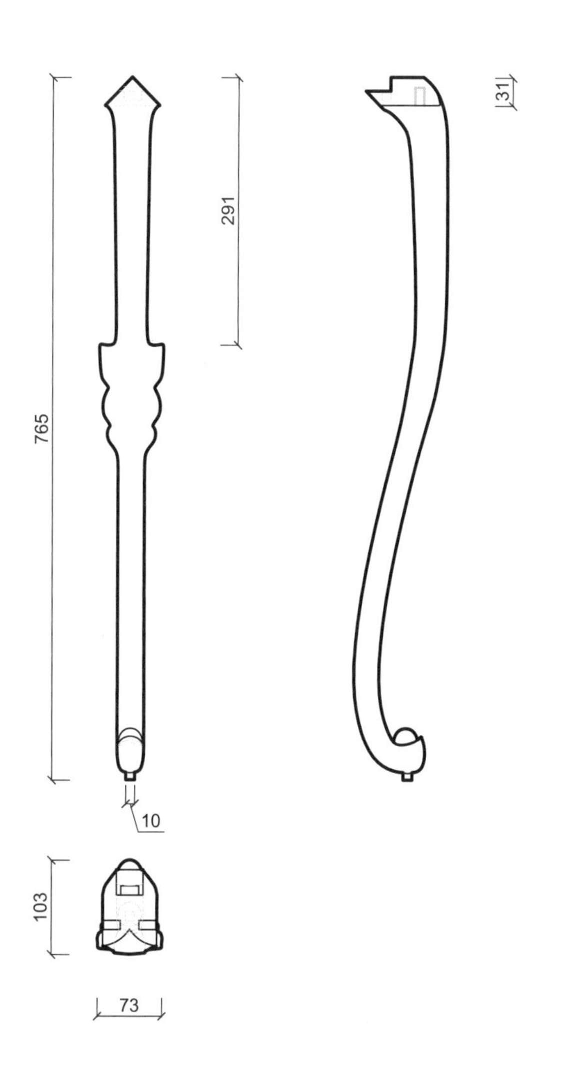

细部结构—腿子（CAD 图 8）

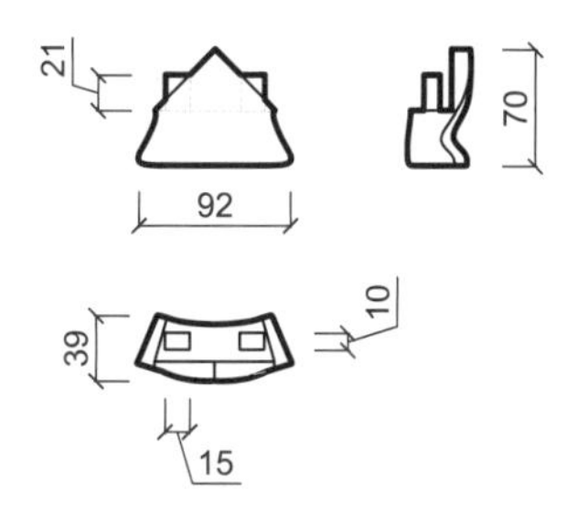

细部结构—龟足（CAD 图 9）

细部效果—龟足（效果图 17）

双环形象腿香几

材质：黄花梨

年款：明

整体外观（效果图 1）

1. 器形点评

此香几几面为连双圆形，下有窄束腰，鱼肚牙板。几面之下六腿为象鼻形的三弯腿，腿上起云纹翅，足下踩圆珠，足底部以双圆连环托泥相承。此香几造型简洁明快，线条柔婉优美，空灵逸秀。

2. CAD 图示

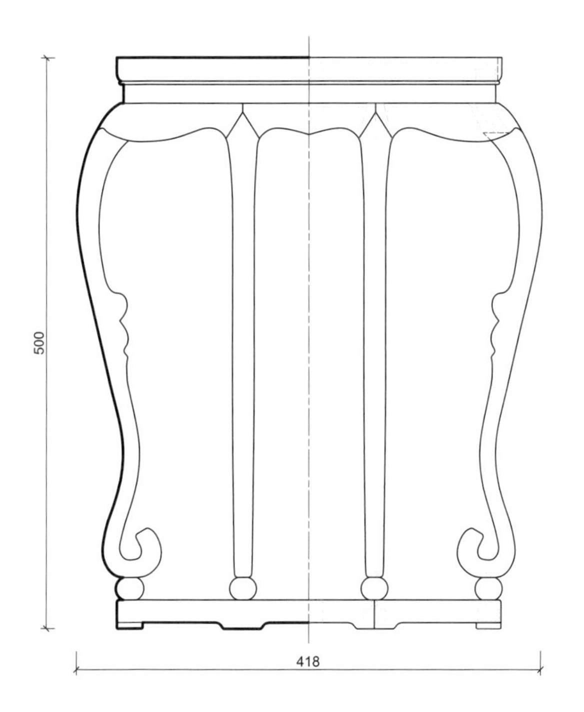

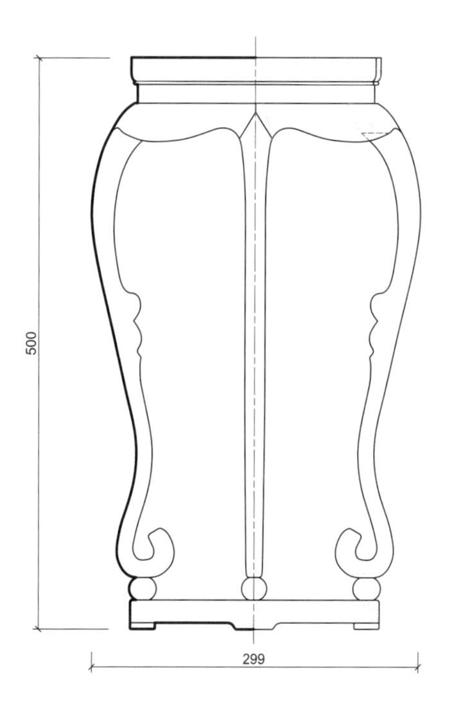

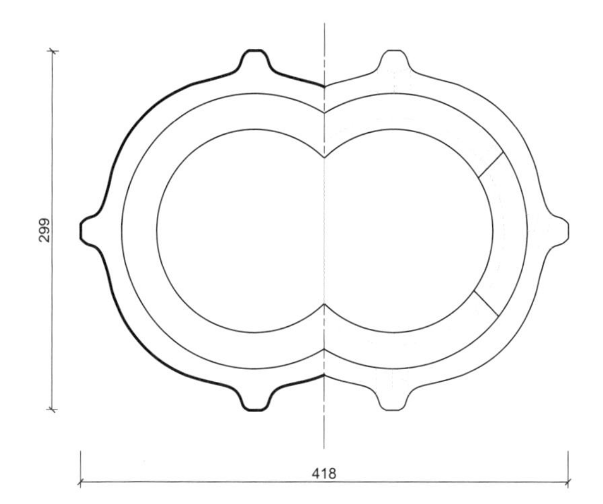

三视结构（CAD 图 1）

3. 用材效果

用材效果（材质：紫檀；效果图 2）

用材效果（材质：黄花梨；效果图 3）

用材效果（材质：红酸枝；效果图 4）

4. 结构爆炸

结构爆炸（效果图5）

5. 部件示意

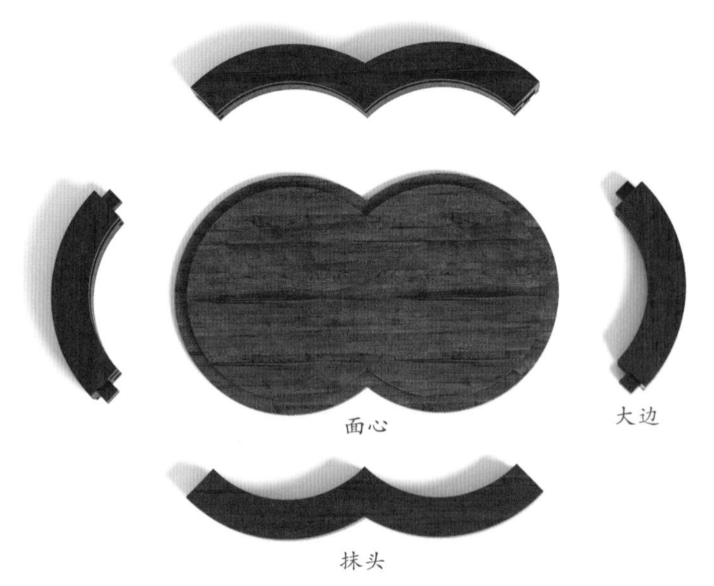

部件示意—几面（效果图 6）

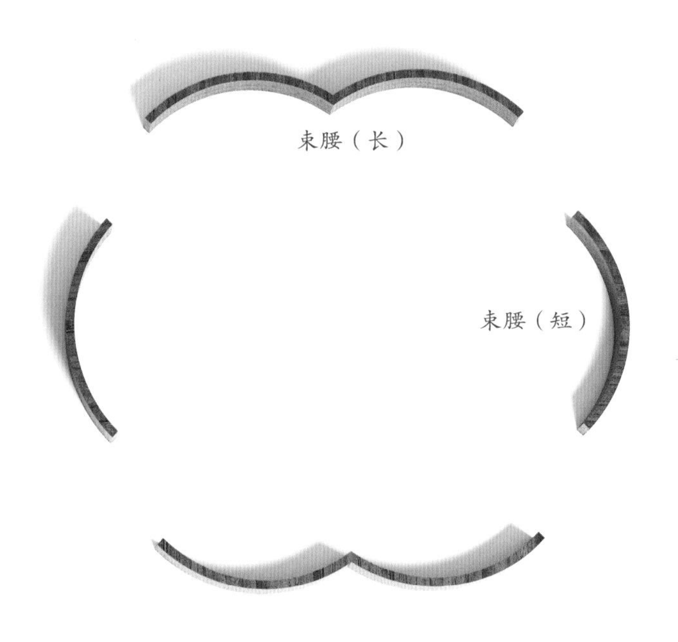

部件示意—束腰（效果图 7）

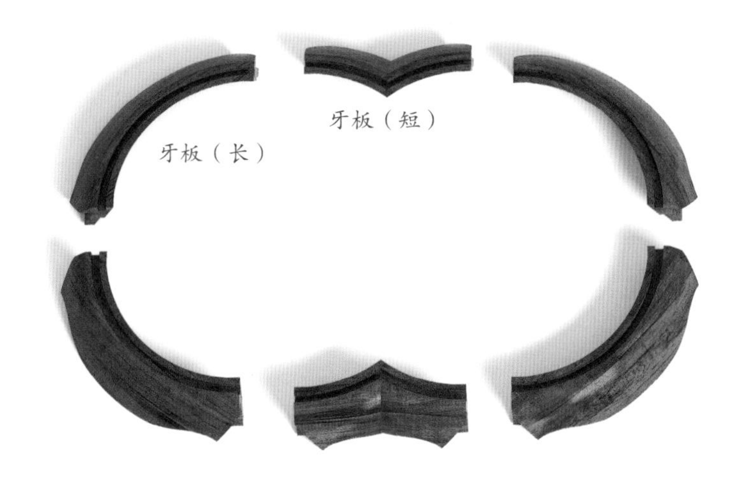

部件示意—牙板（效果图 8）

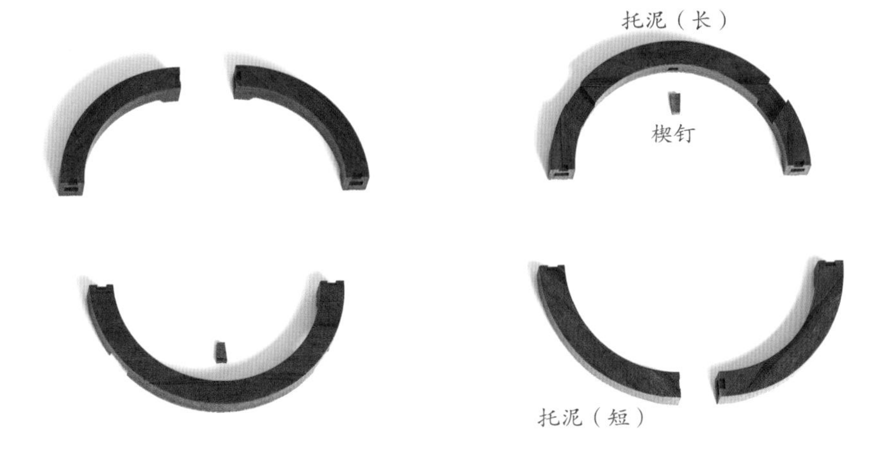

部件示意—托泥（效果图 9）

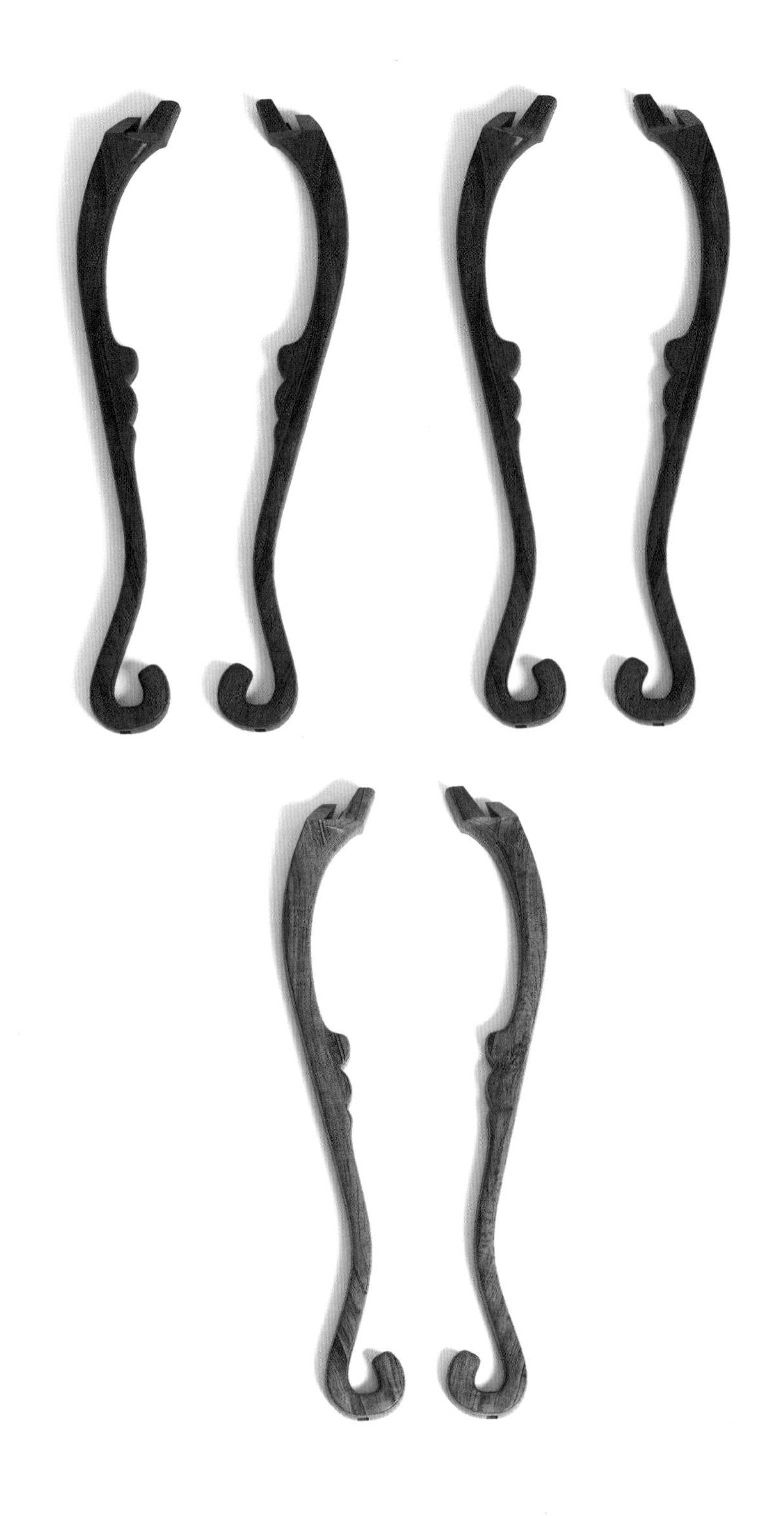

部件示意—腿子（效果图10）

部件示意—站珠（效果图11）

6. 细部详解

细部效果—几面（效果图 12）

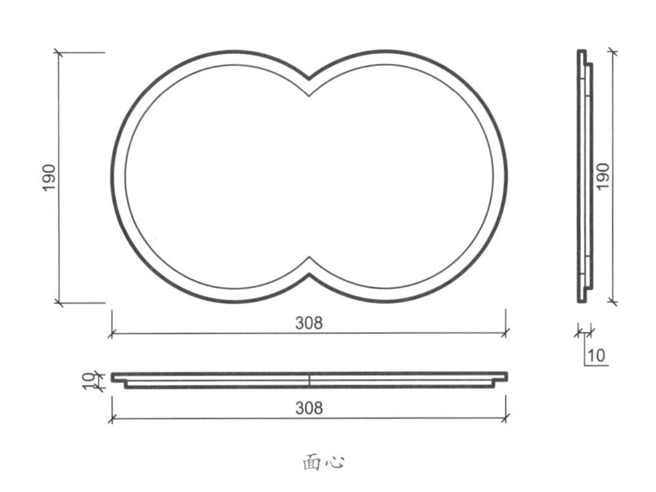

面心

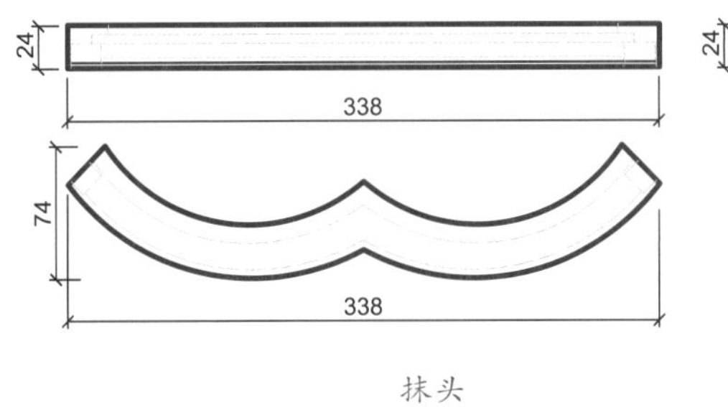

抹头

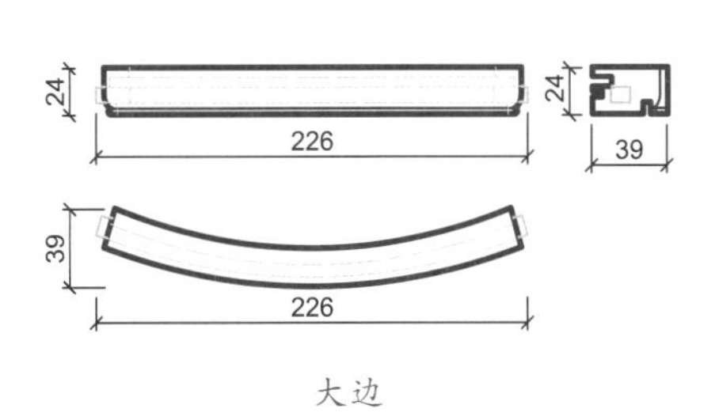

大边

细部结构—几面（CAD 图 2 ~ 图 4）

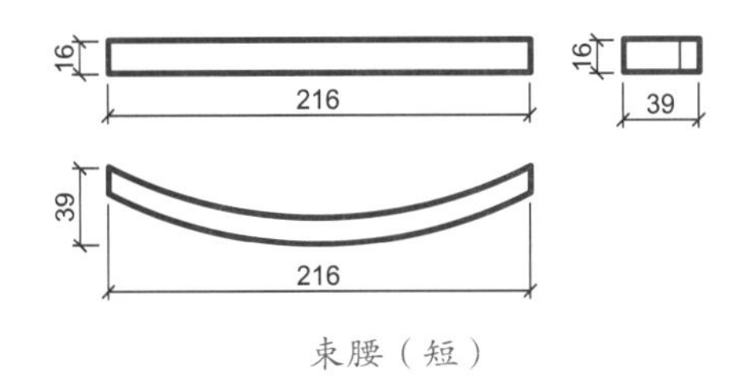

束腰（短）

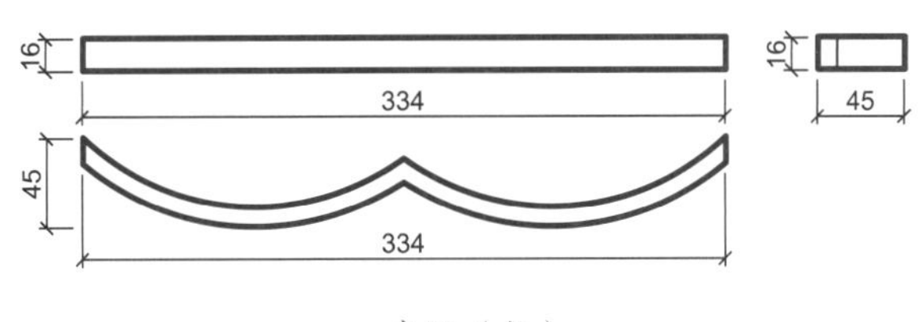

束腰（长）

细部结构—束腰（CAD 图 5 ~ 图 6）

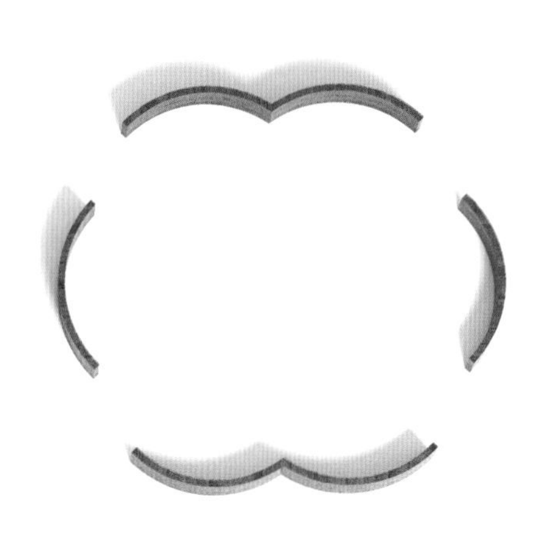

细部效果—束腰（效果图 13）

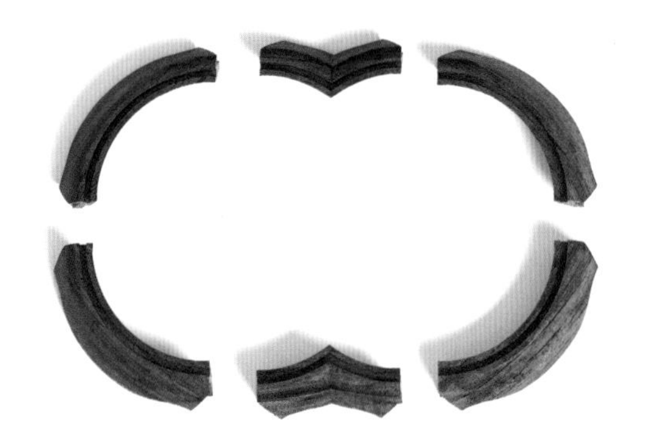

细部效果—牙板（效果图14）

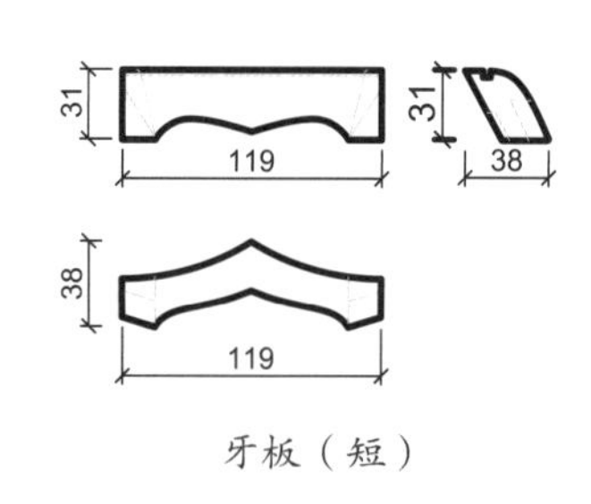

牙板（短）

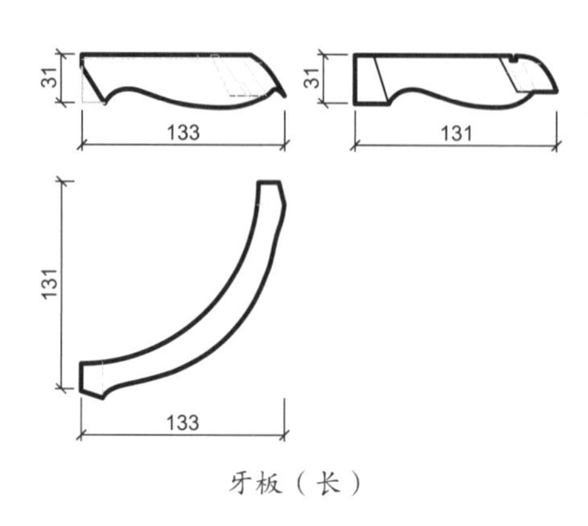

牙板（长）

细部结构—牙板（CAD图7～图8）

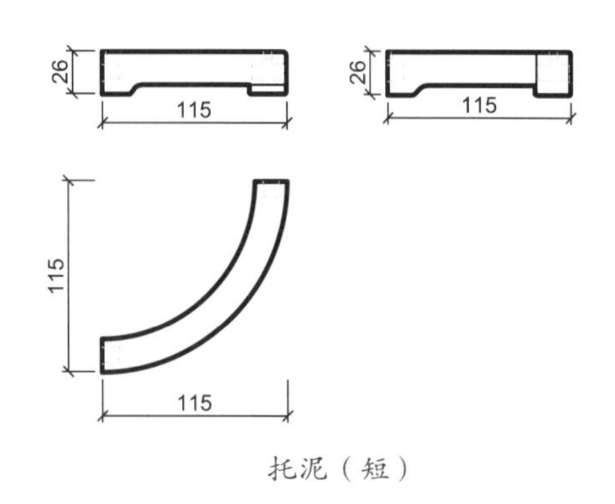

托泥（短）

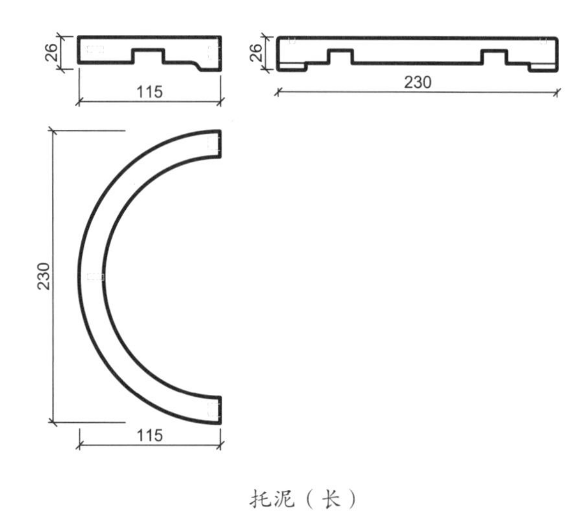

托泥（长）

细部结构—托泥（CAD图9～图10）

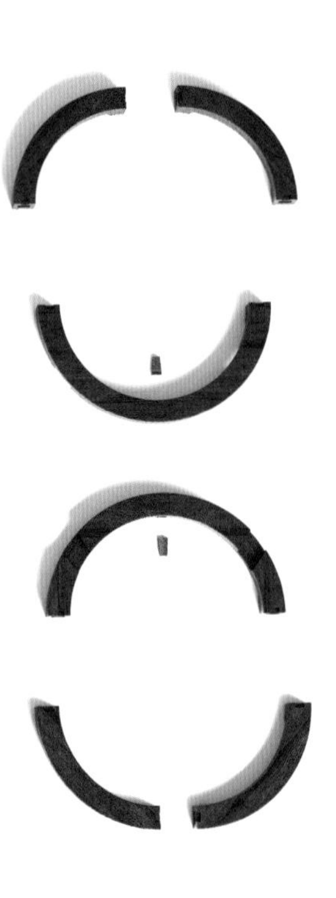

细部效果—托泥（效果图15）

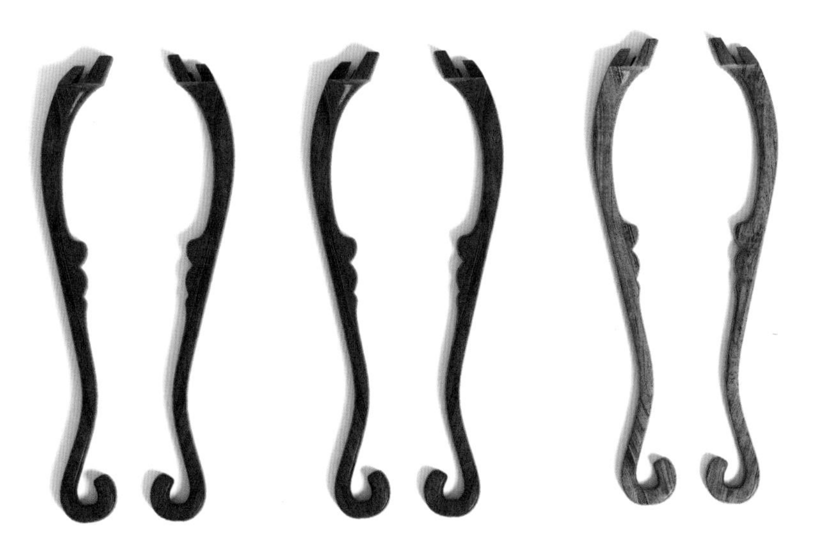

细部效果—腿子（效果图16）

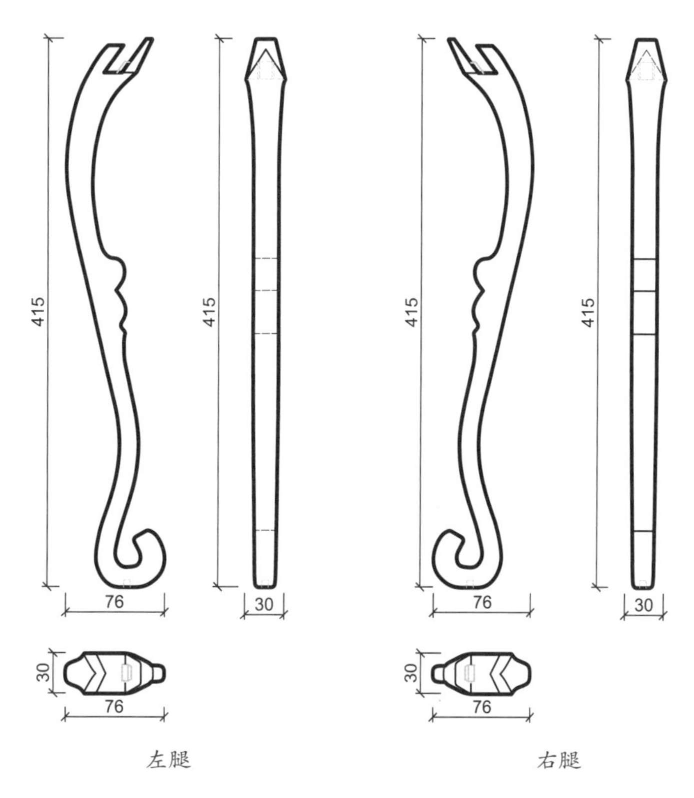

细部结构—腿子（CAD图11～图12）

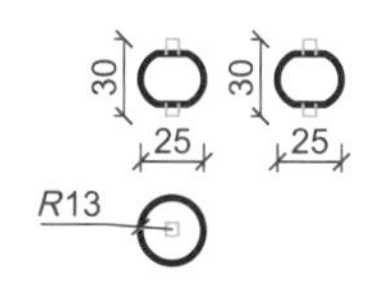

细部结构—站珠（CAD图13）

细部效果—站珠（效果图17）

裹腿罗锅枨条几

材质：黄花梨

年款：明

整体外观（效果图1）

1. 器形点评

此条几几面长方平直，边沿起拦水线。几面之下牙子为劈料做法，包裹在四腿外侧。四腿为圆材，直落到地，腿子上段起罗锅枨，亦将四腿包裹在内。此条几设计巧妙，做工精致，采用圆包圆裹腿做法，是典型的明式家具表现手法。

2. CAD 图示

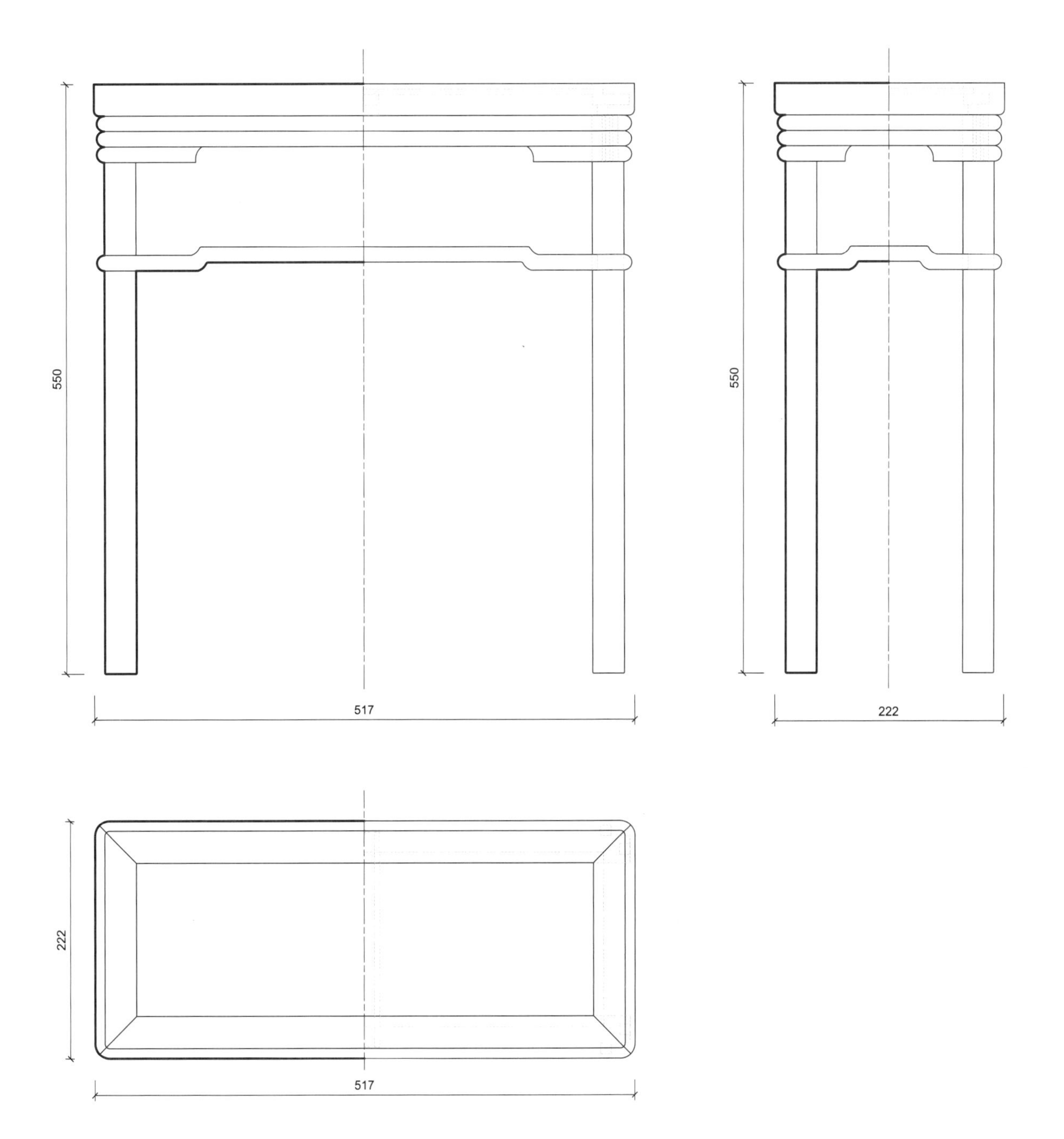

三视结构（CAD 图 1）

3. 用材效果

用材效果（材质：紫檀；效果图 2）

用材效果（材质：黄花梨；效果图 3）

用材效果（材质：红酸枝；效果图 4）

4. 结构爆炸

结构爆炸（效果图 5）

5. 部件示意

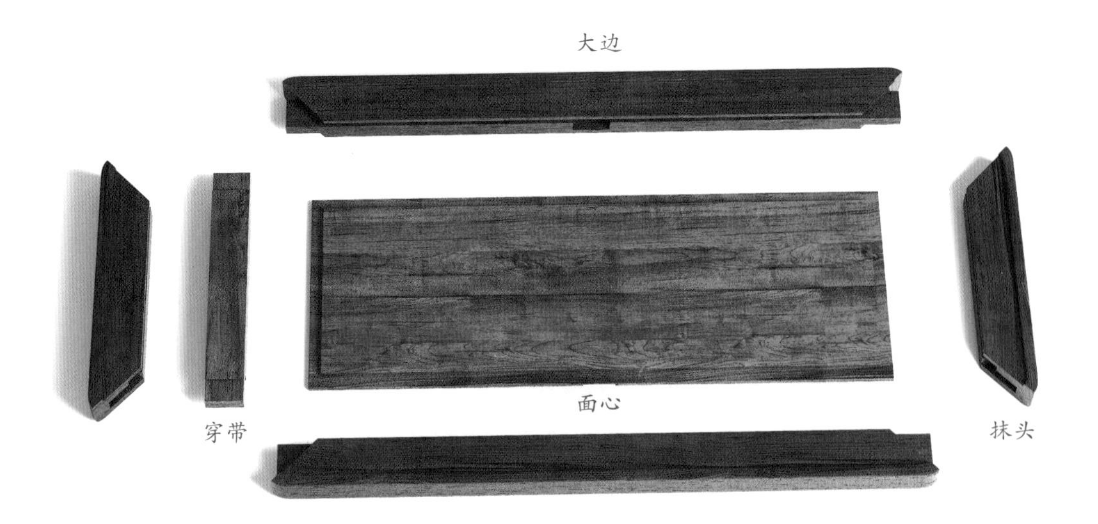

部件示意—几面（效果图 6）

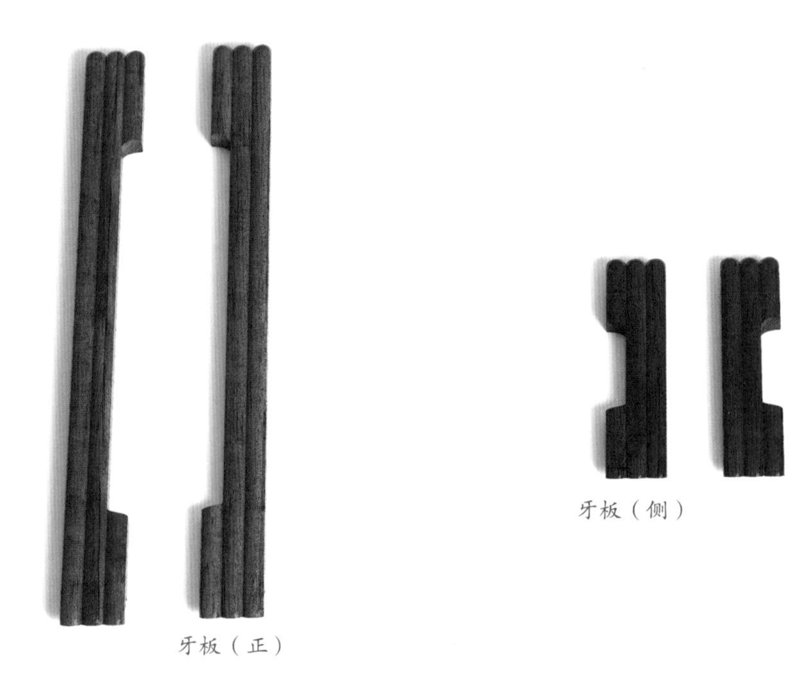

部件示意—牙板（效果图 7）

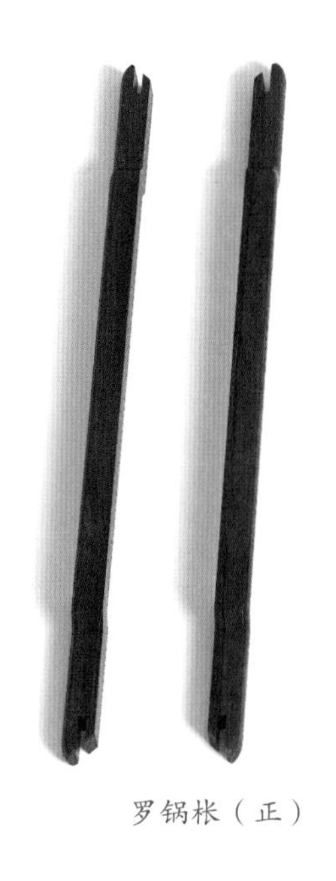

罗锅枨（正）

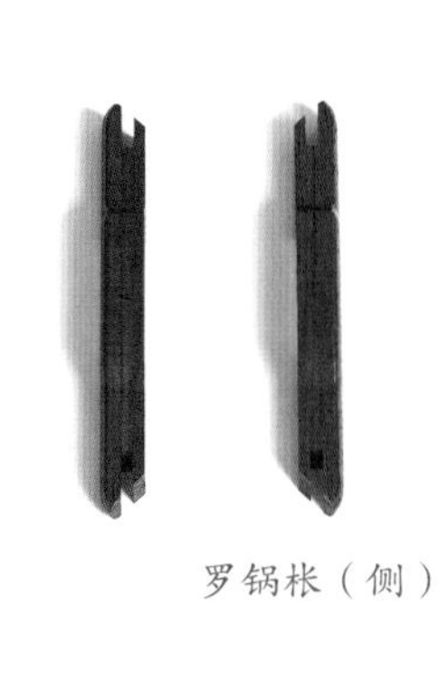

罗锅枨（侧）

部件示意—罗锅枨（效果图 8）

部件示意—腿子（效果图 9）

6. 细部详解

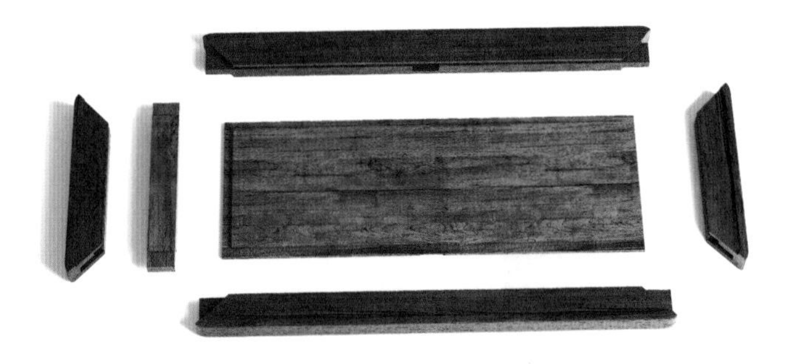

细部效果—几面（效果图 10）

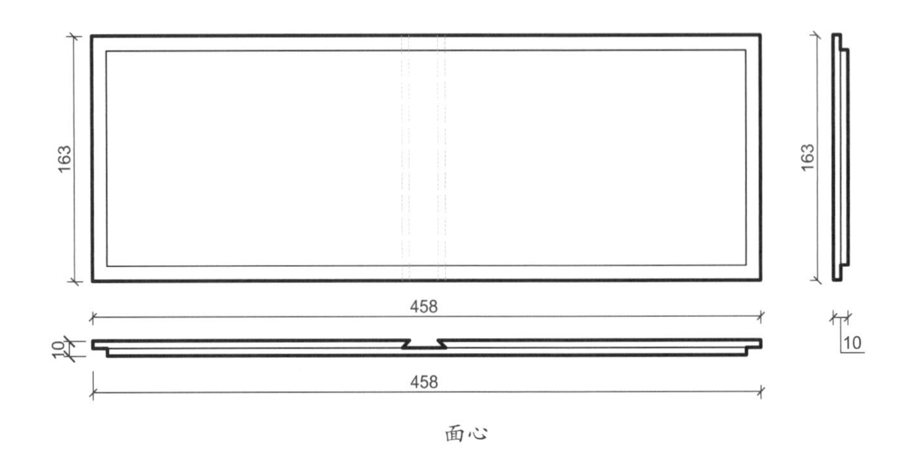

面心

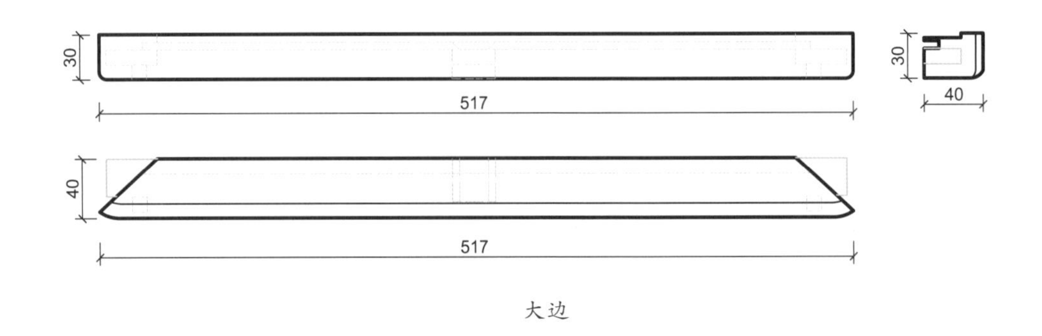

大边

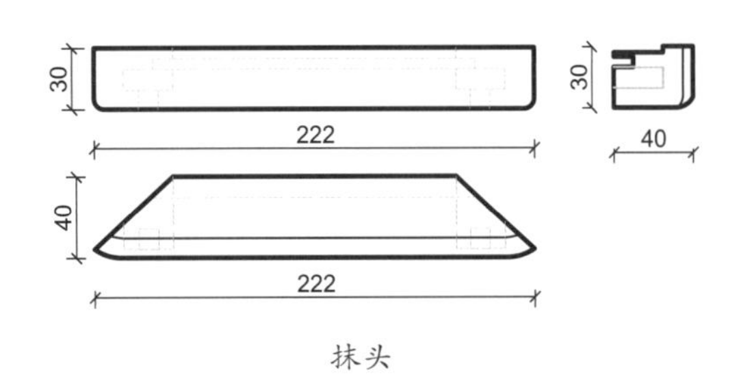

抹头

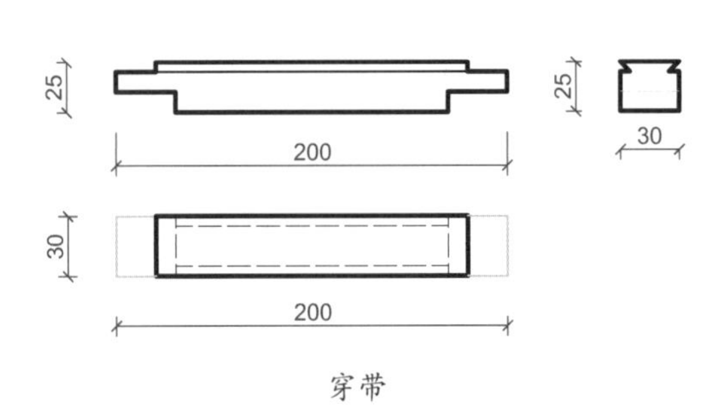

穿带

细部结构—几面（CAD 图 2 ~ 图 5）

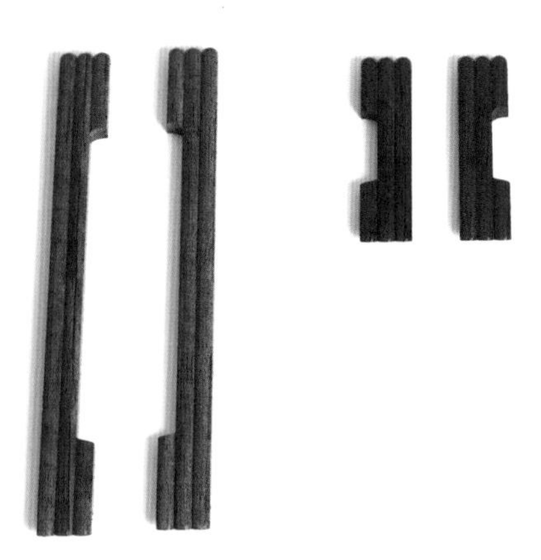

细部效果—牙板（效果图 11）

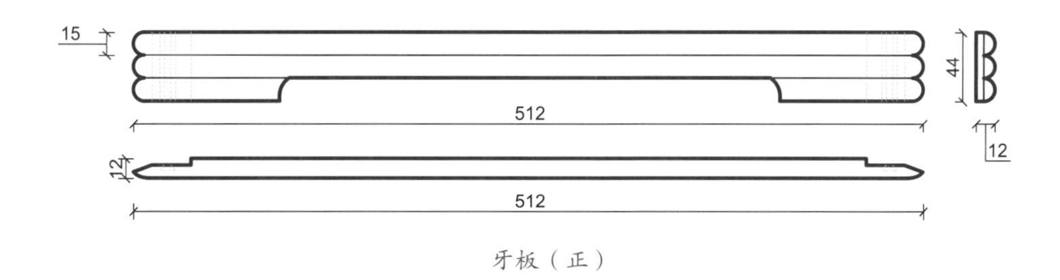

牙板（正）

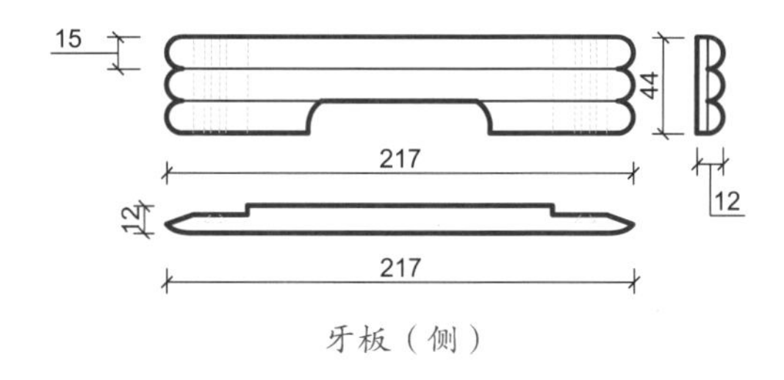

牙板（侧）

细部结构—牙板（CAD 图 6 ~图 7）

细部效果—罗锅枨（效果图 12）

罗锅枨（正）

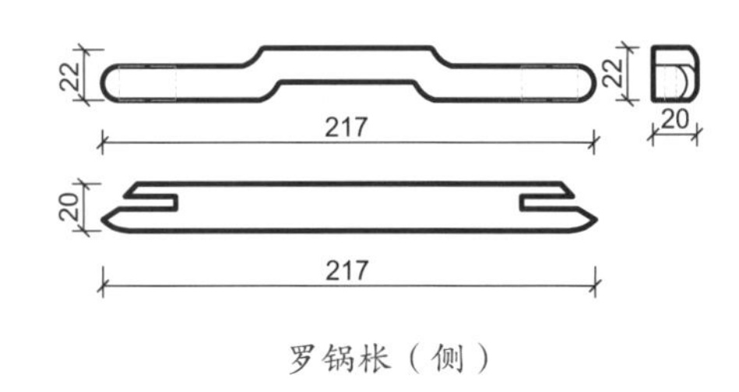

罗锅枨（侧）

细部结构—罗锅枨（CAD 图 8 ~ 图 9）

细部效果—腿子（效果图 13）

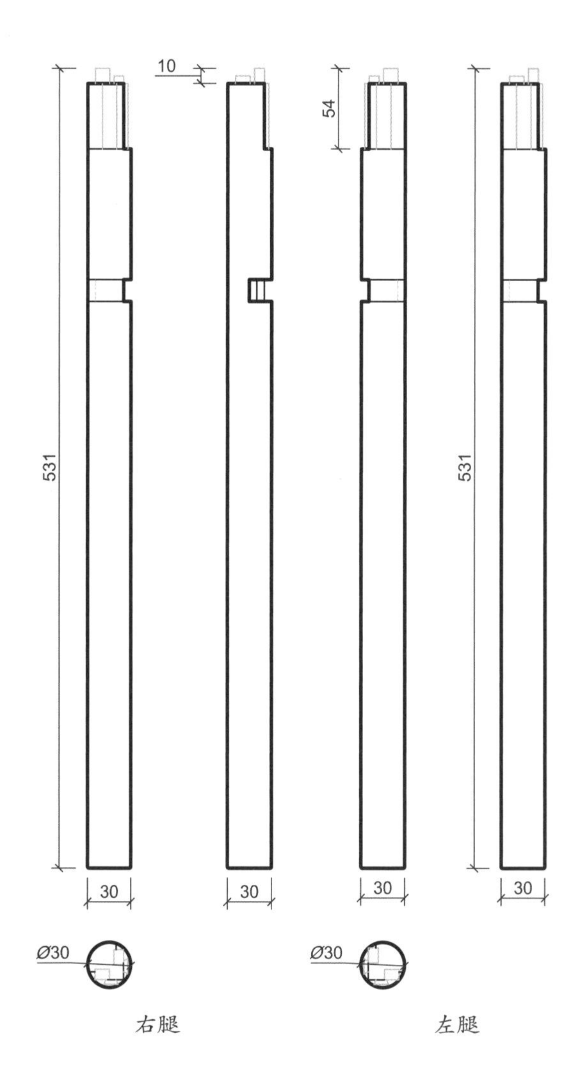

细部结构—腿子（CAD 图 10 ~图 11）

灵芝蝠纹条几

材质：紫檀

年款：清

整体外观（效果图1）

1. 器形点评

此几几面呈长方形，边沿起拦水线，下有束腰，束腰上开炮仗洞开光，下装浮雕蝠纹牙板。四腿为方材，足端雕内翻回纹马蹄足，足下踩托泥。此几器形方正规整，雕饰精湛，是一件工精料细的清式风格承具。

2. CAD 图示

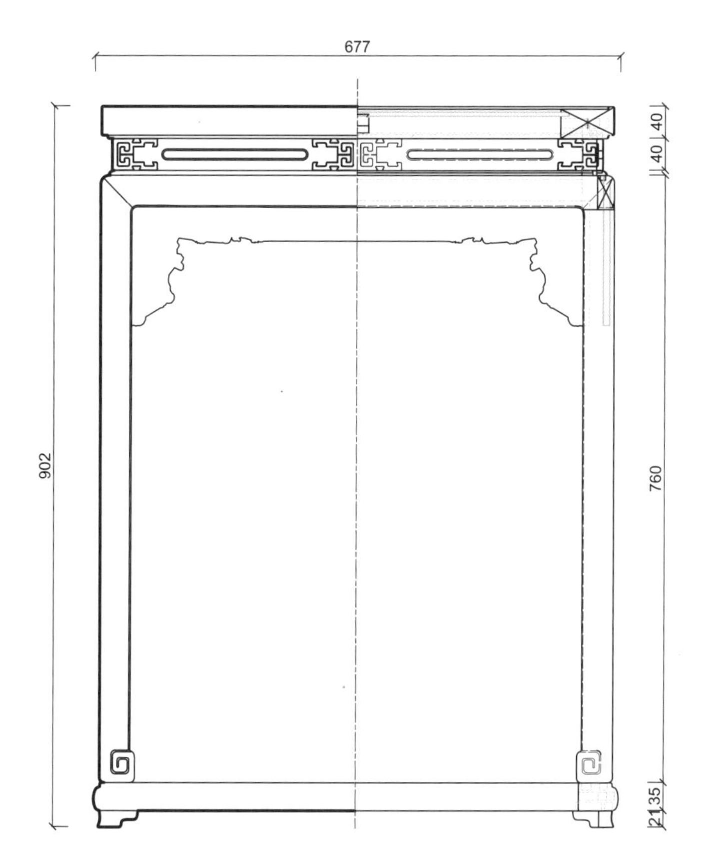

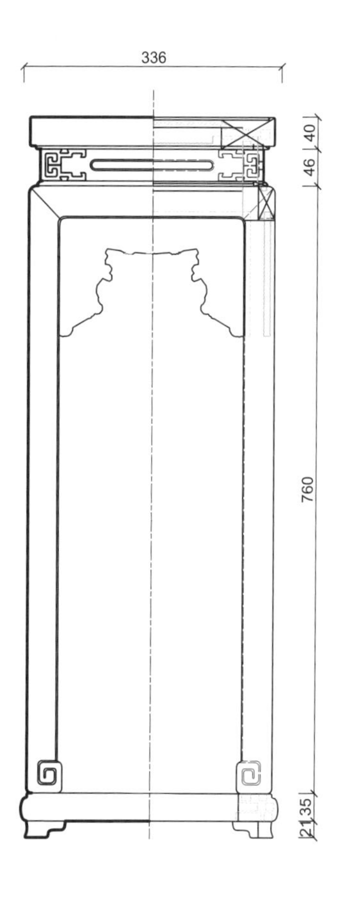

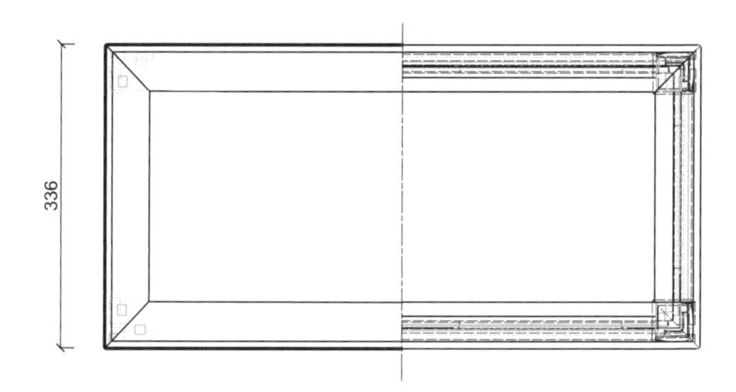

三视结构（CAD 图 1）

3. 用材效果

用材效果（材质：紫檀；效果图 2）

用材效果（材质：黄花梨；效果图 3）

用材效果（材质：红酸枝；效果图 4）

4. 结构爆炸

结构爆炸（效果图5）

5. 部件示意

部件示意—几面（效果图 6）

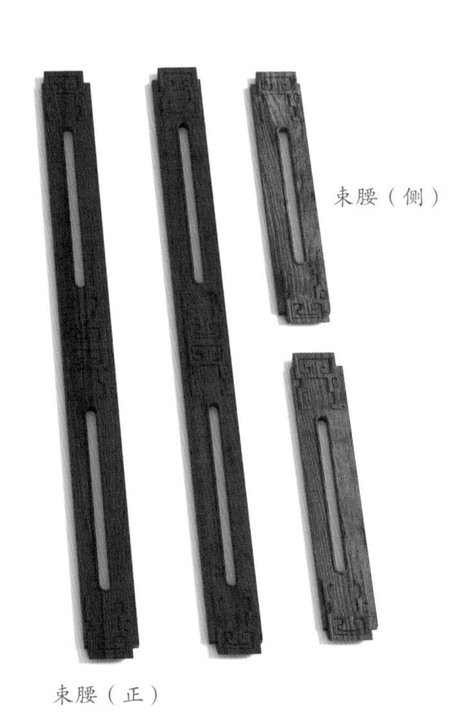

部件示意—束腰（效果图 7）

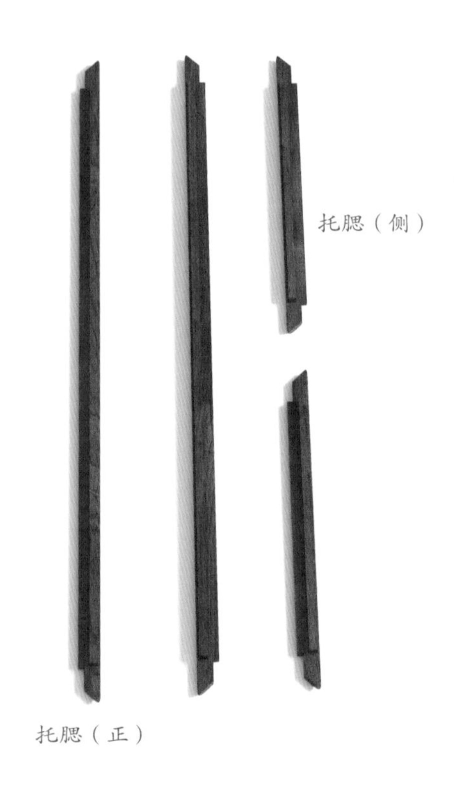

部件示意—托腮（效果图 8）

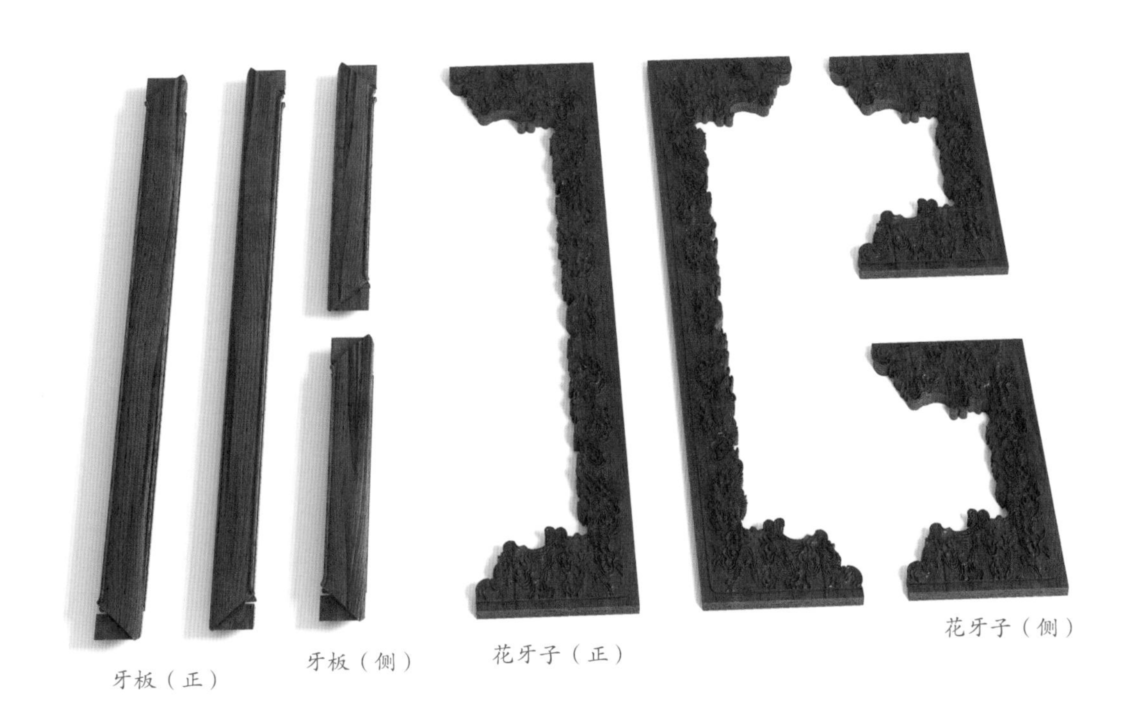

部件示意—牙子（效果图 9）

部件示意—托泥（效果图 10）

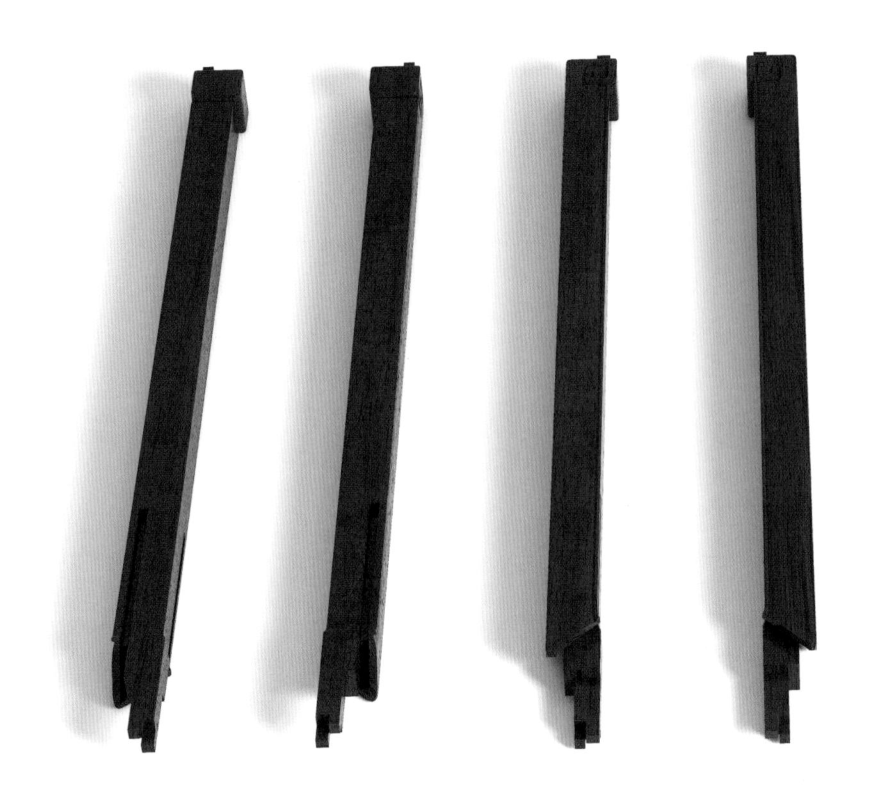

部件示意—腿子（效果图 11）

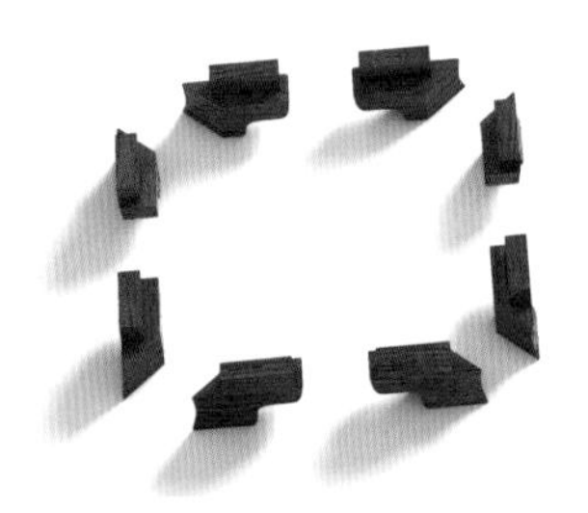

部件示意—龟足（效果图 12）

6. 细部详解

细部效果—几面（效果图 13）

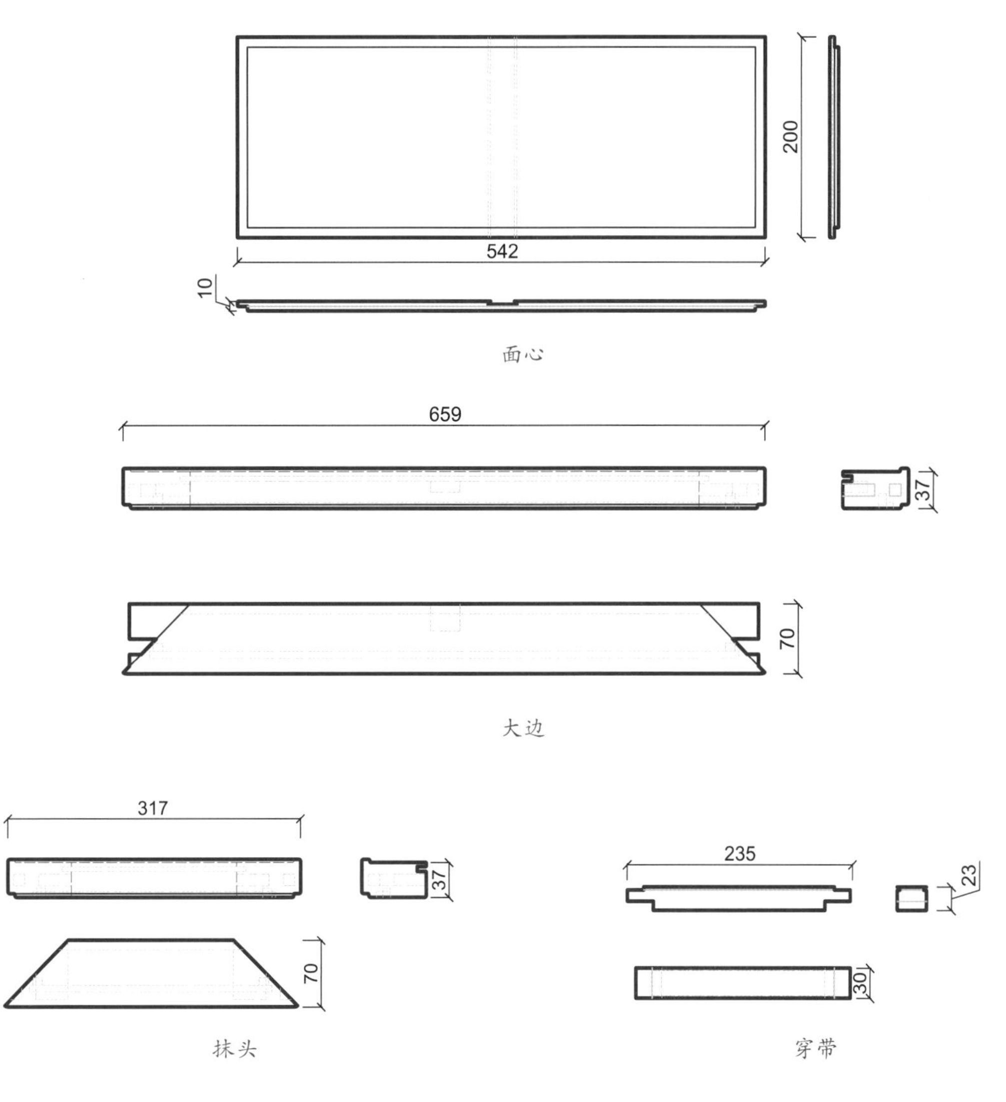

细部结构—几面（CAD 图 2 ~图 5）

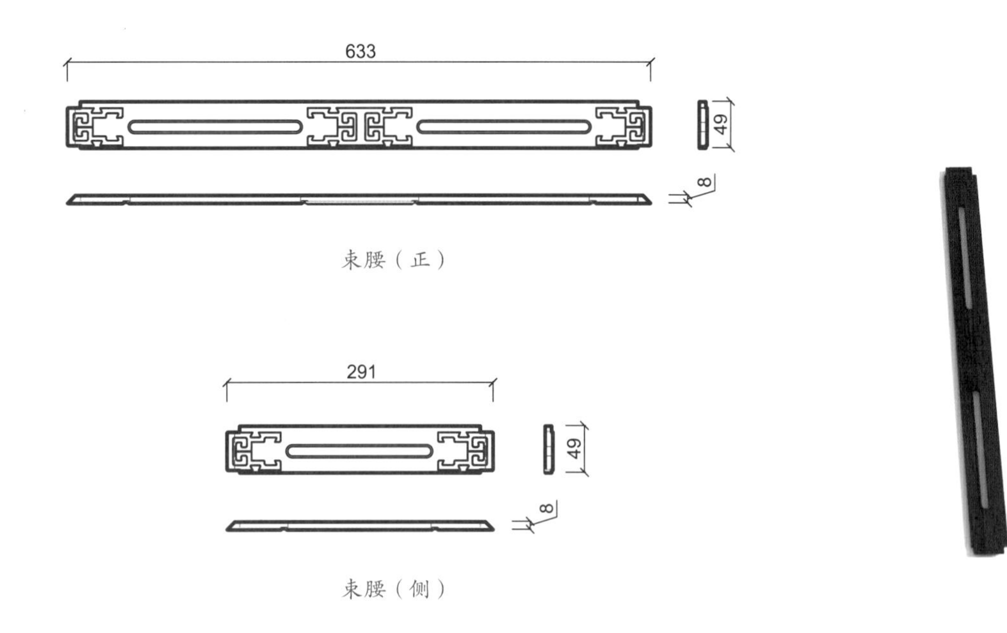

细部结构—束腰（CAD 图 6 ~图 7）

细部效果—束腰（效果图 14）

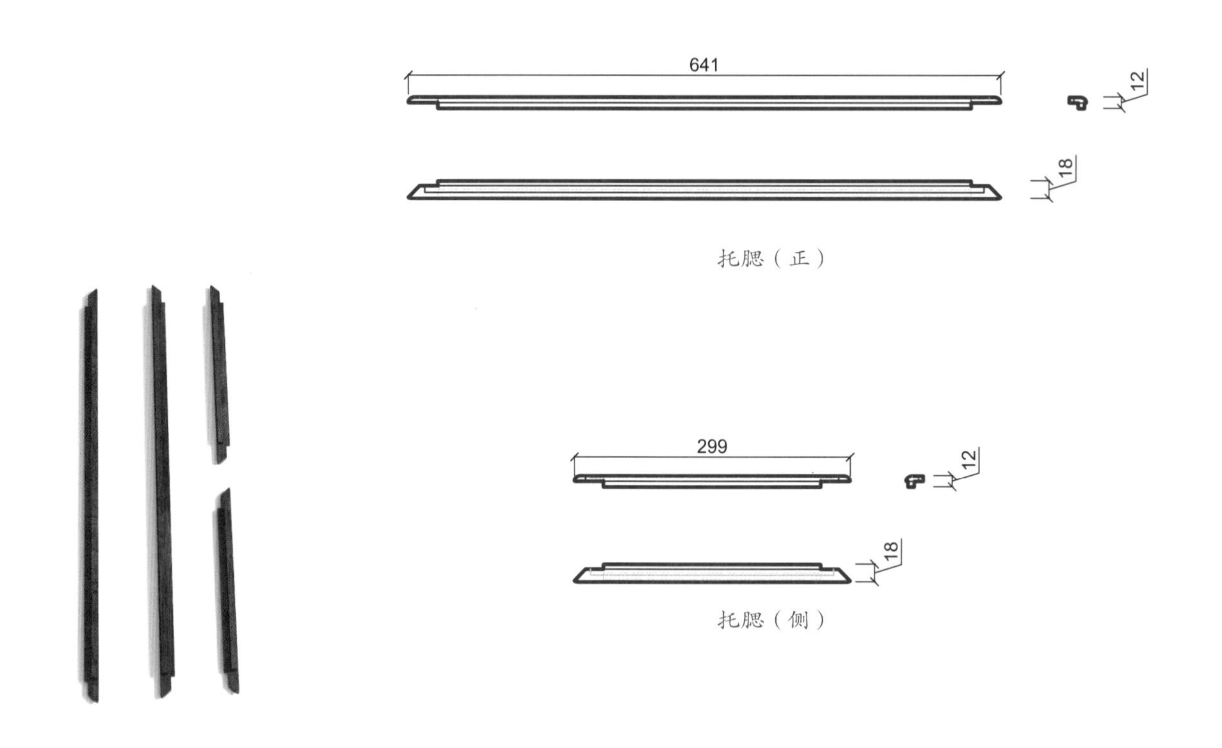

细部效果—托腮（效果图 15）

细部结构—托腮（CAD 图 8 ~图 9）

细部效果—牙子（效果图16）

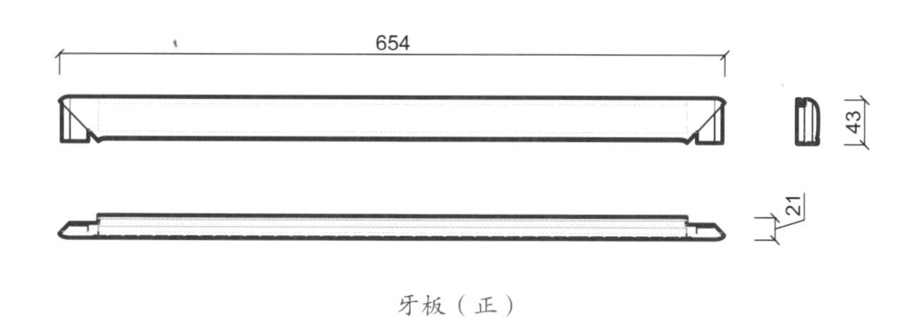

牙板（正）

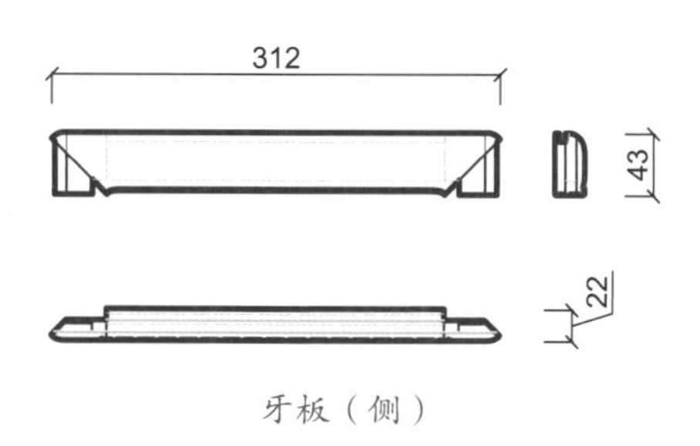

牙板（侧）

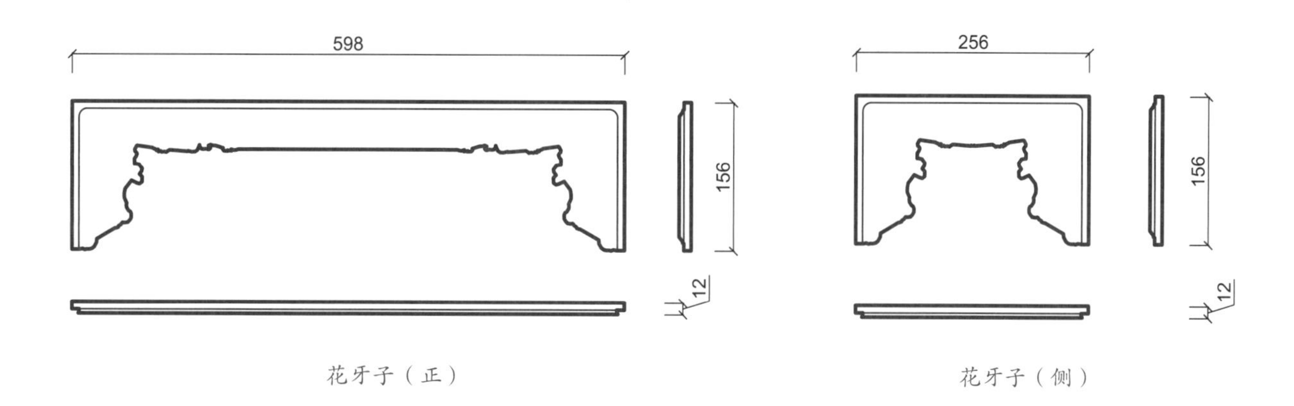

花牙子（正）

花牙子（侧）

细部结构—牙子（CAD图10～图13）

细部效果—托泥（效果图 17）

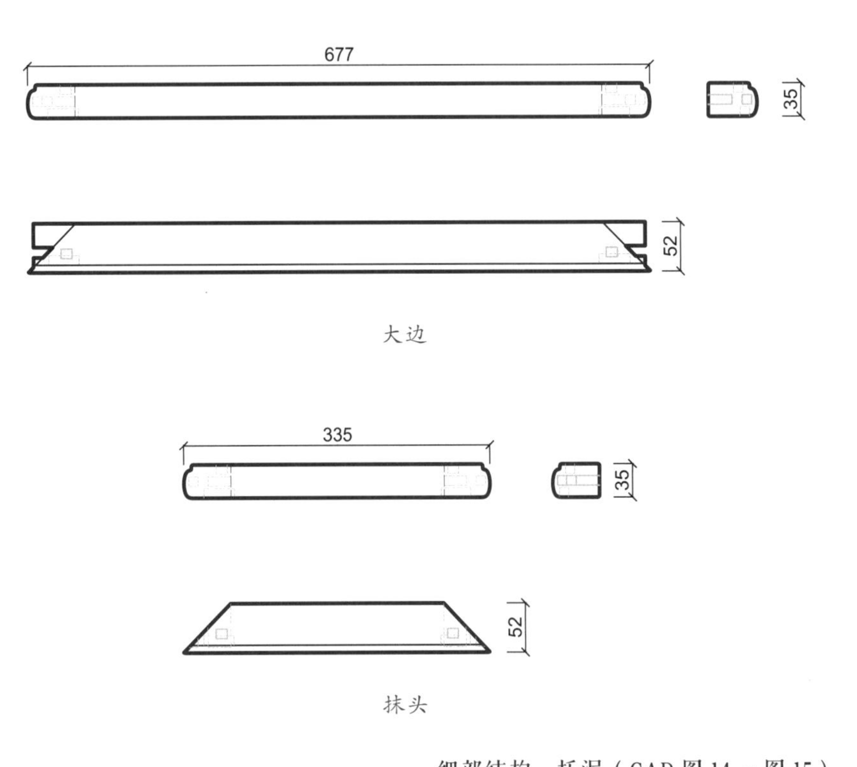

细部结构—托泥（CAD 图 14 ~ 图 15）

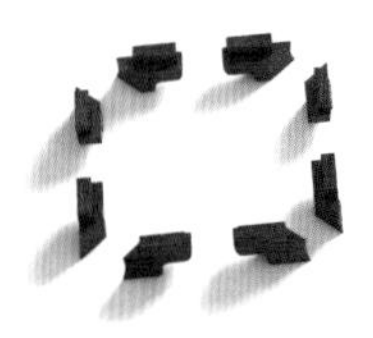

细部效果—龟足（效果图 18）

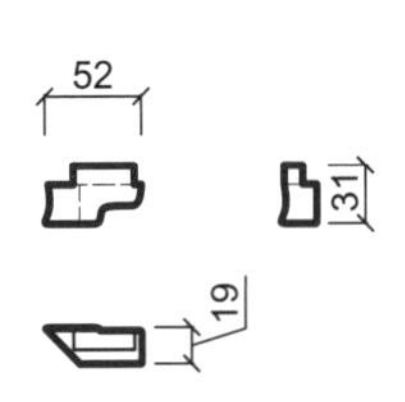

细部结构—龟足（CAD 图 16）

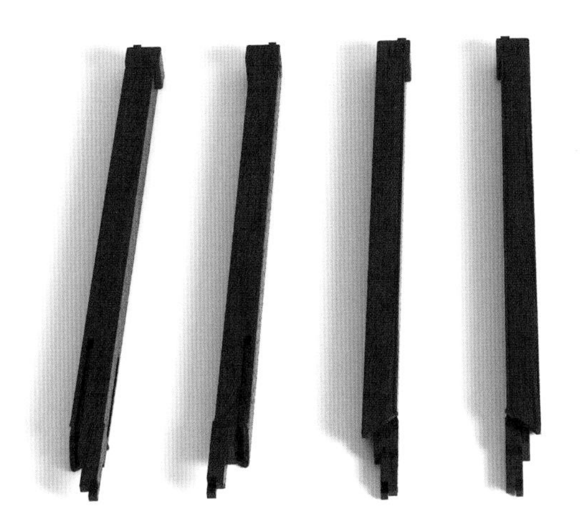

细部效果—腿子（效果图 19）

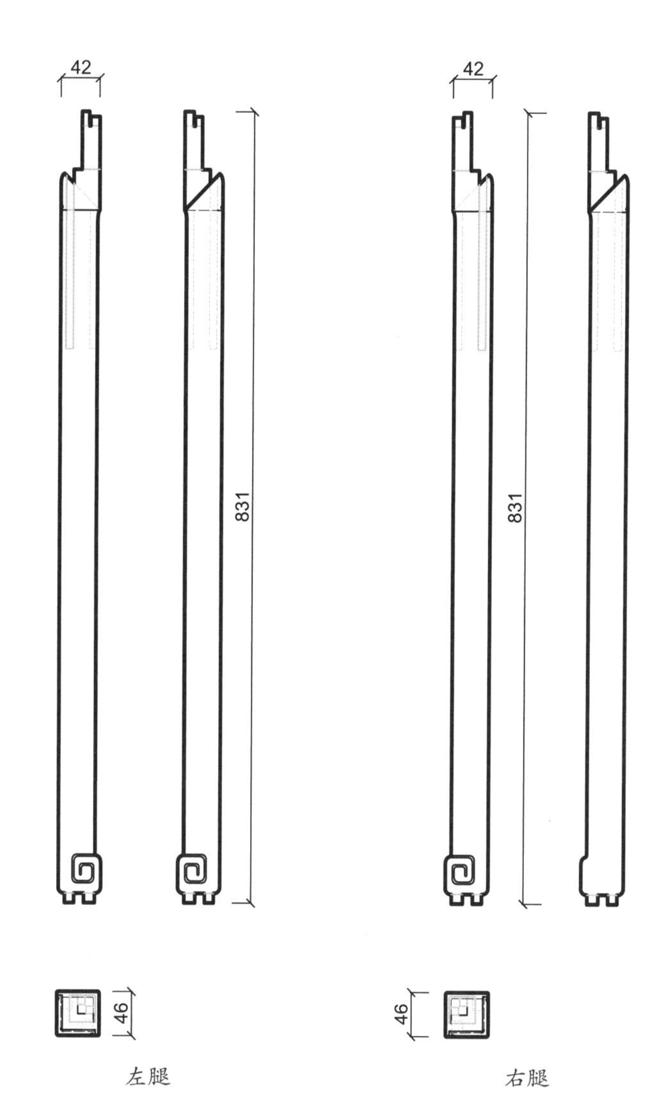

细部结构—腿子（CAD 图 17 ~ 图 18）

展腿式茶几

材质：紫檀

年款：清

整体外观（效果图 1）

1. 器形点评

此茶几几面长方平直，四边起拦水线，下有束腰，洼堂肚牙子。四腿自中段向内折后又向下直落到地，这种风格为展腿形式。四腿下端安有罗锅管脚枨，起到加固作用。足端外展，形成龟足状。此茶几装饰无多，罗锅枨加展腿形式让此茶几的线脚富有变化，显得灵秀可人。

2. CAD 图示

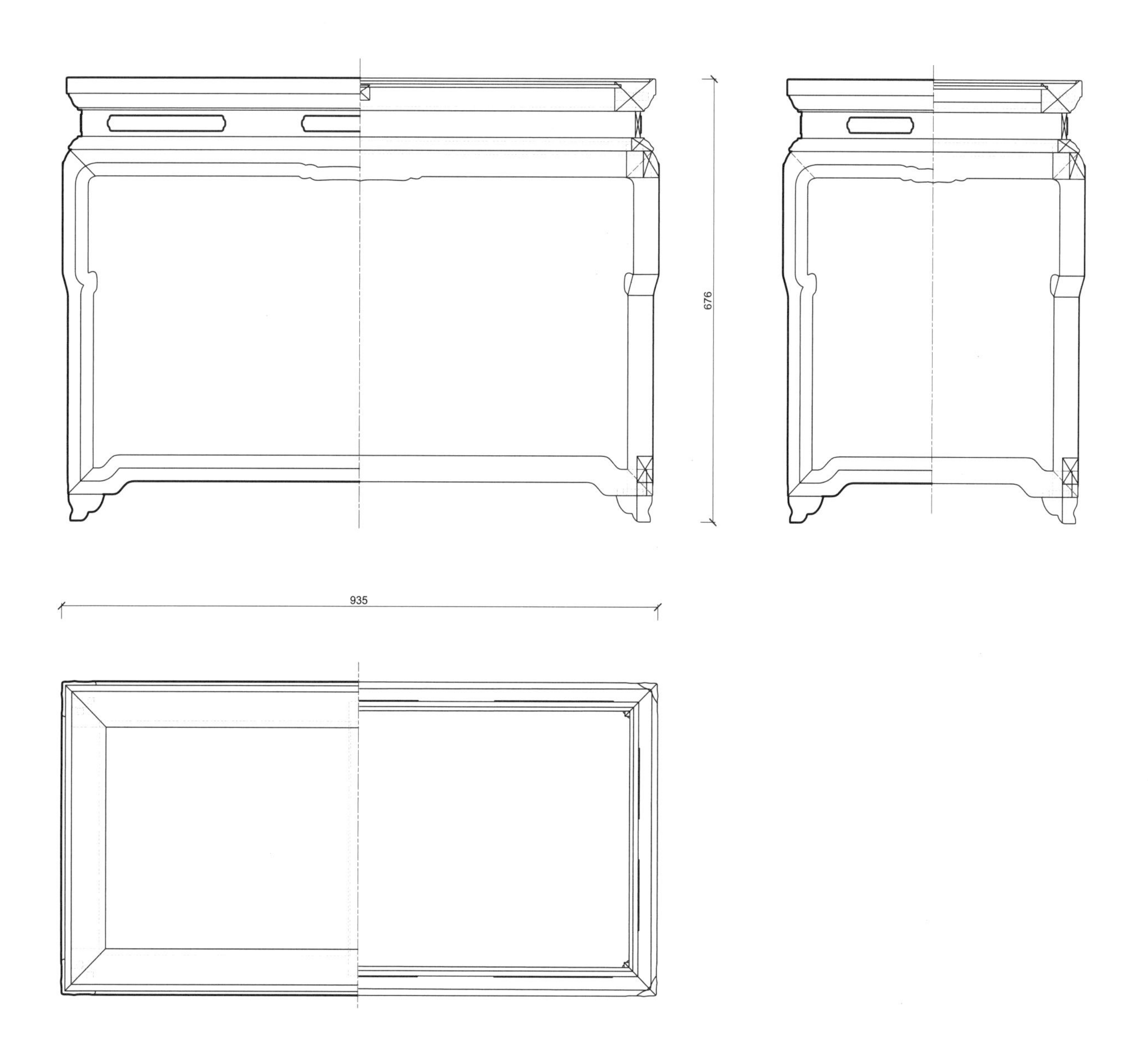

三视结构（CAD 图 1）

3. 用材效果

用材效果（材质：紫檀；效果图 2）

用材效果（材质：黄花梨；效果图 3）

用材效果（材质：红酸枝；效果图 4）

4. 结构爆炸

结构爆炸（效果图5）

5. 部件示意

部件示意—几面（效果图6）

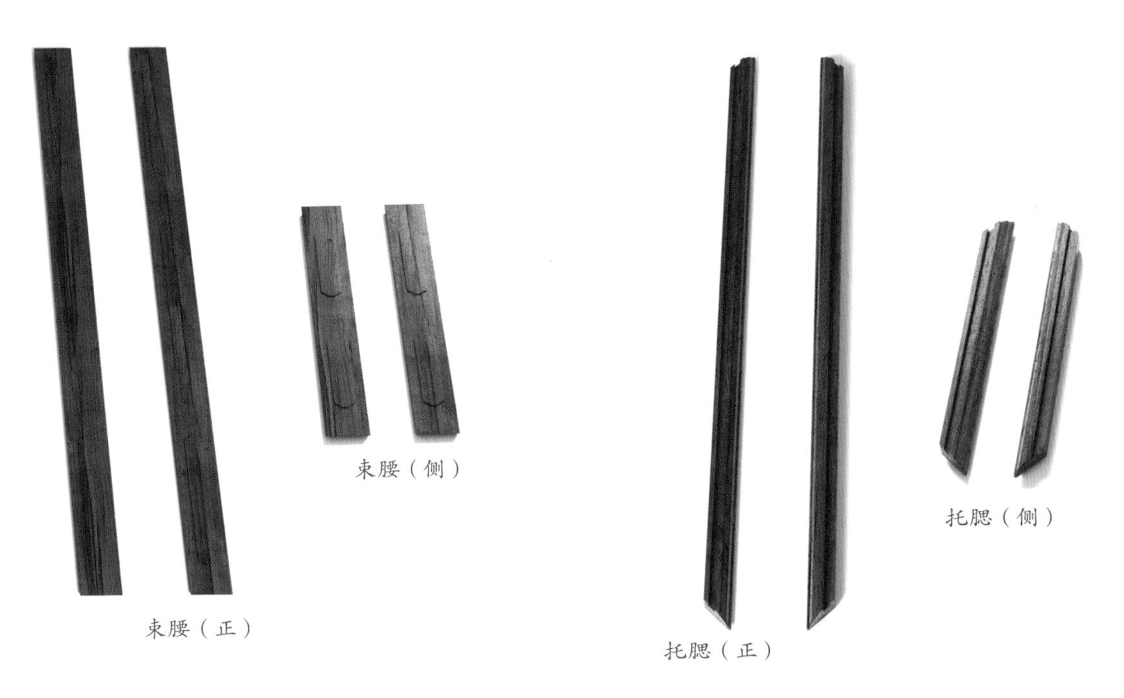

部件示意—束腰（效果图7）

部件示意—托腮（效果图8）

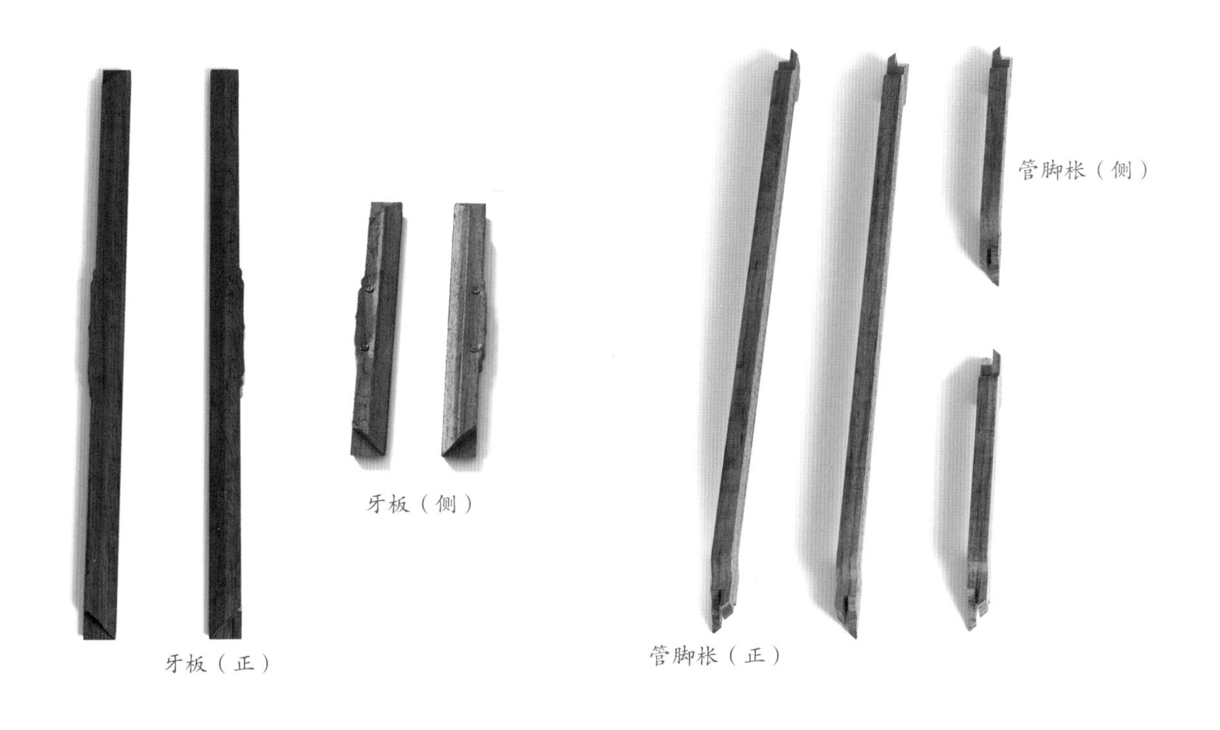

部件示意—牙板（效果图 9）

部件示意—管脚枨（效果图 10）

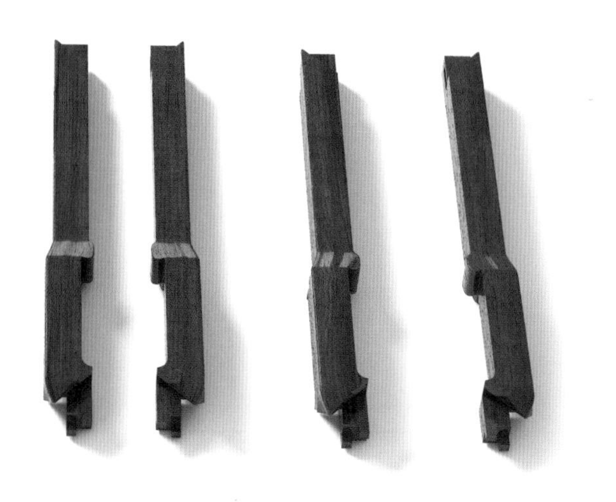

部件示意—腿子（效果图 11）

部件示意—龟足（效果图 12）

6. 细部详解

细部效果—几面（效果图 13）

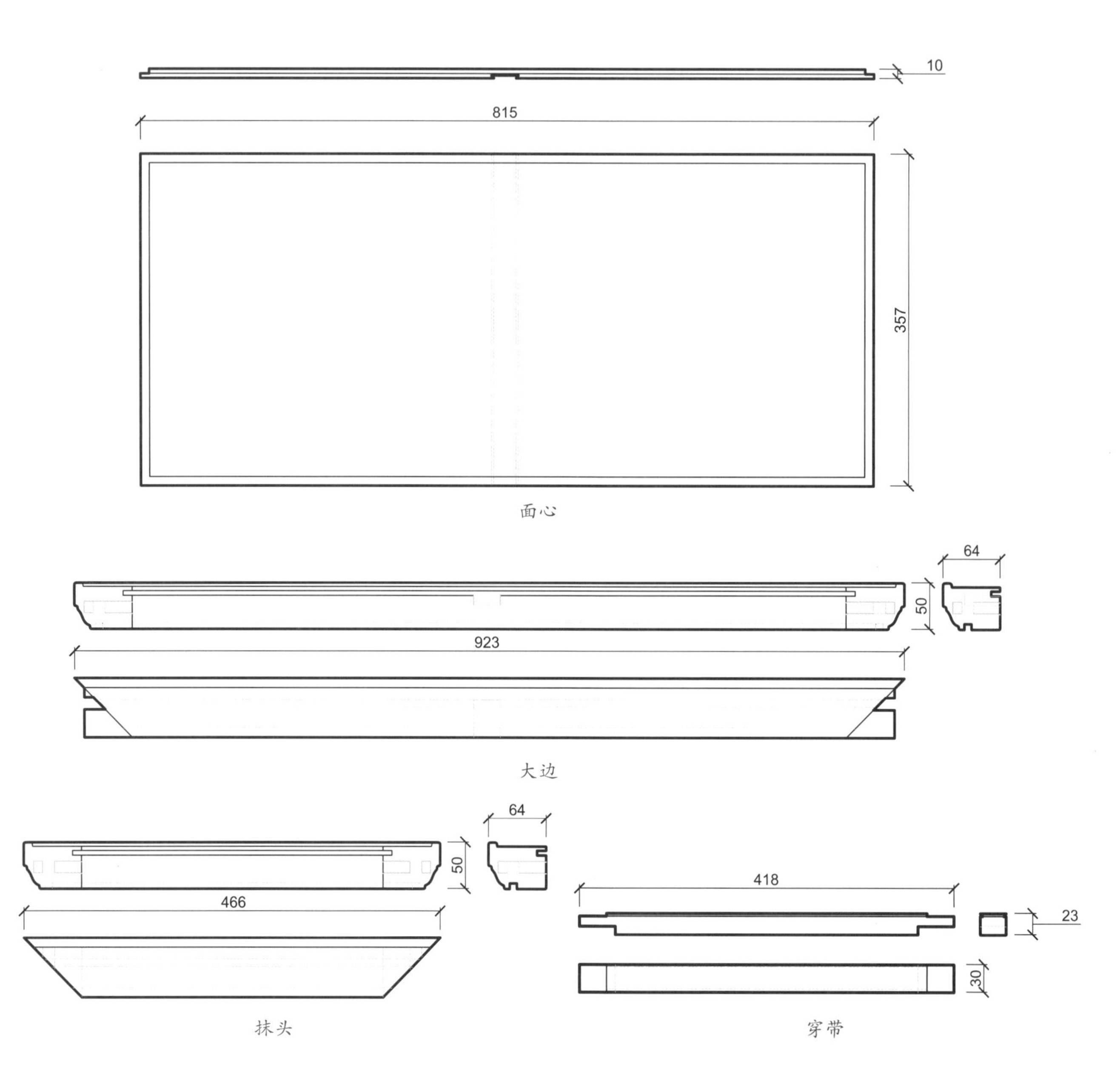

细部结构—几面（CAD 图 2 ~ 图 5）

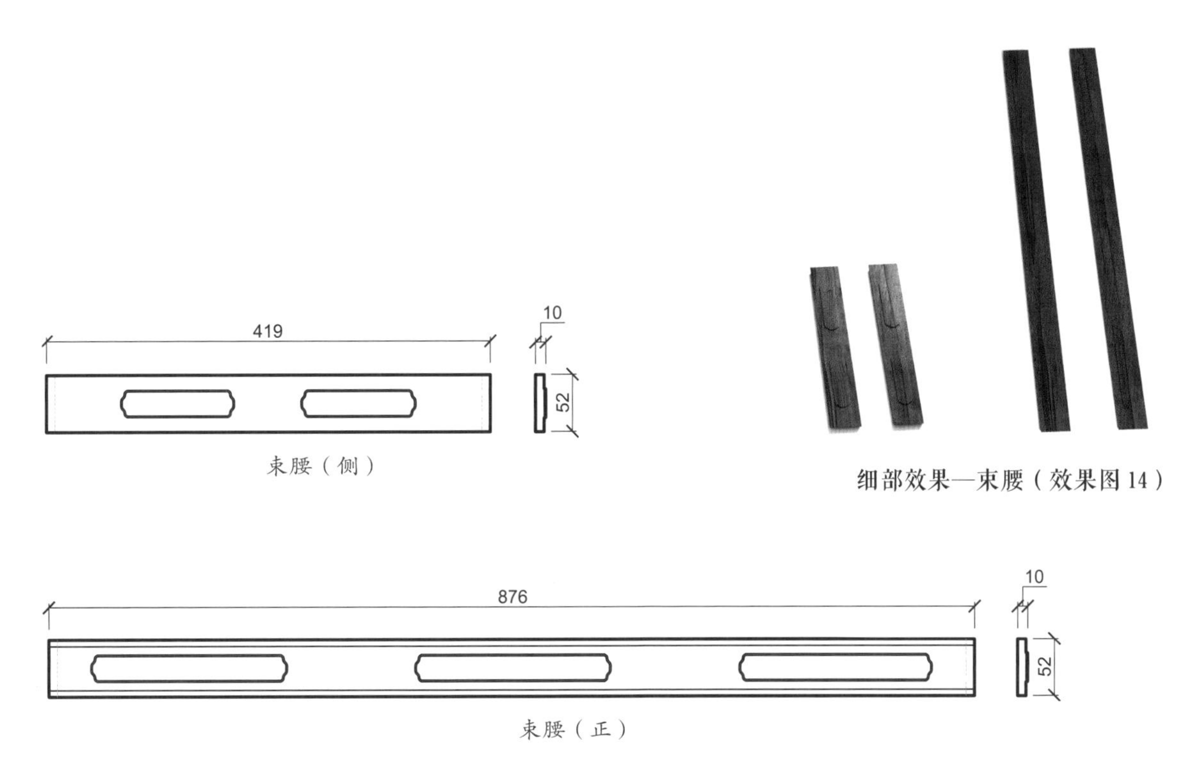

细部效果—束腰（效果图 14）

细部结构—束腰（CAD 图 6 ~ 图 7）

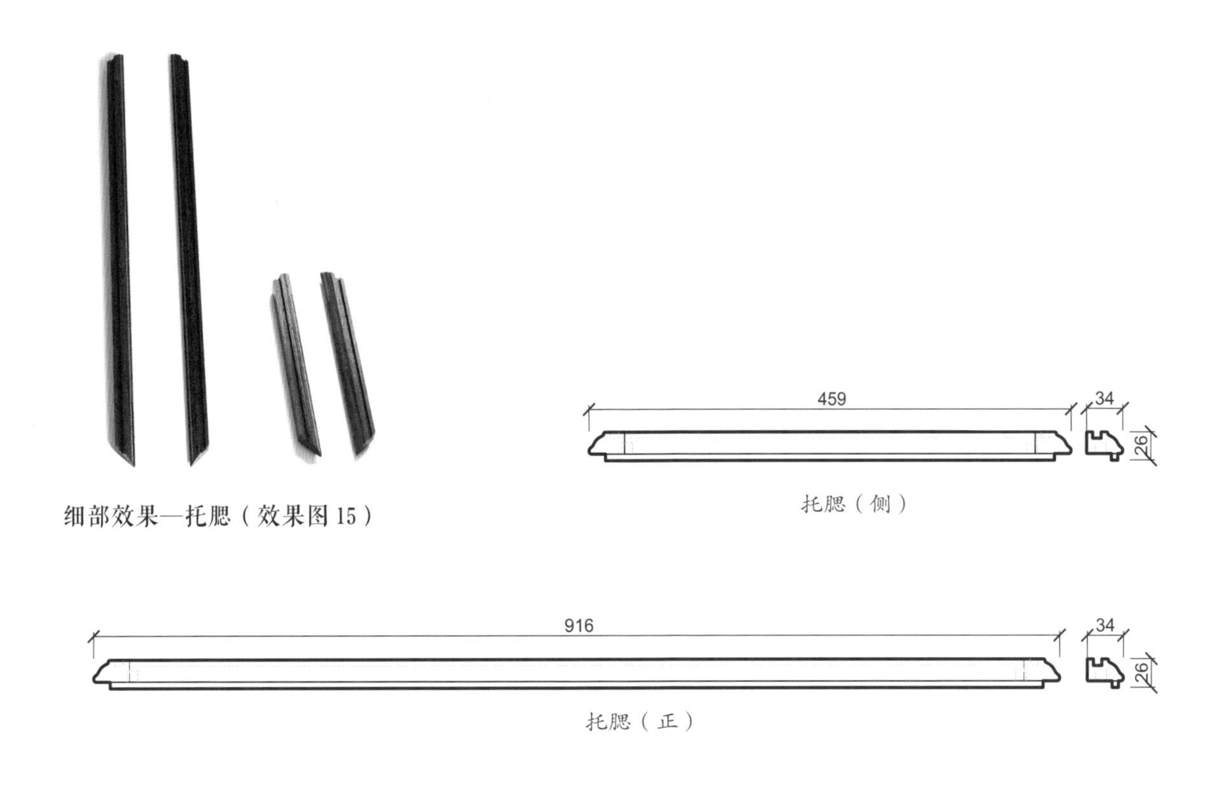

细部效果—托腮（效果图 15）

细部结构—托腮（CAD 图 8 ~ 图 9）

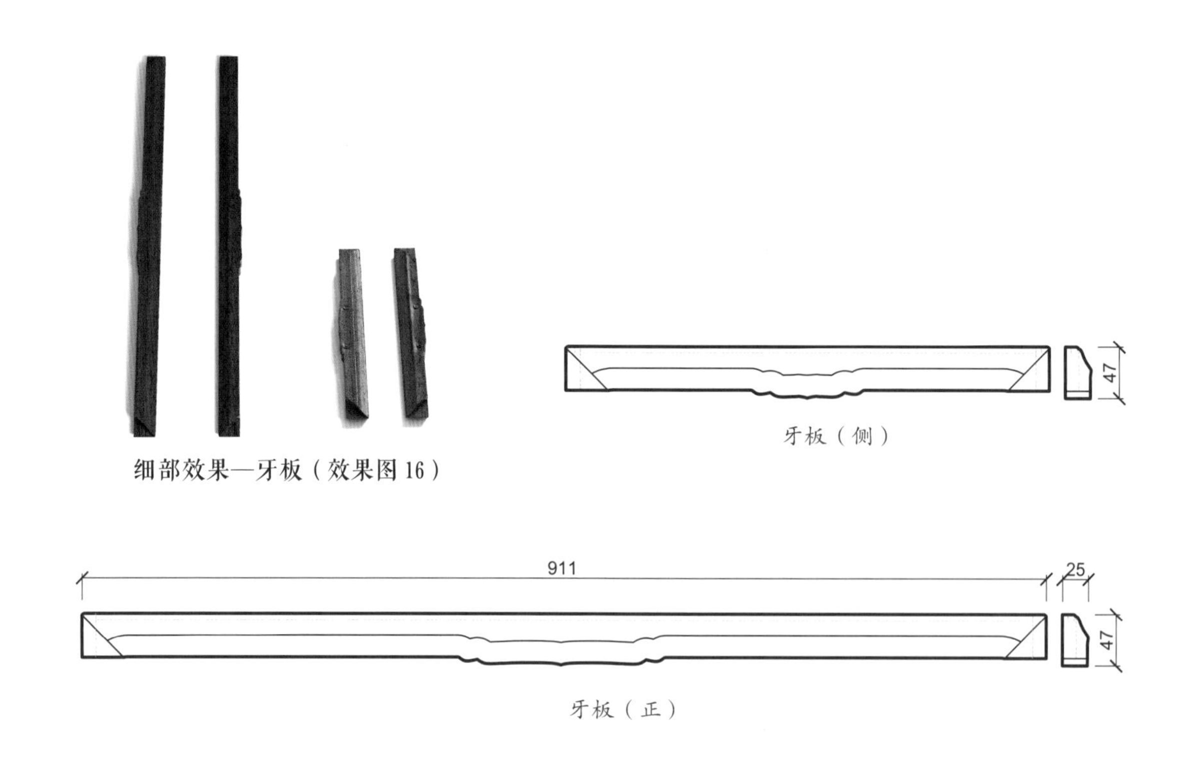

细部效果—牙板（效果图 16）

细部结构—牙板（CAD 图 10 ~ 图 11）

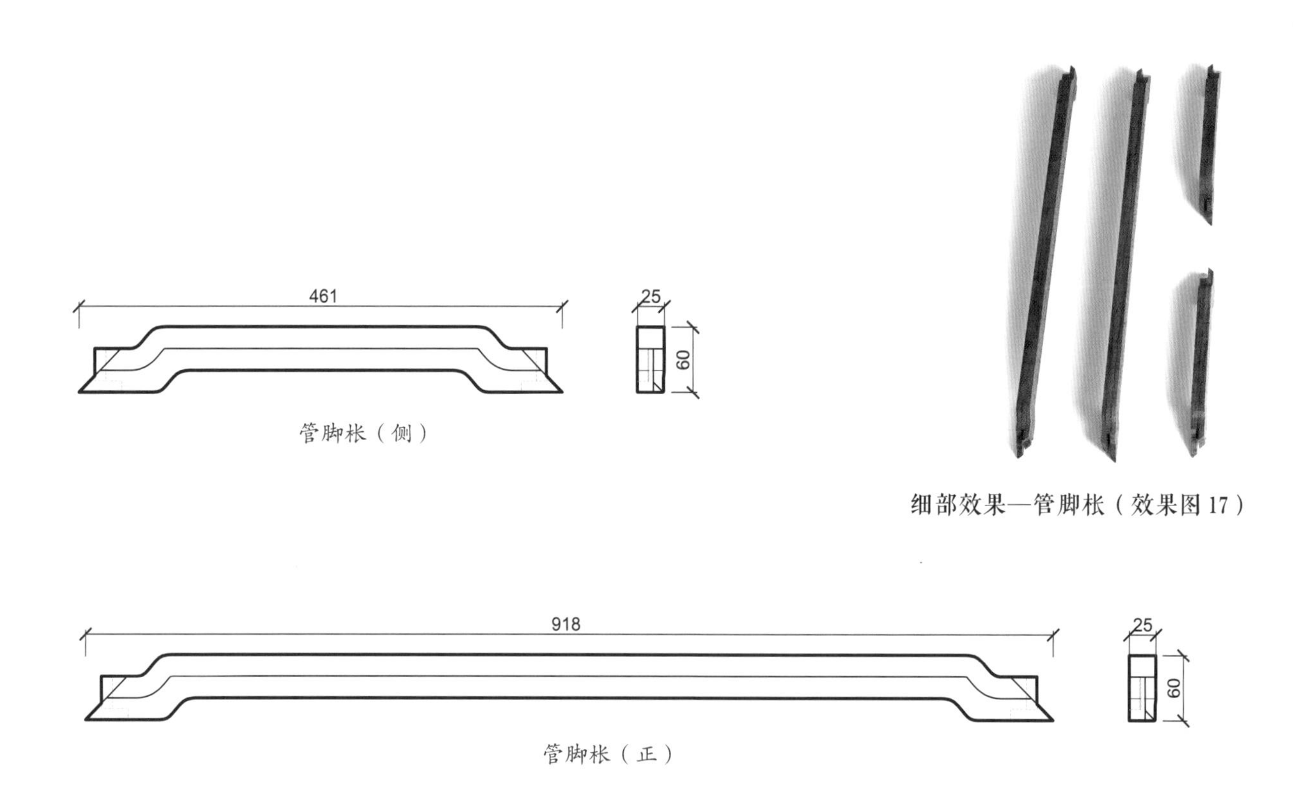

细部效果—管脚枨（效果图 17）

细部结构—管脚枨（CAD 图 12 ~ 图 13）

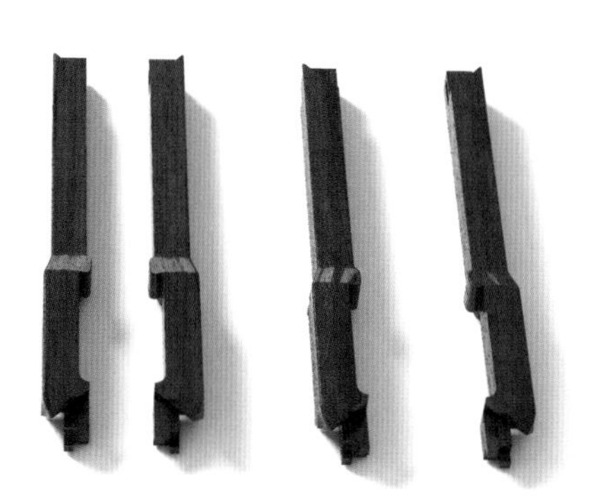

细部效果—腿子（效果图 18）

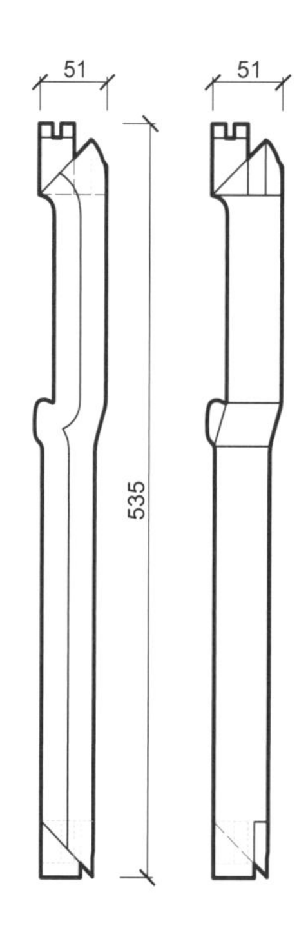

细部结构—腿子（CAD 图 14）

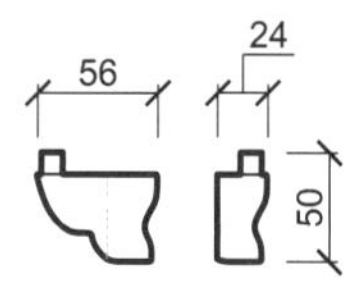

细部结构—龟足（CAD 图 15）

细部效果—龟足（效果图 19）

嵌大理石矮茶几

材质：黄花梨

年款：清

整体外观（效果图1）

1. 器形点评

此圆几几面由几段弧形弯材攒框而接，中以落堂手法嵌装大理石面心，几面边沿为劈料做法。几面之下四腿做成劈料形式，与几面插肩榫相接。四腿在上下各安一匝曲线状管脚罗锅枨。此圆几设计别致，意趣横生。

2. CAD 图示

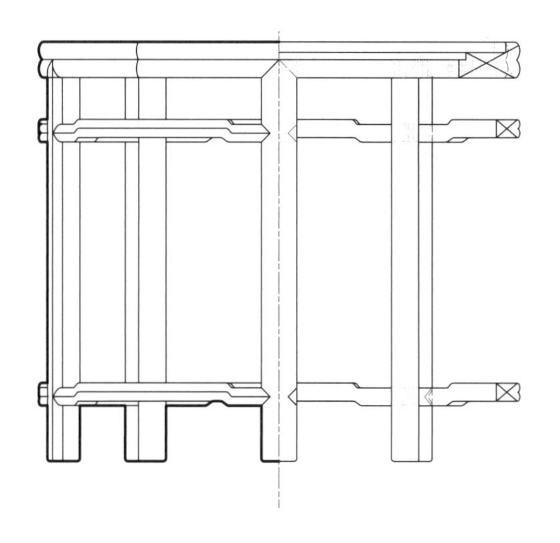

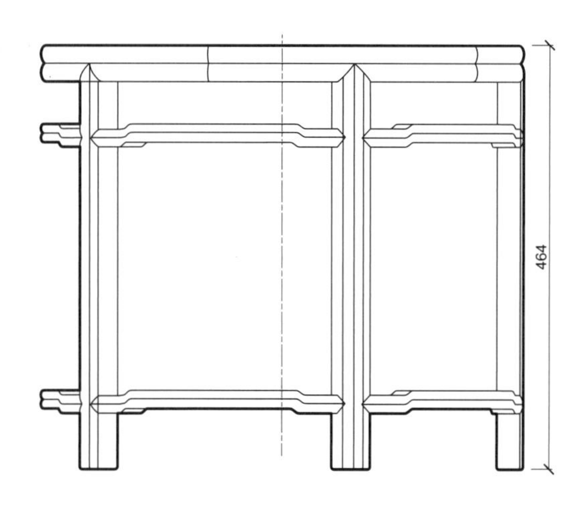

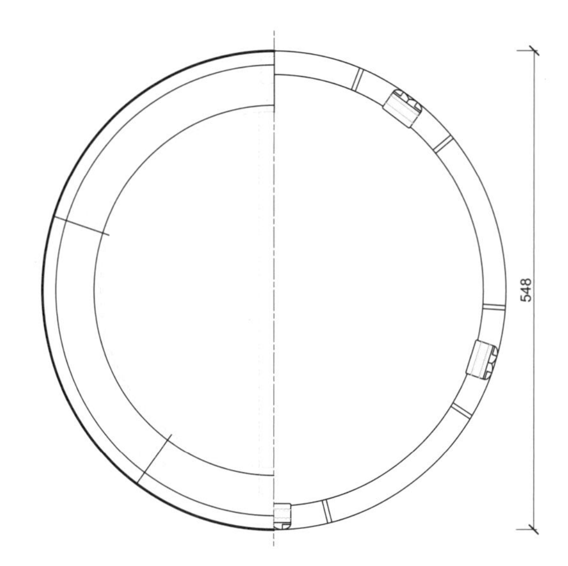

三视结构（CAD 图 1）

3. 用材效果

用材效果（材质：紫檀；效果图 2）

用材效果（材质：黄花梨；效果图 3）

用材效果（材质：红酸枝；效果图 4）

4. 结构爆炸

结构爆炸（效果图5）

5. 部件示意

部件示意—几面（效果图 6）

部件示意—腿子（效果图 7）

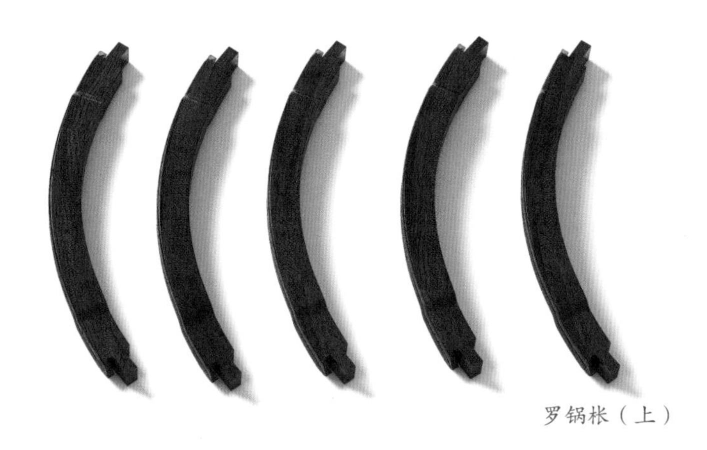

罗锅枨（上）

罗锅枨（下）

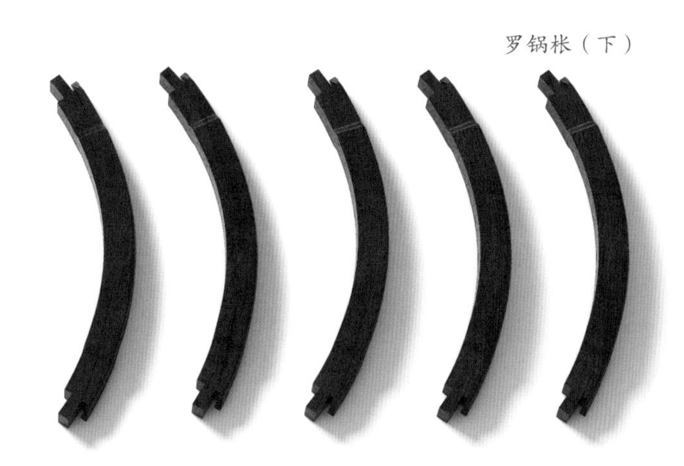

部件示意—罗锅枨（效果图 8）

6. 细部详解

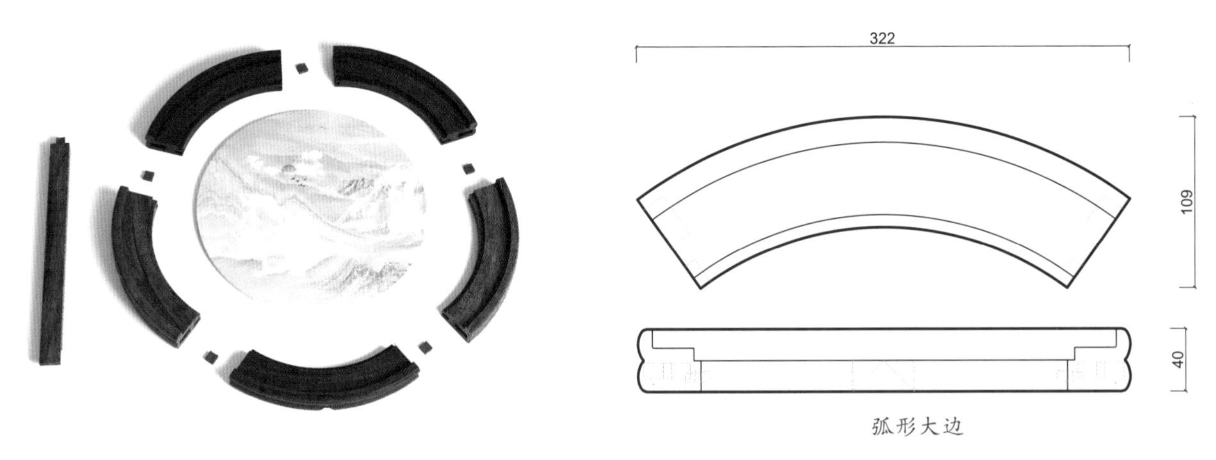

细部效果—几面（效果图 9）

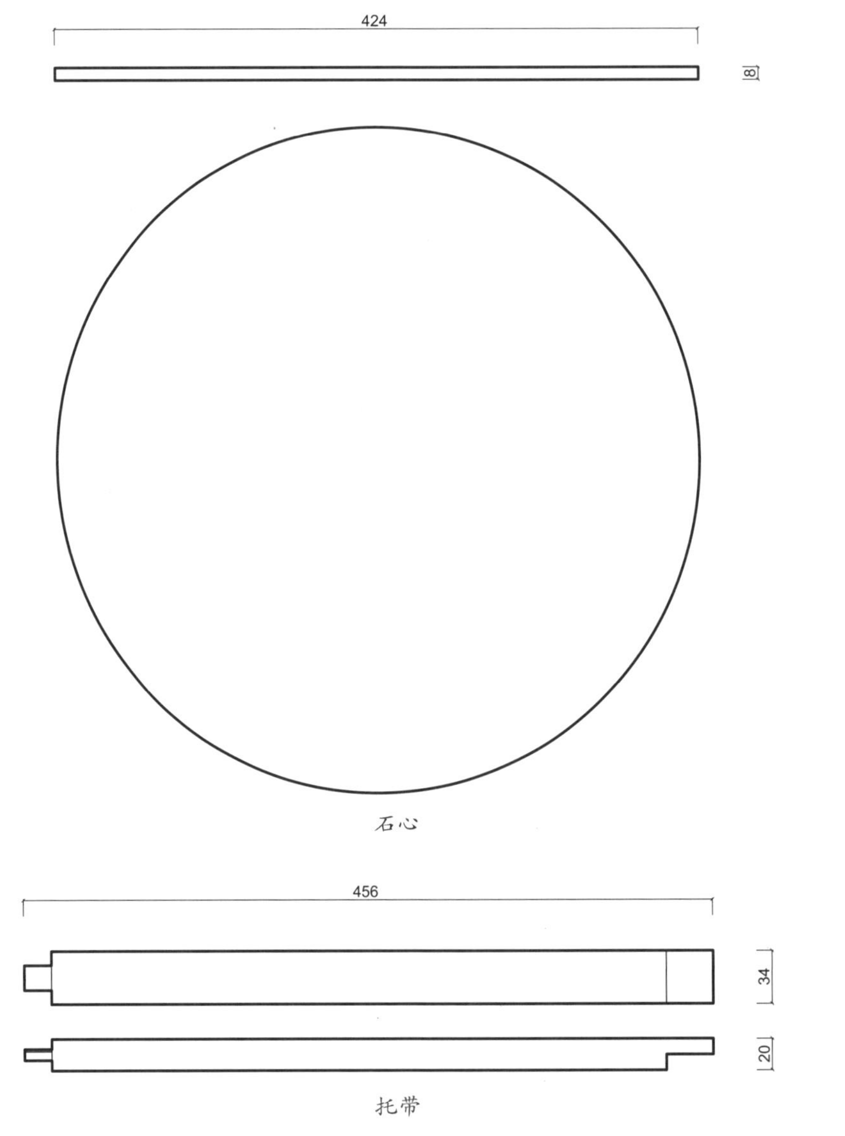

细部结构—几面（CAD 图 2 ~图 4）

细部效果—腿子（效果图 10）

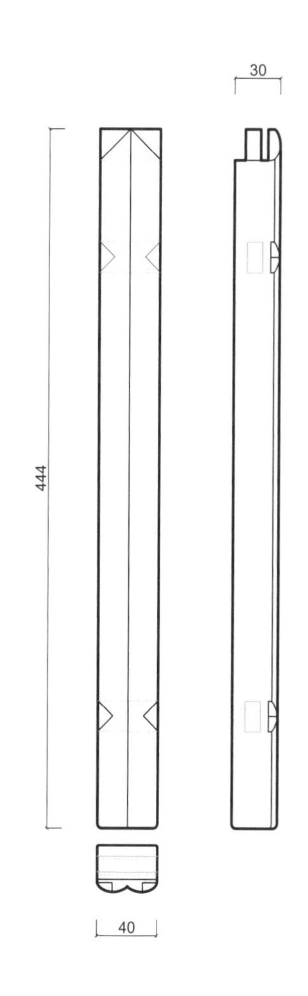

细部结构—腿子（CAD 图 5）

细部效果—罗锅枨（效果图 11）

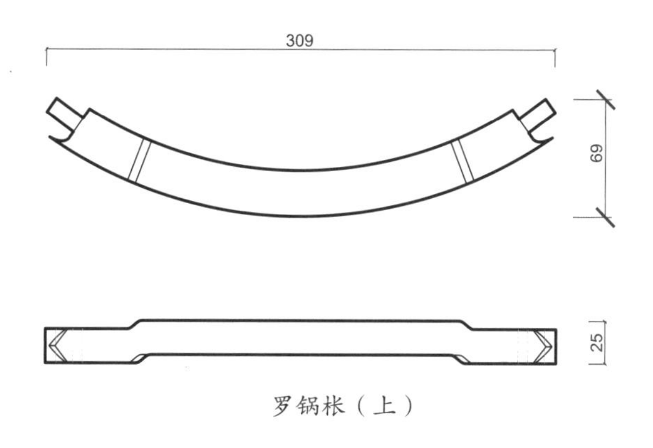

罗锅枨（上）

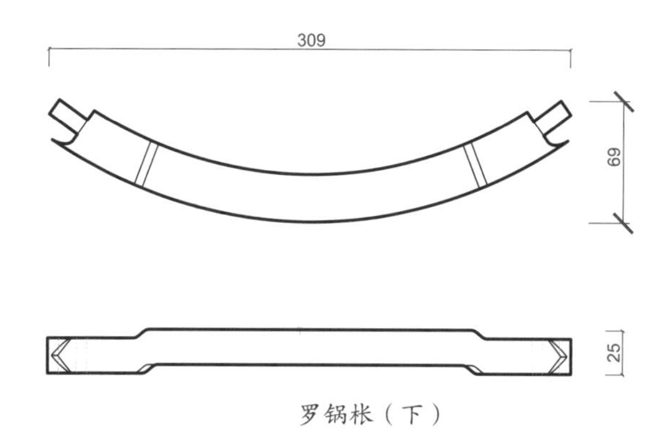

罗锅枨（下）

细部结构—罗锅枨（CAD 图 6 ~图 7）

弧形凭几

材质：黄花梨

年款：清

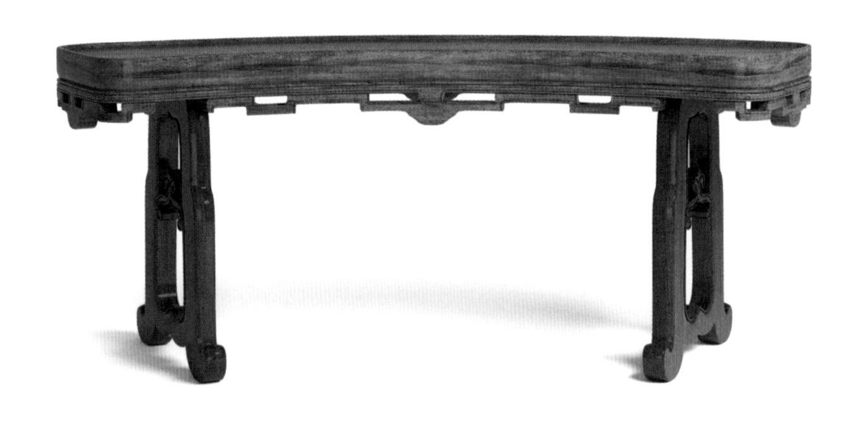

整体外观（效果图 1）

1. 器形点评

此凭几几面为弧形弯材制成，边沿起拦水线，几面之下安有透雕花牙。几腿为卷云纹腿，前后两腿实为一木连做，做成透雕卷云状，卷云中空处安有叶状卡子花，足端雕卷云足。此凭几造型上仿汉代席地而坐的低矮家具风格，颇具古意，质朴雅致。

2. CAD 图示

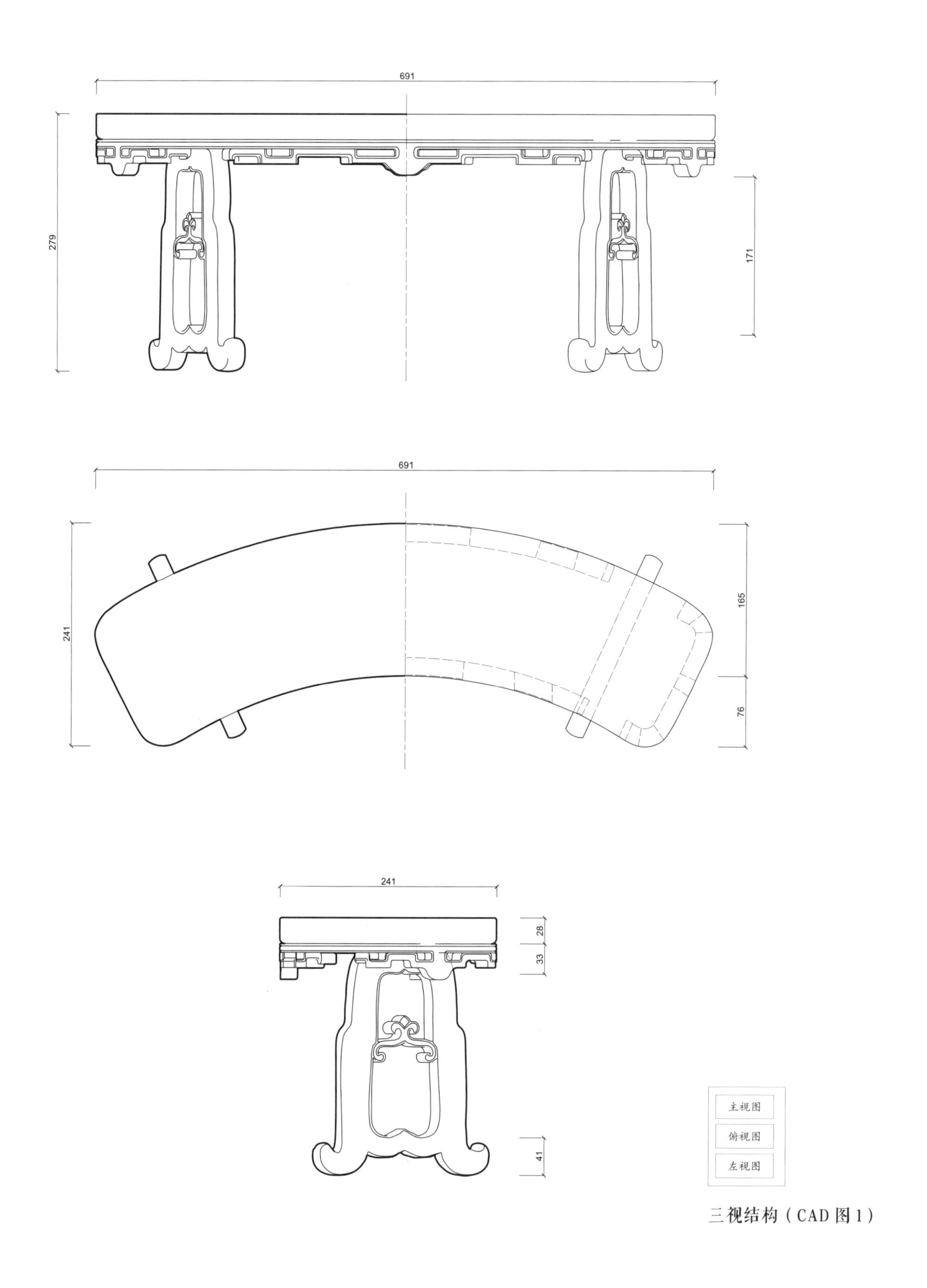

三视结构（CAD 图 1）

3. 用材效果

用材效果（材质：紫檀；效果图 2）

用材效果（材质：黄花梨；效果图 3）

用材效果（材质：红酸枝；效果图 4）

4. 结构爆炸

结构爆炸（效果图 5）

5. 部件示意

部件示意—几面（效果图 6）

部件示意—板足（效果图 7）

6. 细部详解

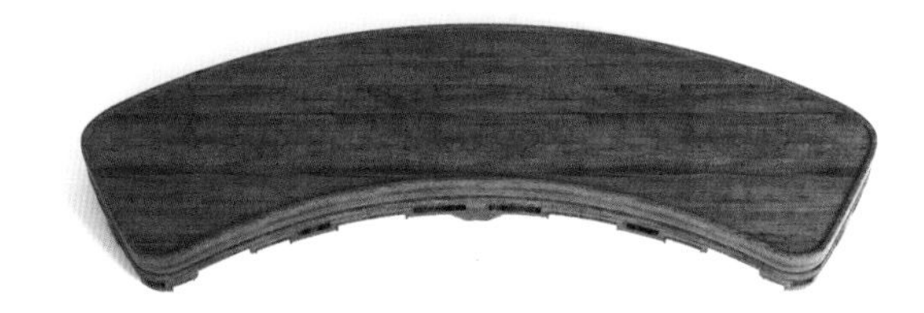

细部效果—几面（效果图 8）

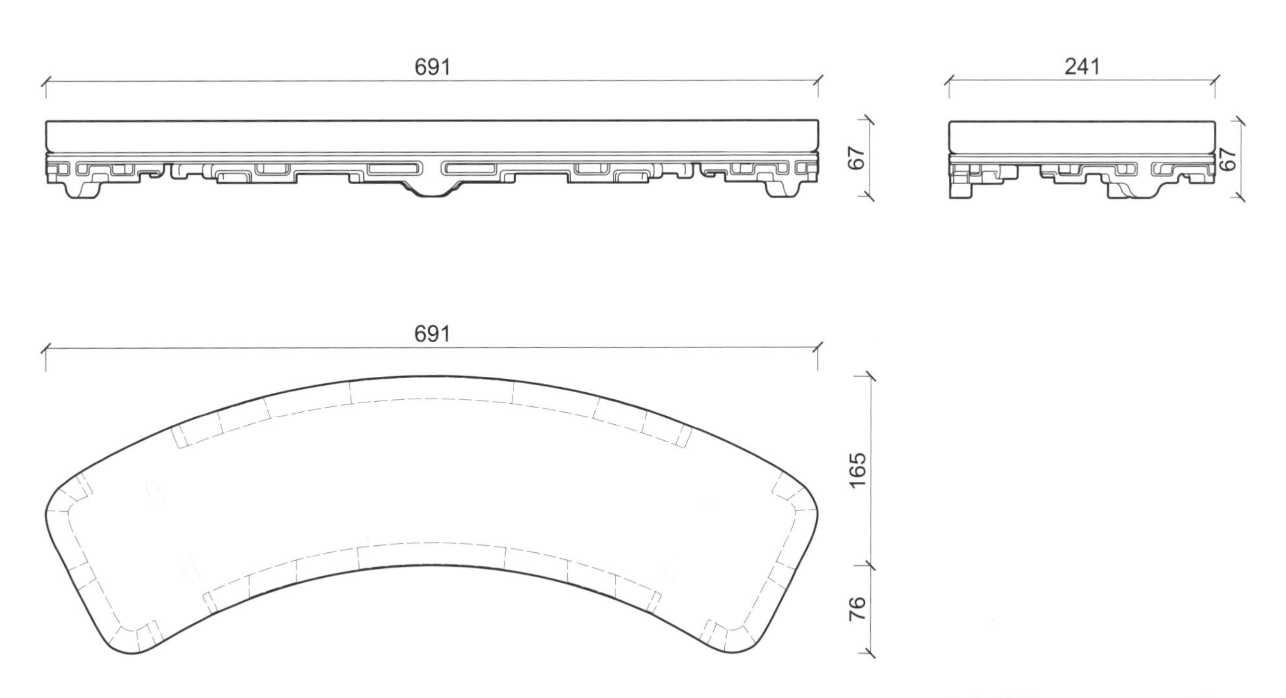

细部结构—几面（CAD 图 2）

细部效果—板足（效果图 9）

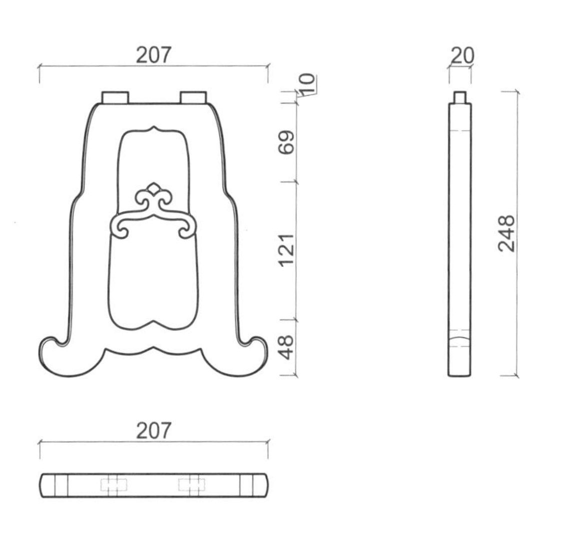

细部结构—板足（CAD 图 3）

玉璧拉绳纹四面平炕几

材质：紫檀

年款：清

整体外观（效果图 1）

1. 器形点评

此炕几为四面平式，几面之下安有玉璧拉绳纹横枨，几面与腿之间以粽角榫相接。四腿为方材，直落到地，足端雕内翻回纹马蹄足。此炕几造型规整，在装饰上以圆形玉璧和方形的回纹拐子交相辉映，方圆相济，让此炕几有了一丝灵气。

2. CAD 图示

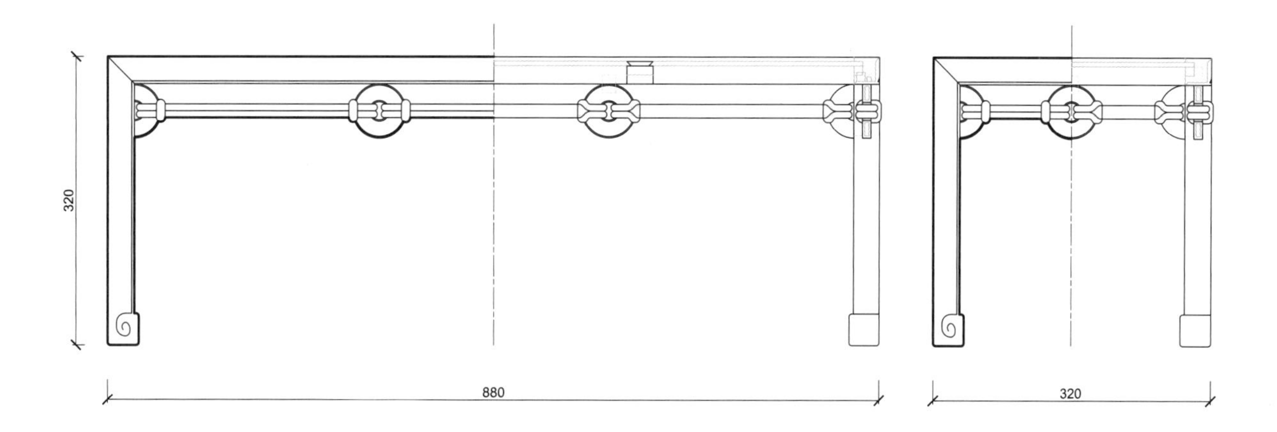

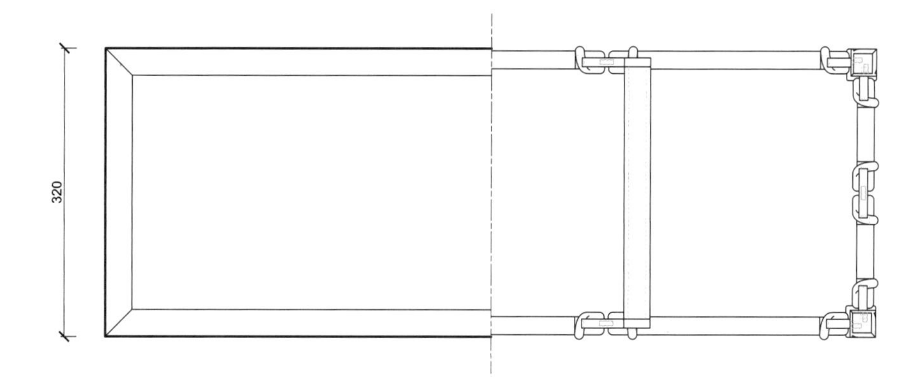

三视结构（CAD 图 1）

3. 用材效果

用材效果（材质：紫檀；效果图 2）

用材效果（材质：黄花梨；效果图 3）

用材效果（材质：红酸枝；效果图 4）

4. 结构爆炸

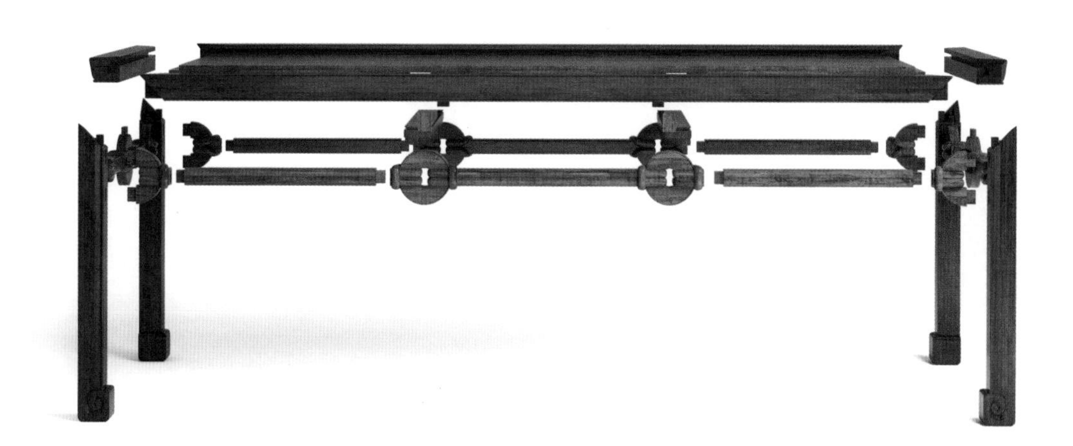

结构爆炸（效果图 5）

5. 部件示意

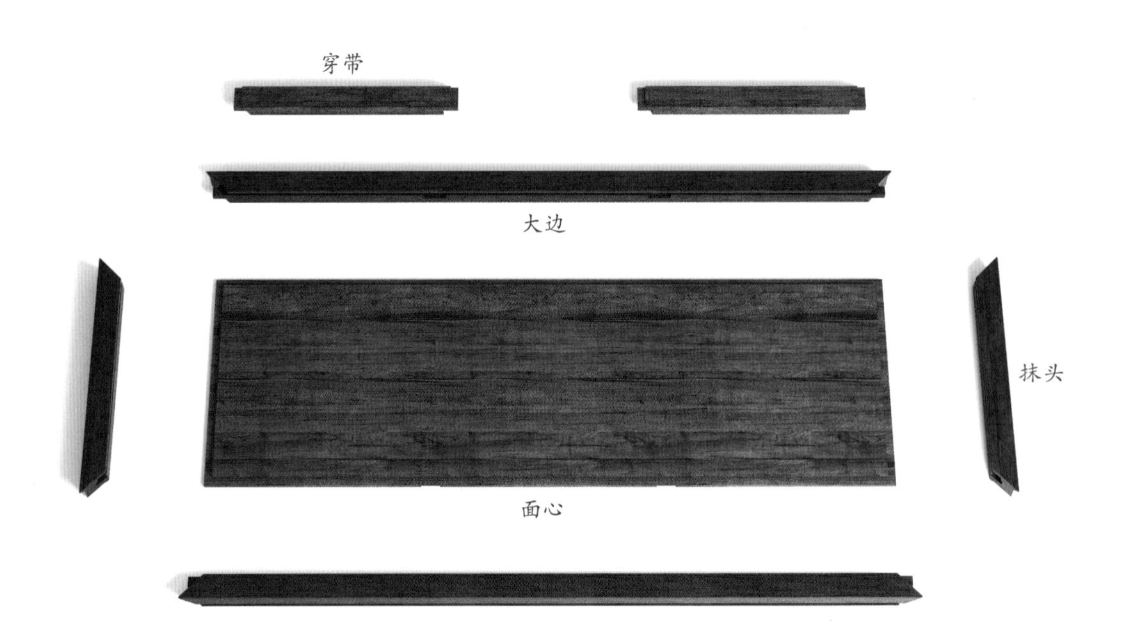

部件示意—几面（效果图 6）

部件示意—腿子（效果图 7）

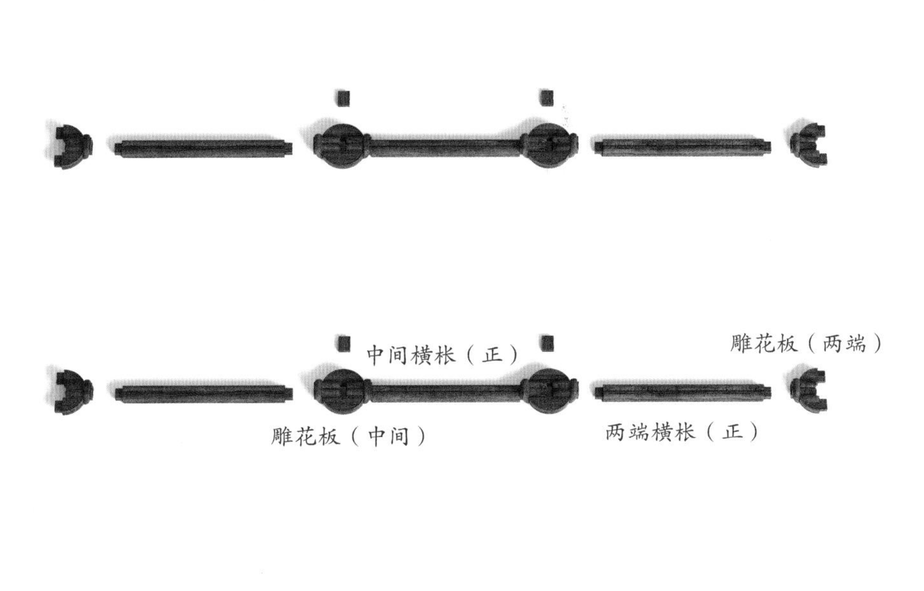

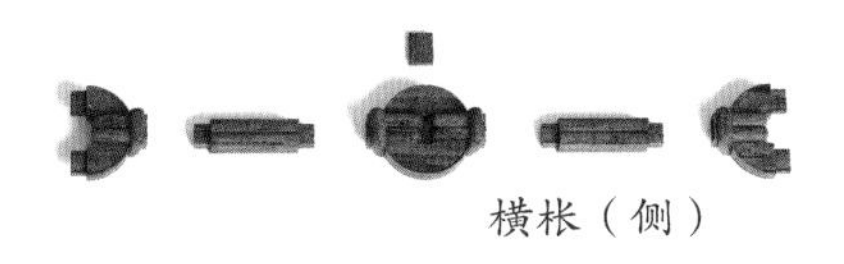

部件示意—牙条结构（效果图8）

6. 细部详解

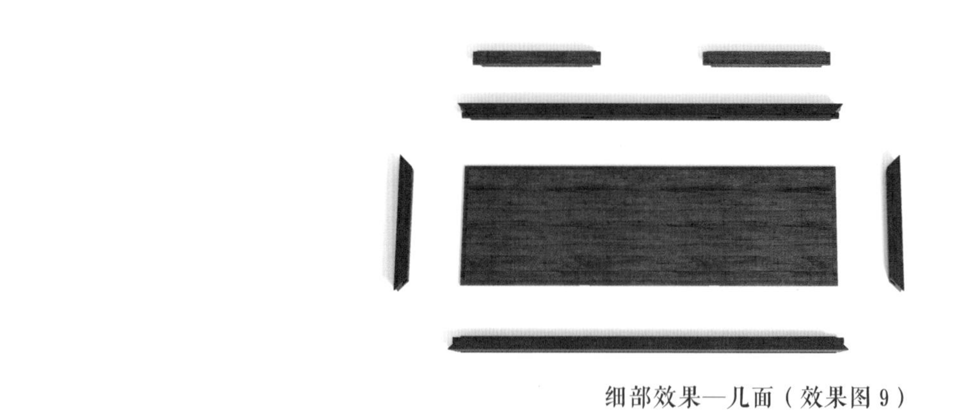

细部效果—几面（效果图 9）

880

30

30

大边

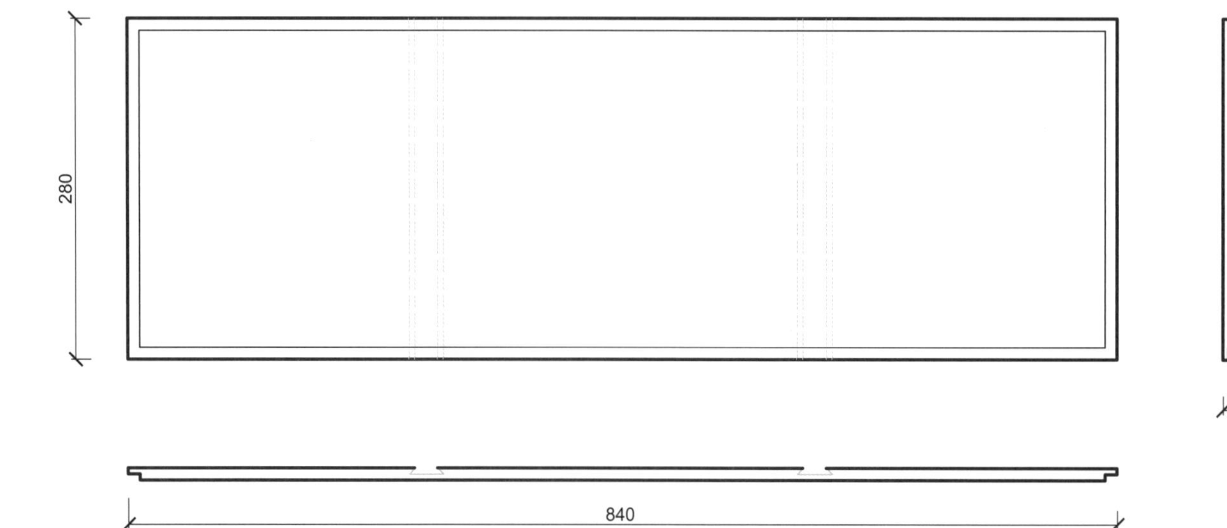

面心

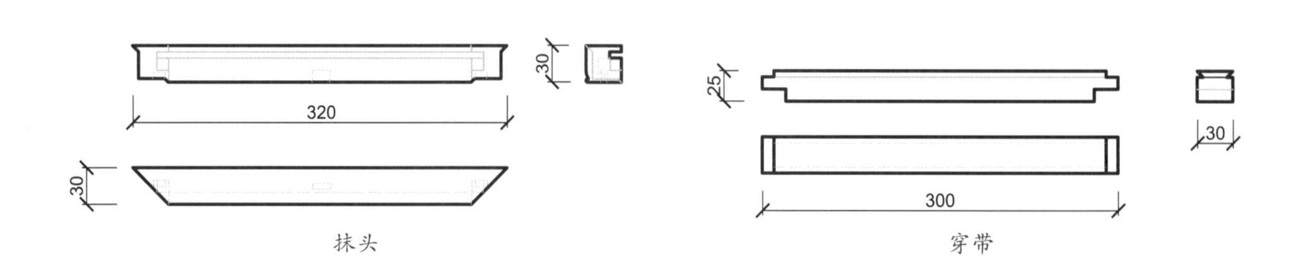

抹头

穿带

细部结构—几面（CAD 图 2 ~图 5）

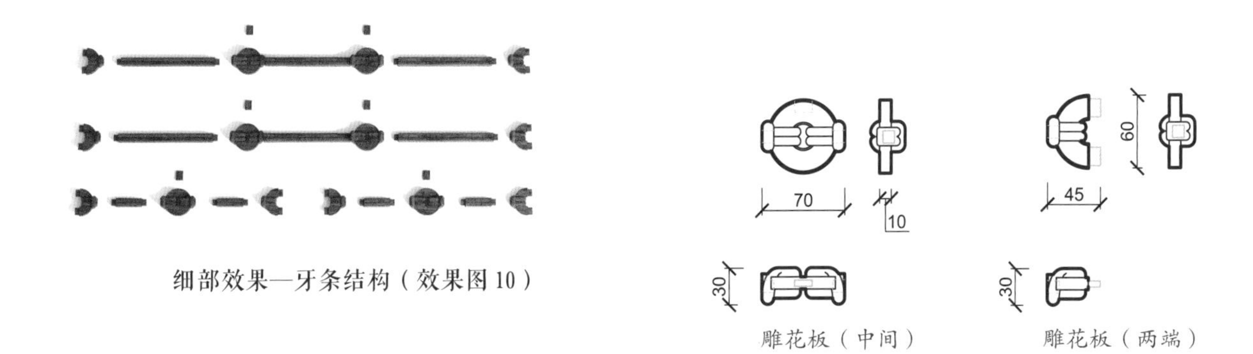

细部效果—牙条结构（效果图10）

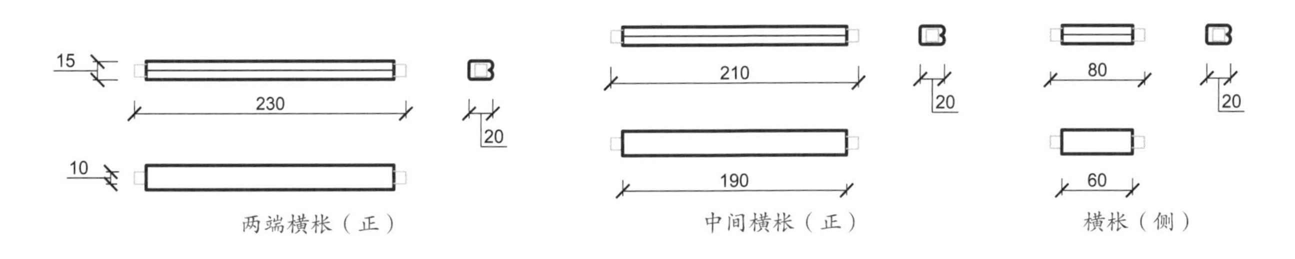

细部结构—牙条结构（CAD图6～图10）

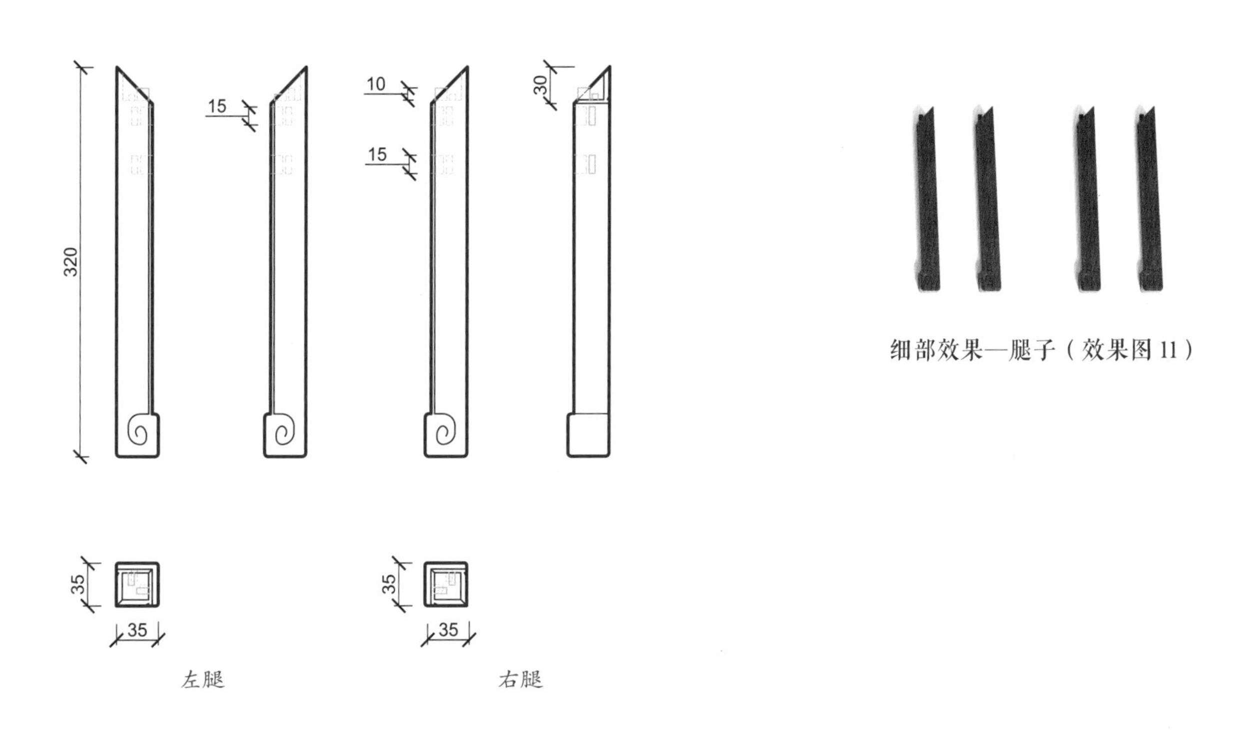

细部效果—腿子（效果图11）

细部结构—腿子（CAD图11～图12）

罗锅枨四面平炕几

材质：紫檀

年款：清

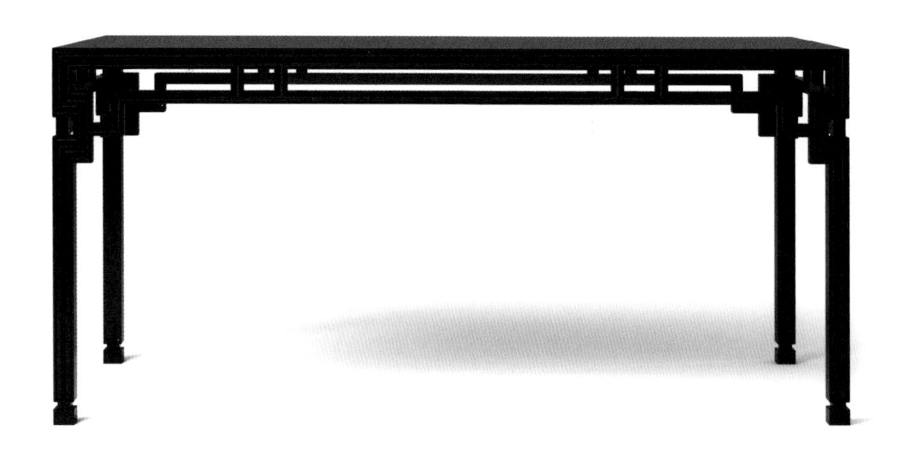

整体外观（效果图 1）

1. 器形点评

此炕几几面长方平直，为独板。四条腿为劈料做法，腿上部形成拐子形，足下端踩方柱础。四腿上端安罗锅枨，枨上装矮老。此几造型别致，以拐子纹加劈料做法进行装饰，富于变化。此炕几是一件典型的清式风格的家具精品。

2. CAD 图示

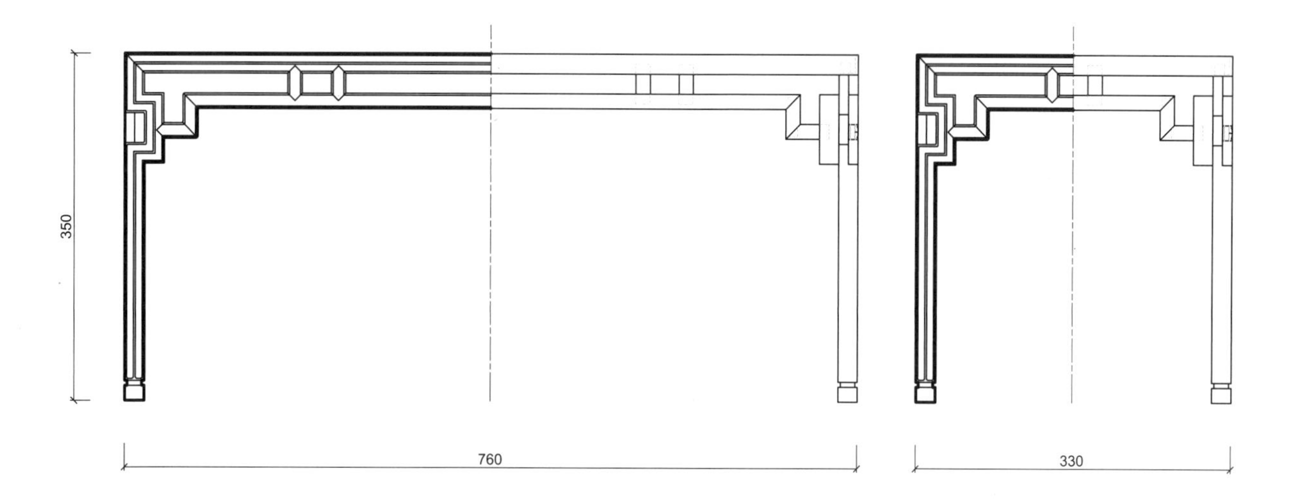

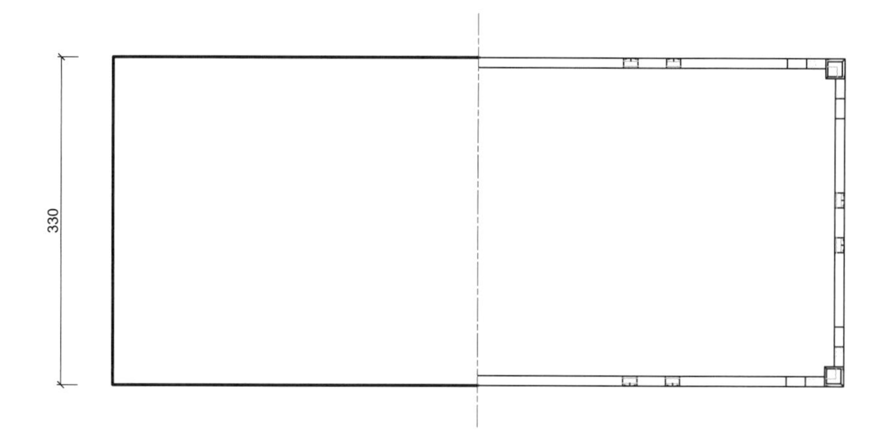

三视结构（CAD 图 1）

3. 用材效果

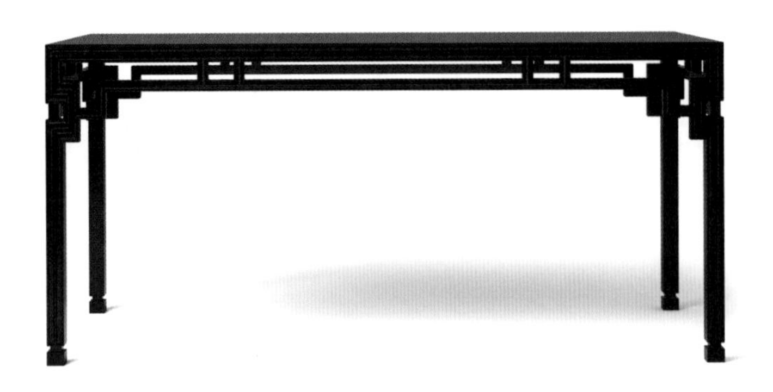

用材效果（材质：紫檀；效果图 2）

用材效果（材质：黄花梨；效果图 3）

用材效果（材质：红酸枝；效果图 4）

4. 结构爆炸

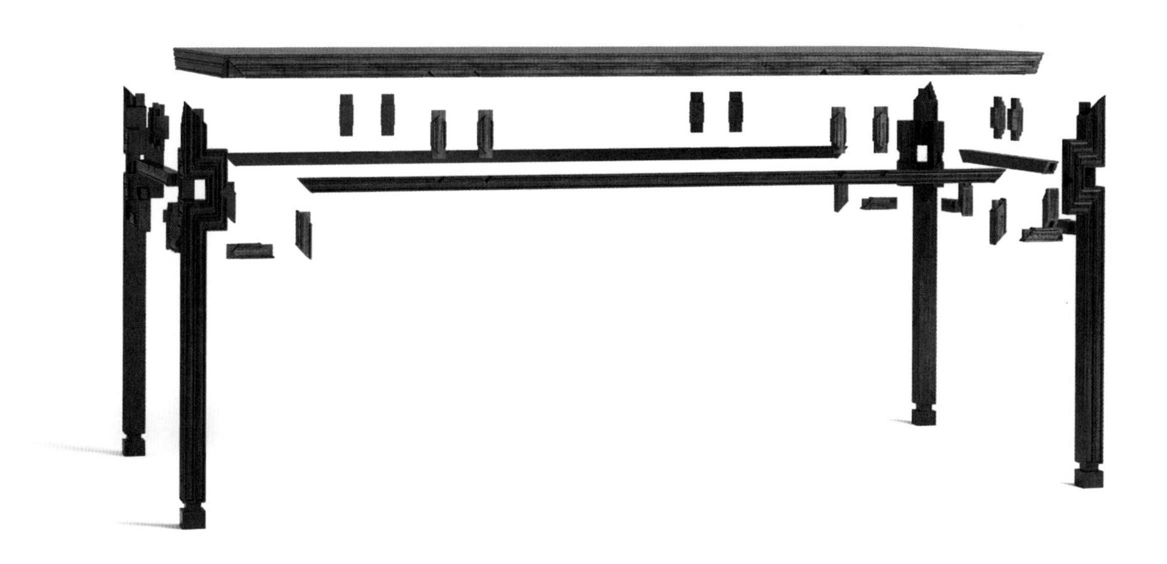

结构爆炸（效果图5）

5. 部件示意

部件示意—几面（效果图 6）

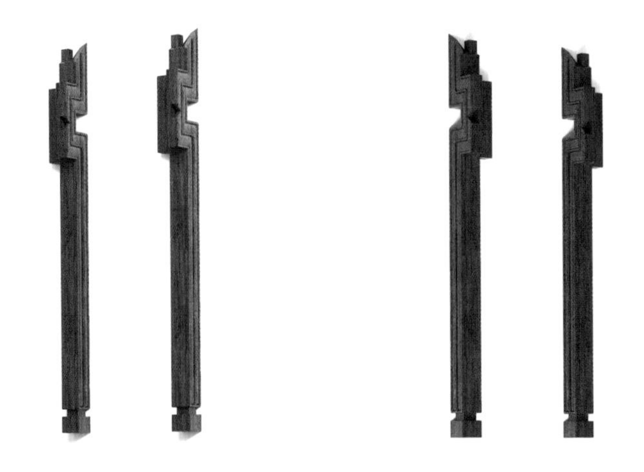

部件示意—腿子（效果图 7）

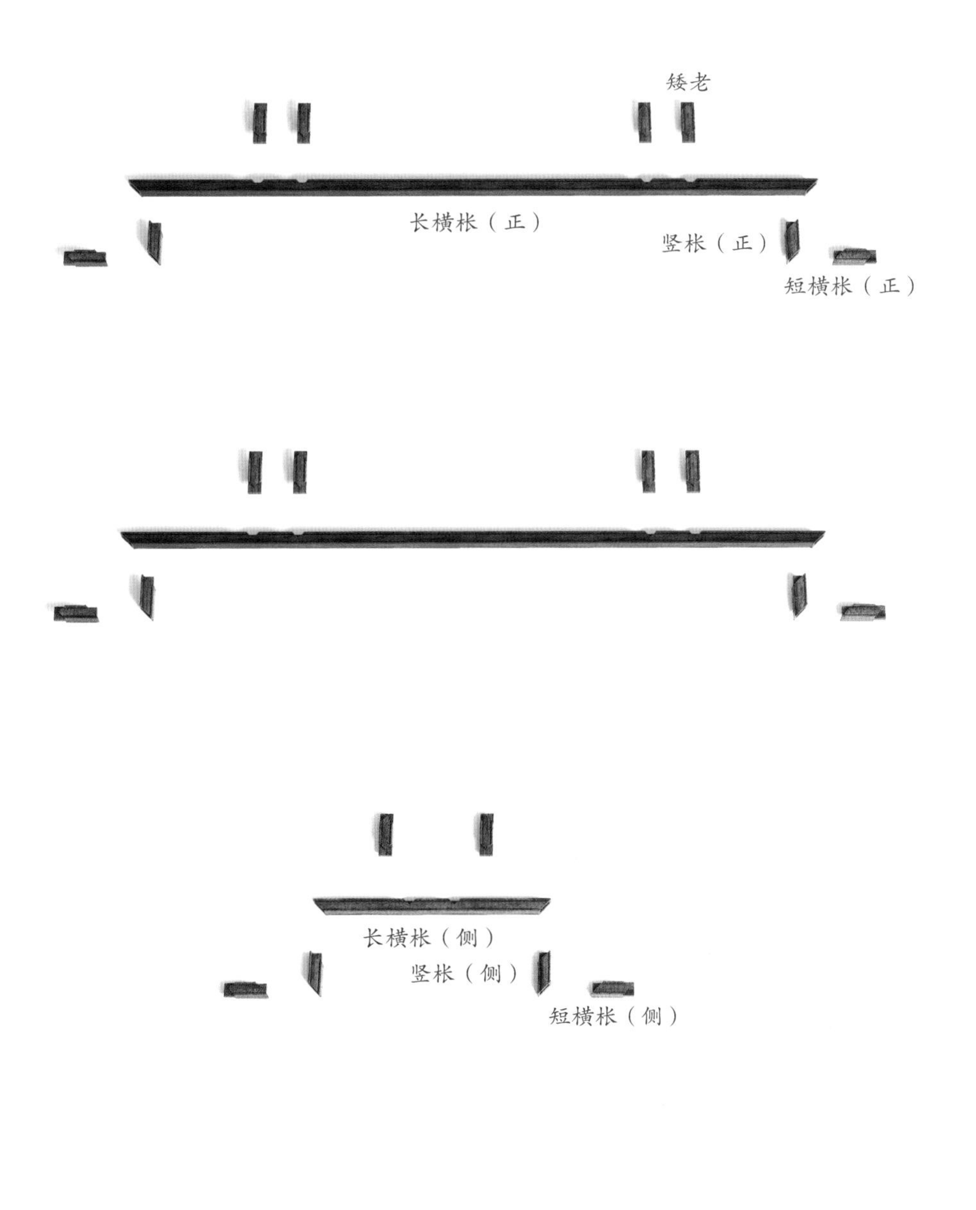

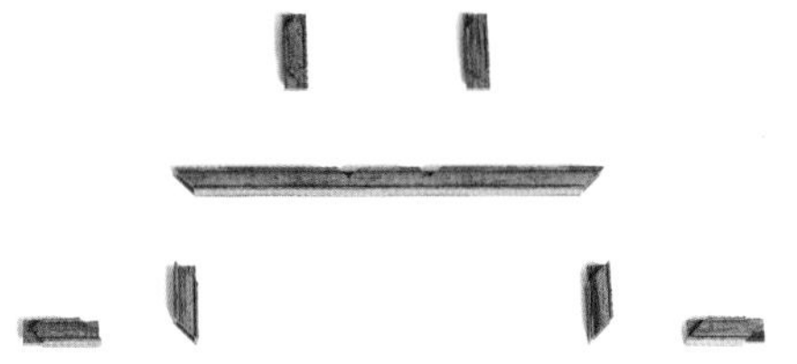

部件示意—罗锅枨和矮老（效果图 8）

6. 细部详解

细部效果—几面（效果图 9）

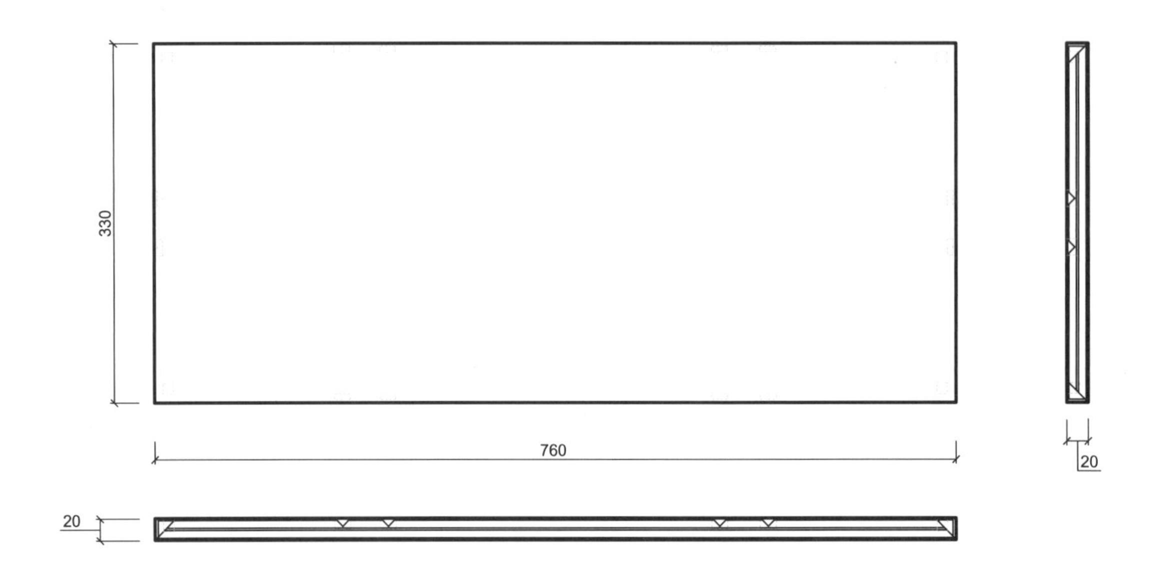

细部结构—几面（CAD 图 2）

350
70
20
40
40

细部结构—腿子（CAD 图 3）

细部效果—腿子（效果图 10）

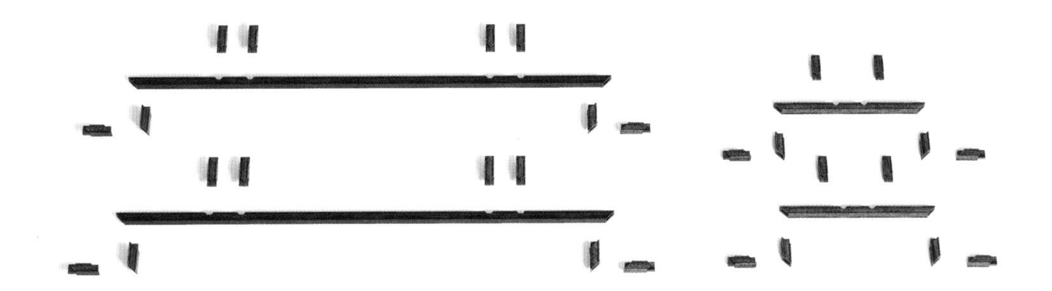

细部效果—罗锅枨和矮老（效果图 11）

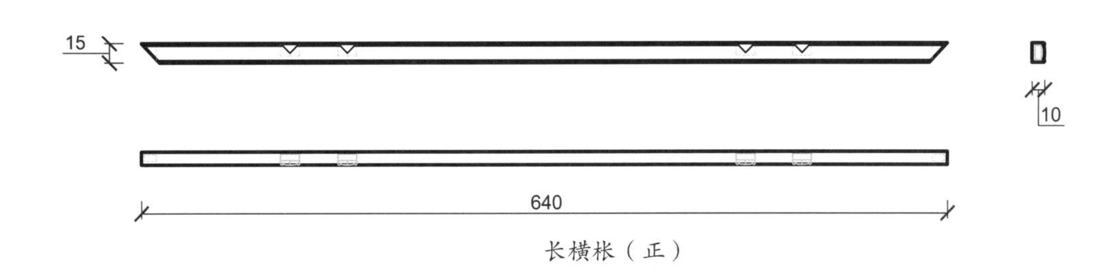

长横枨（正）

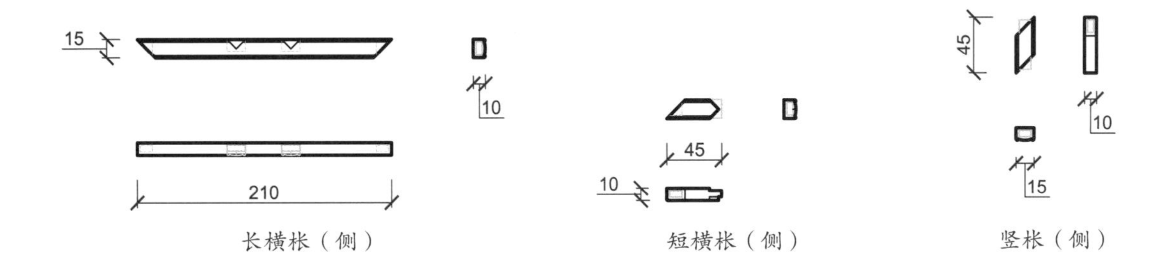

长横枨（侧）　短横枨（侧）　竖枨（侧）

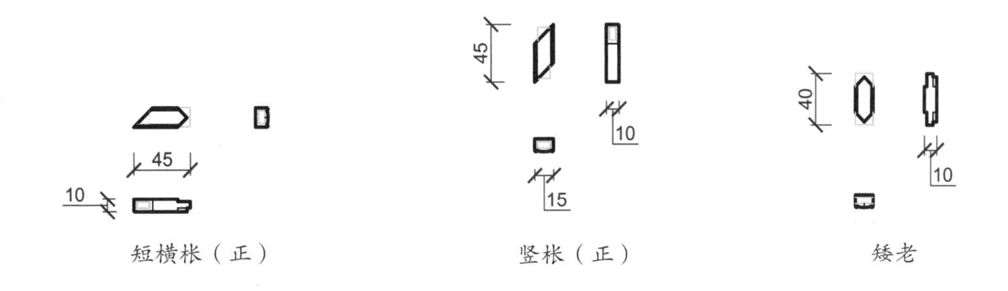

短横枨（正）　竖枨（正）　矮老

细部结构—罗锅枨和矮老（CAD 图 4 ~ 图 10）

高束腰炕几

材质：黄花梨

年款：明

整体外观（效果图1）

1. 器形点评

此炕几几面为长方形，攒框打槽中装板心，几面边沿打洼，出明榫。面沿下有高束腰，壶门牙板与四腿以抱肩榫相接。四腿为方材，直落到地，足端形成内翻马蹄足。牙子和腿子的边沿起皮条线。此炕几造型简洁，美观大方。

2. CAD 图示

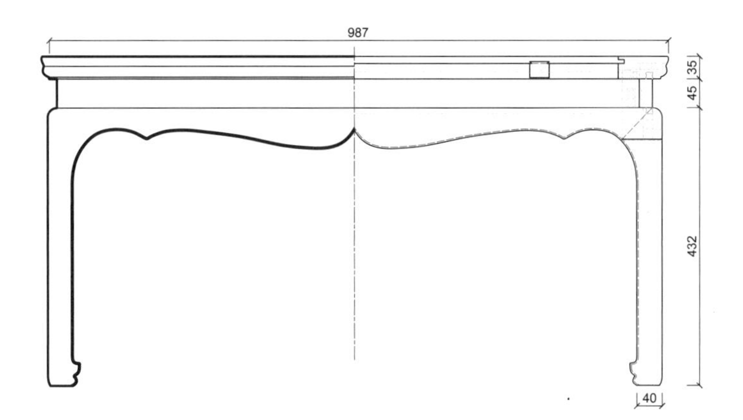

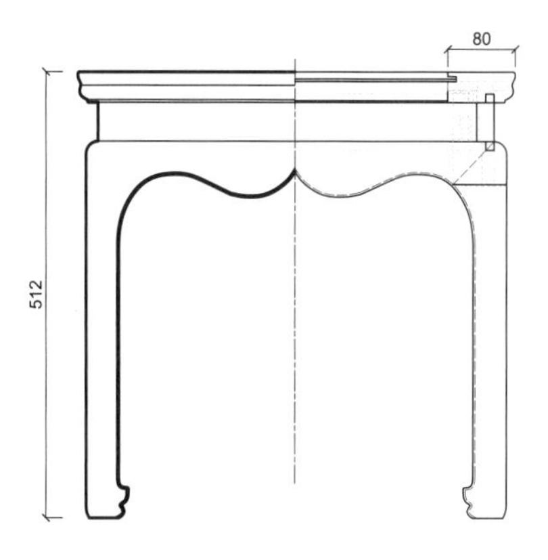

三视结构（CAD 图 1）

3. 用材效果

用材效果（材质：紫檀；效果图 2）

用材效果（材质：黄花梨；效果图 3）

用材效果（材质：红酸枝；效果图 4）

4. 结构爆炸

结构爆炸（效果图 5）

5. 部件示意

部件示意—几面（效果图 6）

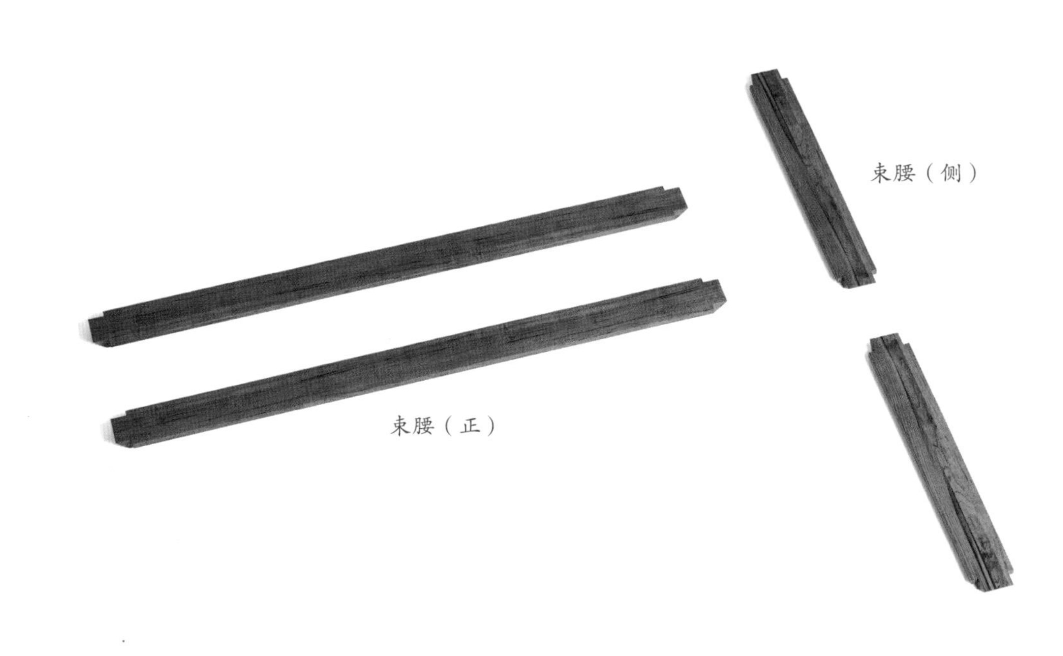

部件示意—束腰（效果图 7）

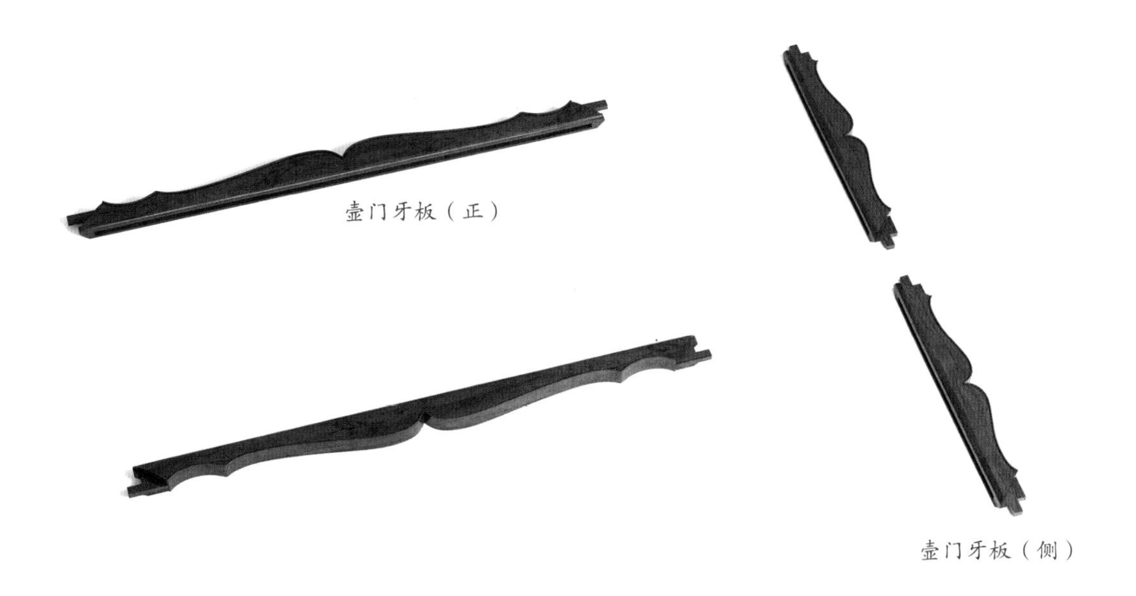

部件示意—牙板（效果图 8）

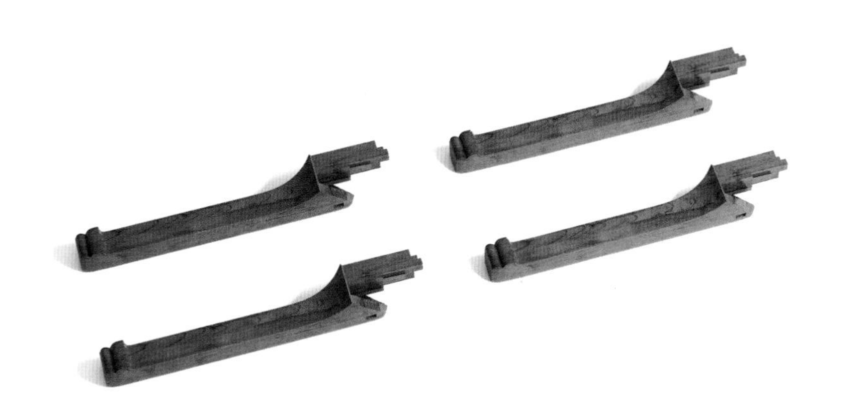

部件示意—腿子（效果图 9）

6. 细部详解

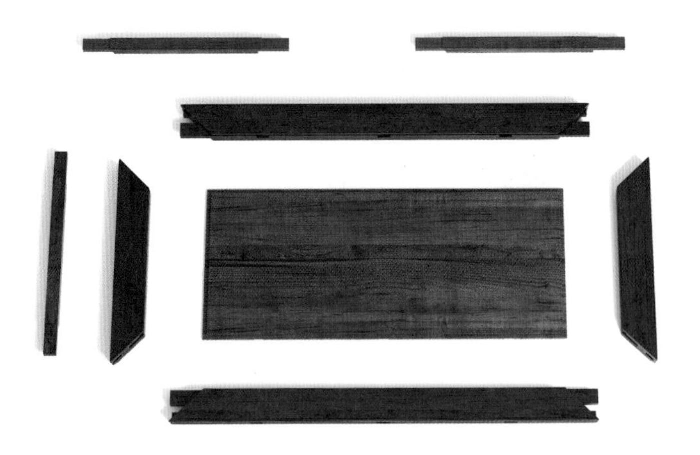

细部效果—几面（效果图 10）

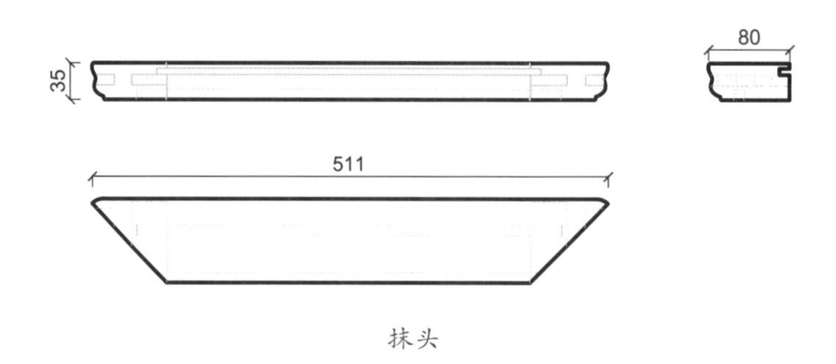

抹头

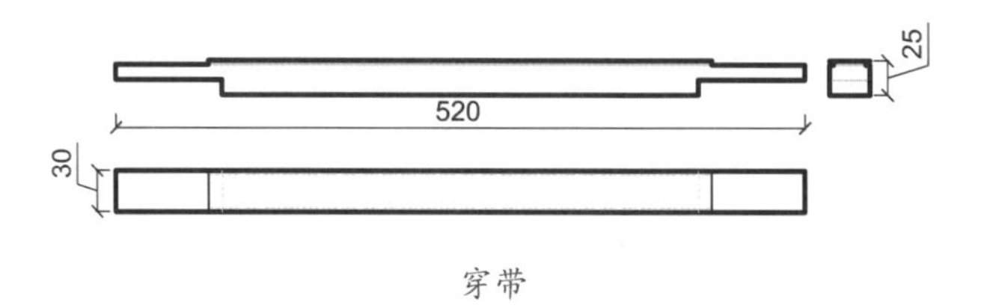

穿带

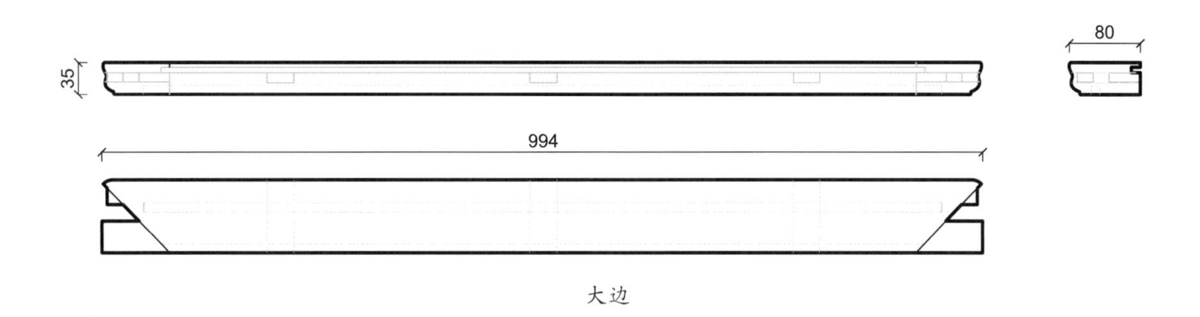

大边

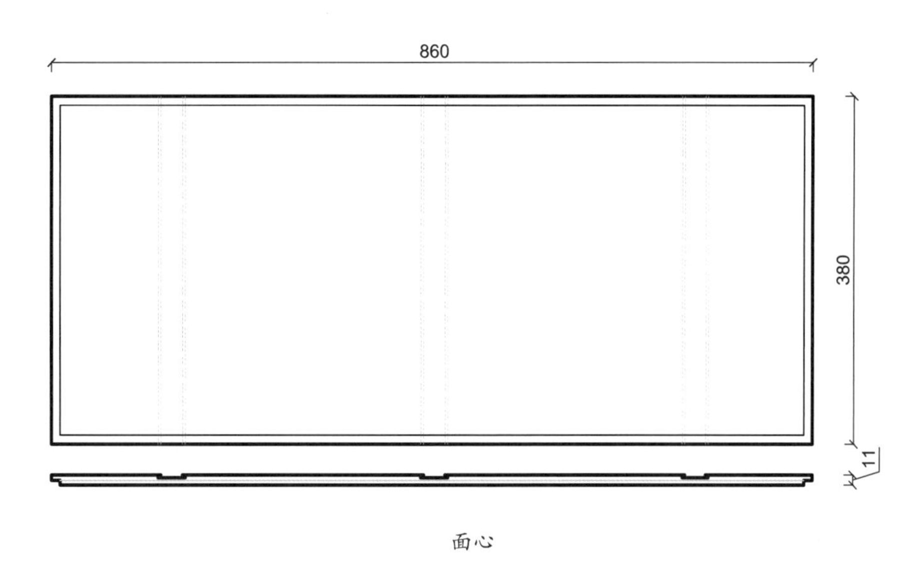

面心

细部结构—几面（CAD 图 2 ~ 图 5）

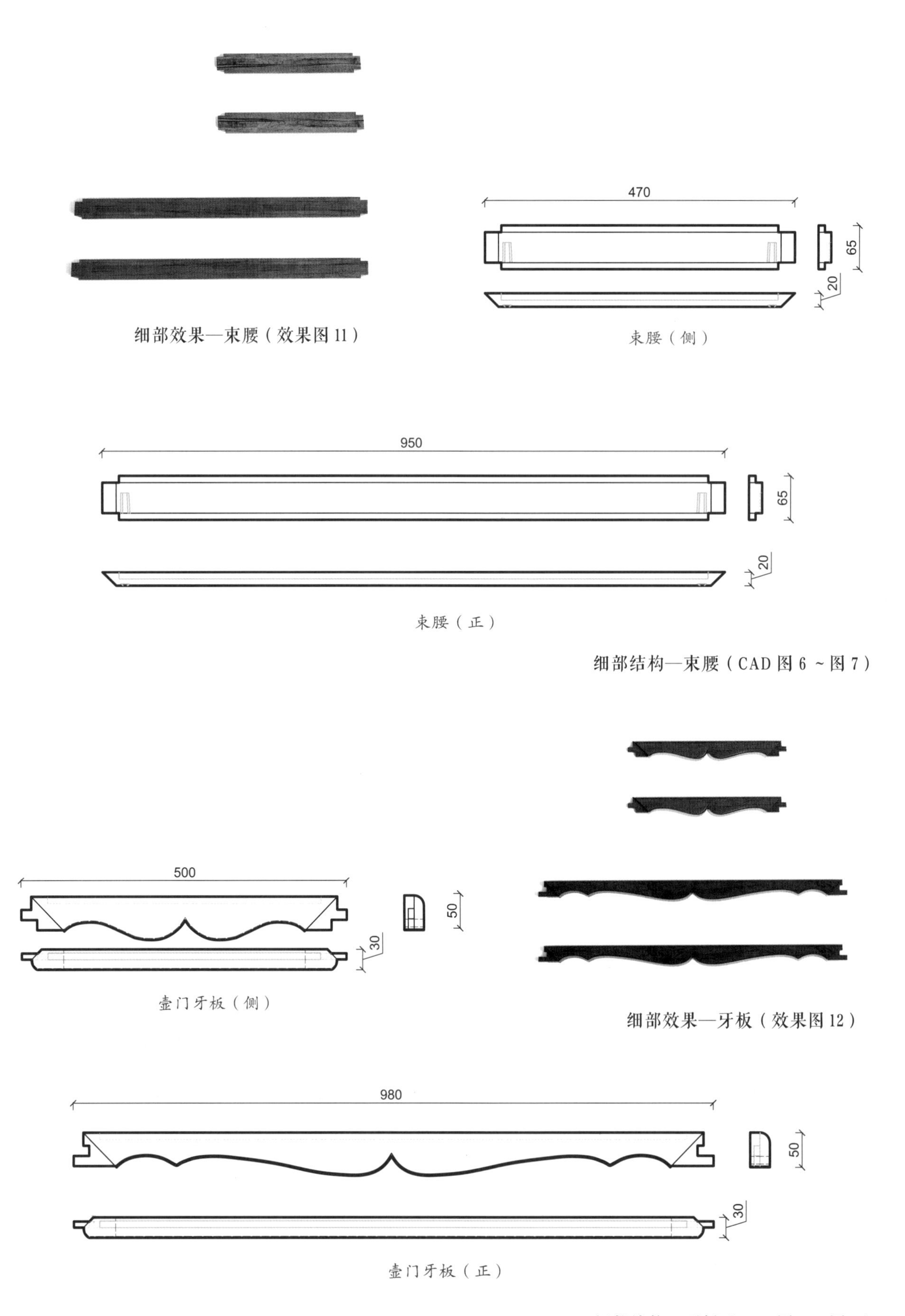

细部效果—束腰（效果图 11）

束腰（侧）

束腰（正）

细部结构—束腰（CAD 图 6 ~图 7）

壶门牙板（侧）

细部效果—牙板（效果图 12）

壶门牙板（正）

细部结构—牙板（CAD 图 8 ~图 9）

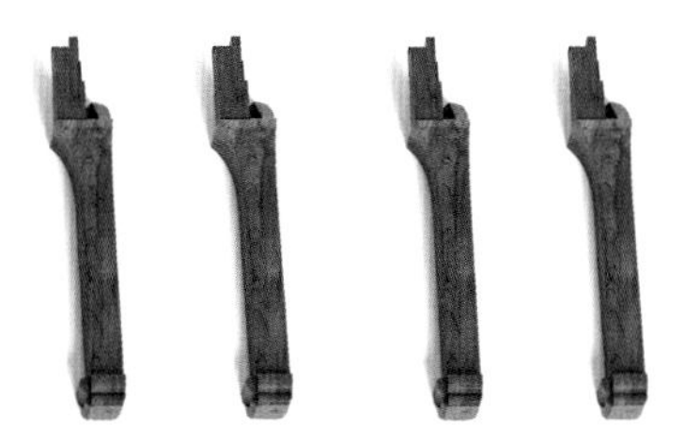

细部效果—腿子（效果图 13）

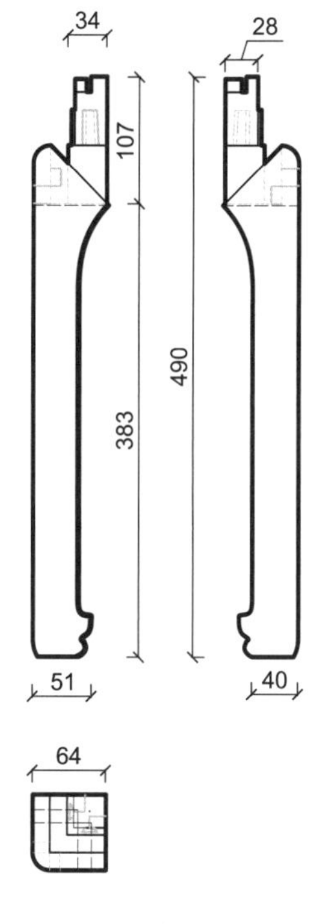

左腿

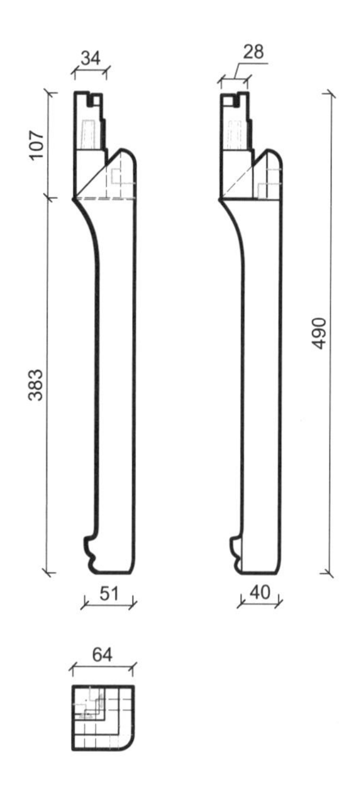

右腿

细部结构—腿子（CAD 图 10 ~图 11）

嵌玉玉璧拉绳纹炕几

材质：紫檀

年款：清

整体外观（效果图 1）

1. 器形点评

此炕几几面长方平直，冰盘沿线脚。几面之下的四腿为方材，几腿至足端略外展。几面之下安有玉璧拉绳纹横枨。此炕几设计巧妙，灵秀可人，圆润可爱。

2. CAD 图示

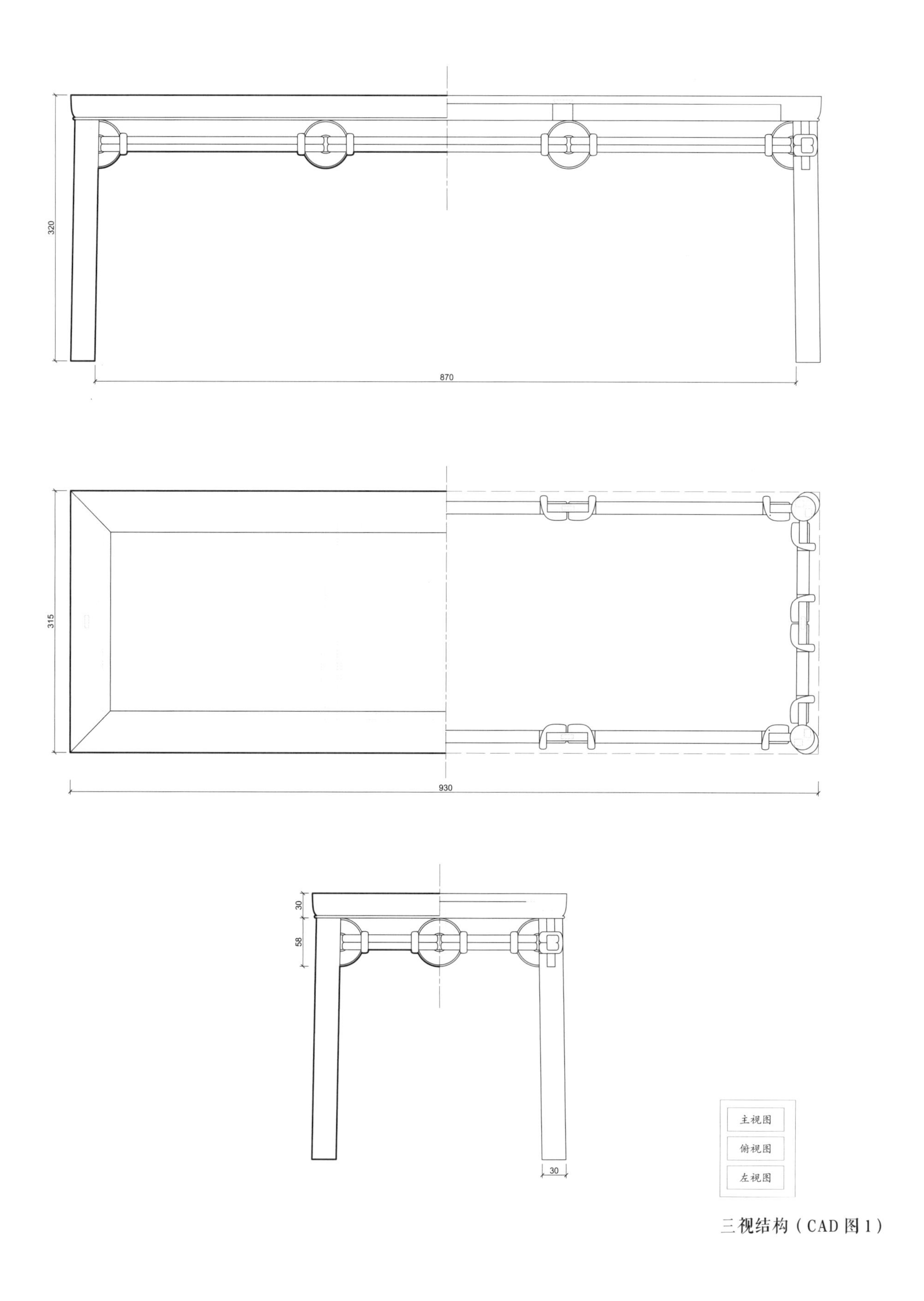

三视结构（CAD 图 1）

3. 用材效果

用材效果（材质：紫檀；效果图 2）

用材效果（材质：黄花梨；效果图 3）

用材效果（材质：红酸枝；效果图 4）

4. 结构爆炸

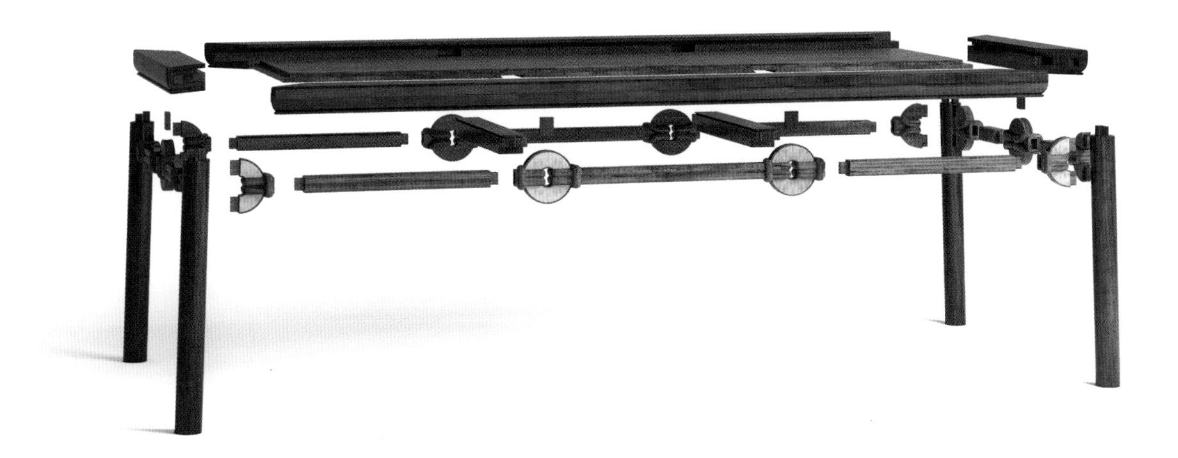

结构爆炸（效果图 5）

5. 部件示意

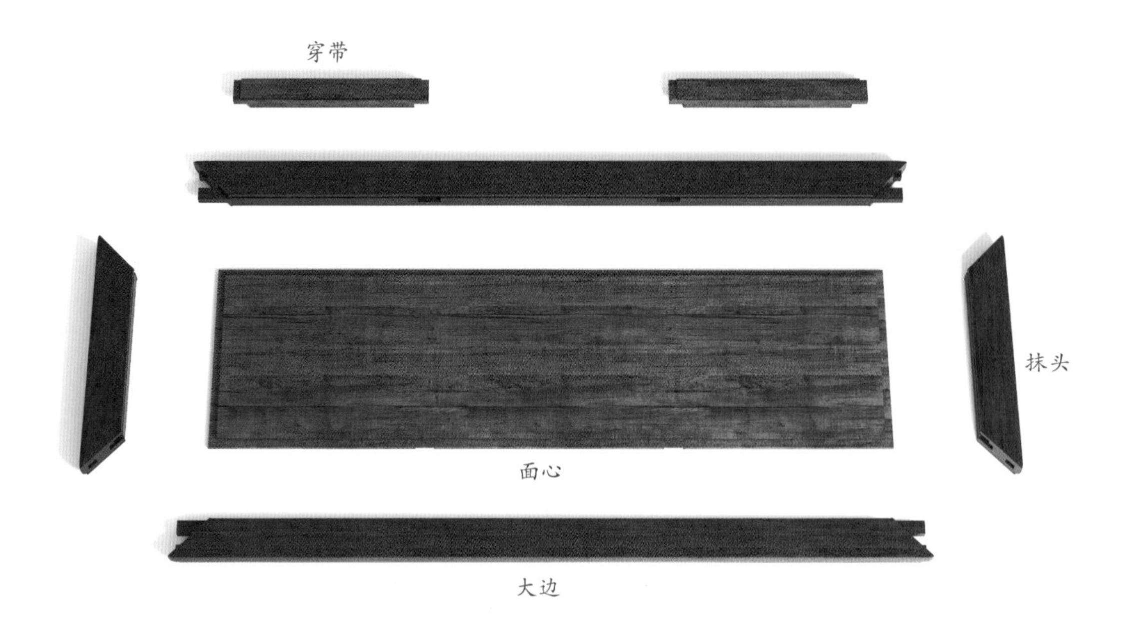

部件示意—几面（效果图 6）

部件示意—腿子（效果图 7）

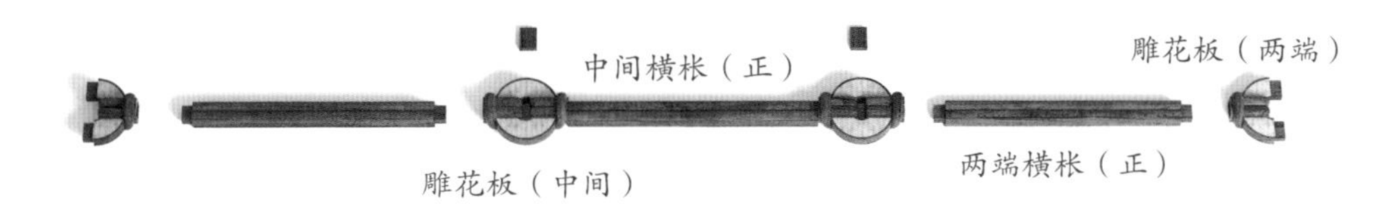

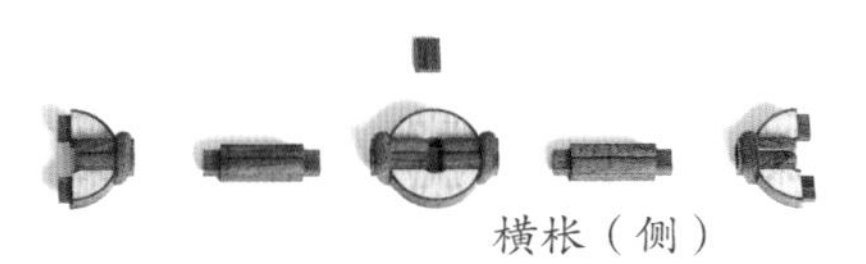

部件示意—牙条结构（效果图 8）

6. 细部详解

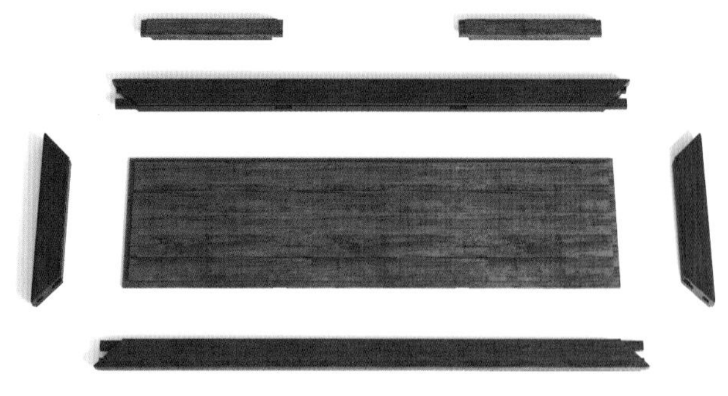

细部效果—几面（效果图 9）

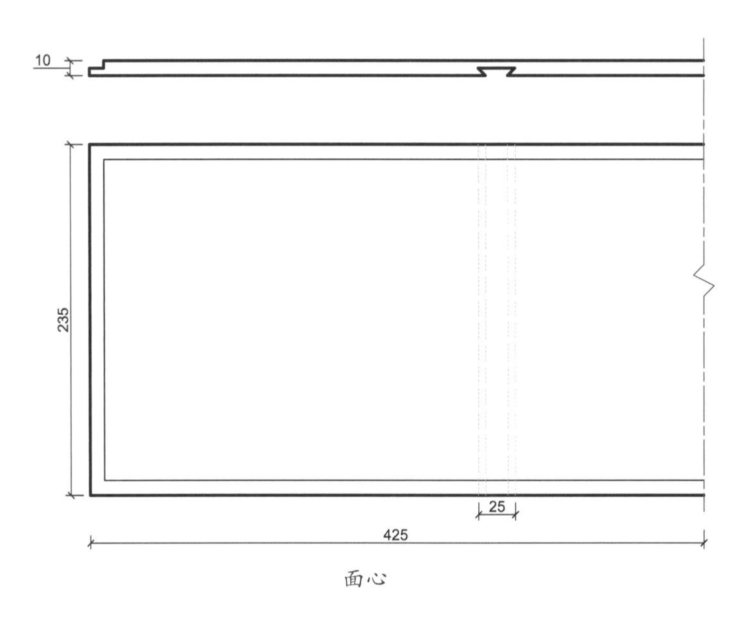

面心

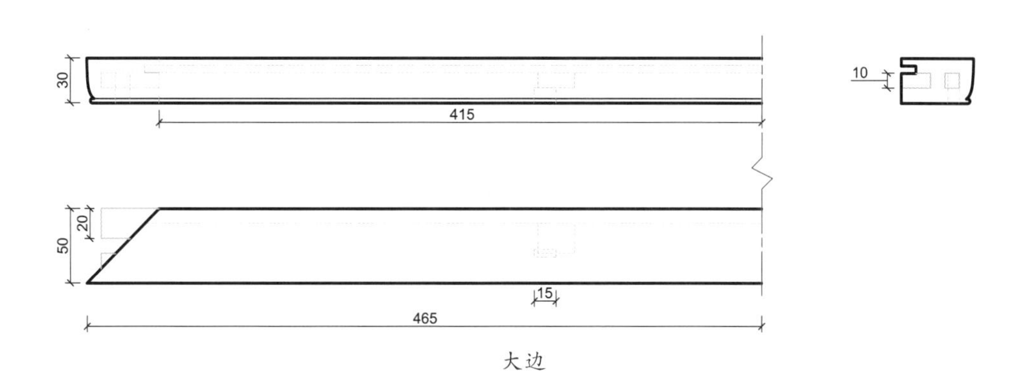

大边

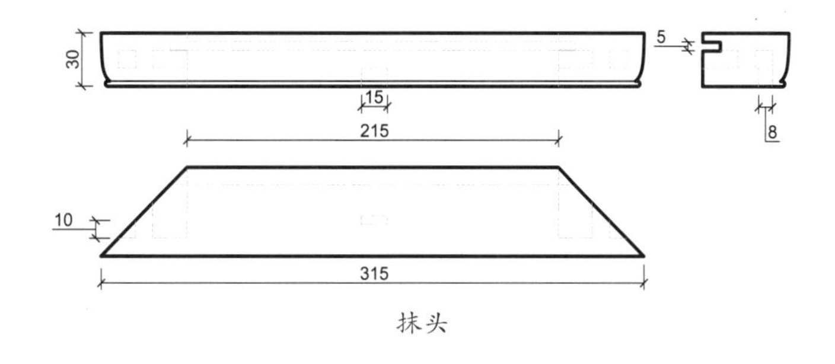

抹头

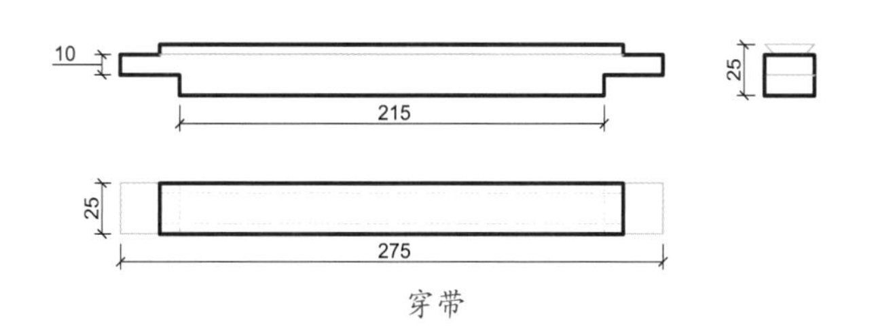

穿带

细部结构—几面（CAD 图 2 ~图 5）

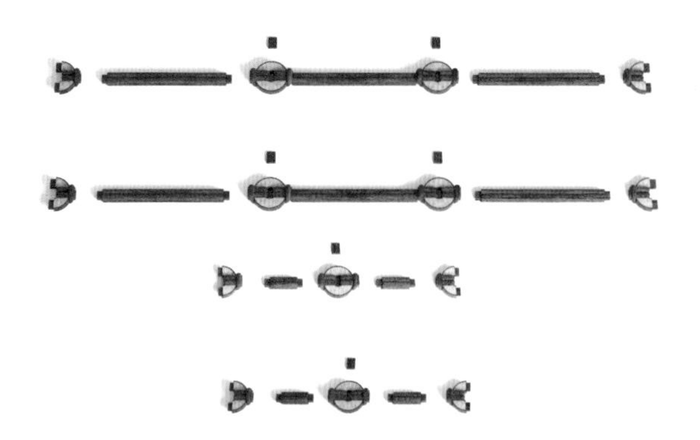

细部效果—牙条结构（效果图 10）

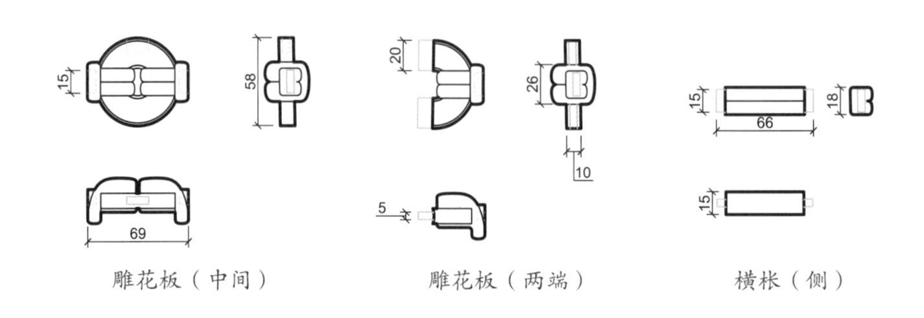

雕花板（中间）　雕花板（两端）　横枨（侧）

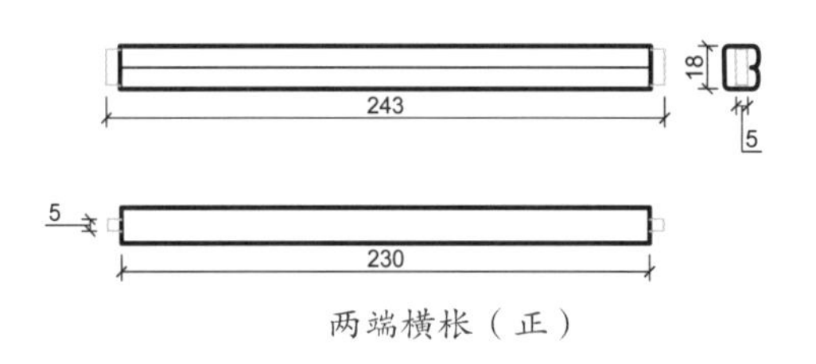

两端横枨（正）

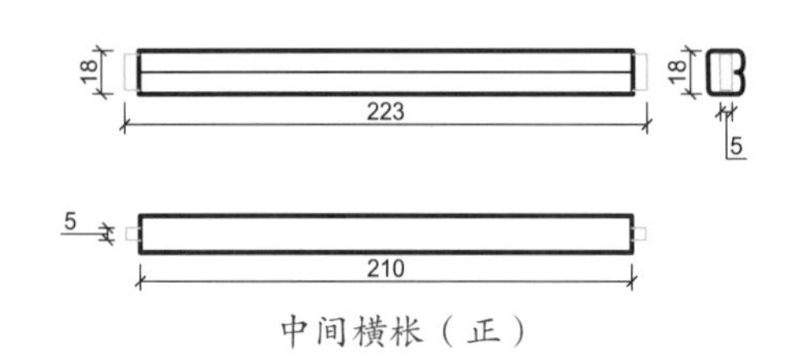

中间横枨（正）

细部结构—牙条结构（CAD 图 6 ~ 图 10）

细部效果—腿子（效果图 11）

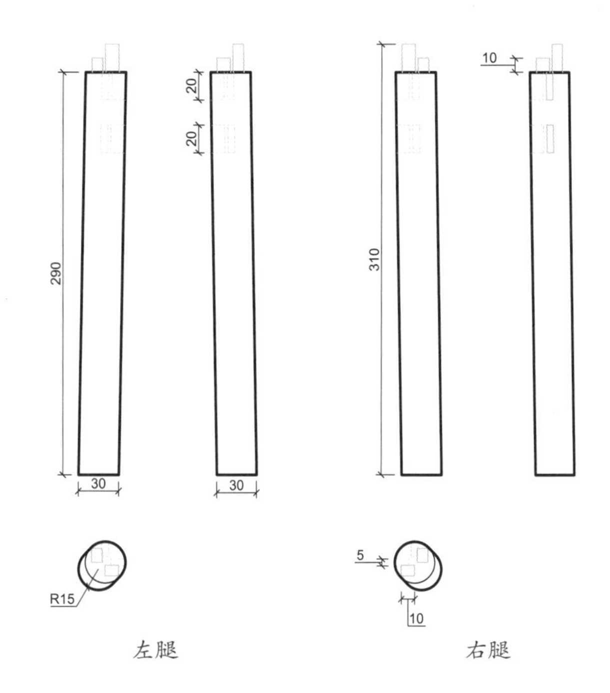

细部结构—腿子（CAD 图 11 ~ 图 12）

一腿三牙裹腿罗锅枨炕几

材质：黄花梨

年款：明

整体外观（效果图 1）

1. 器形点评

此炕几几面为独板，边沿劈料做，之下再加一层垛边。四腿为多混面圆材劈料做法，腿子上部包裹一匝圆材罗锅枨。在几腿与枨相交处的斜外侧再加一透空角牙，起到加固作用，这种做法为一腿三牙式。此炕几在制作上采用圆包圆裹腿做法，可谓构思巧妙，让其充满了灵秀圆润之气。

2. CAD 图示

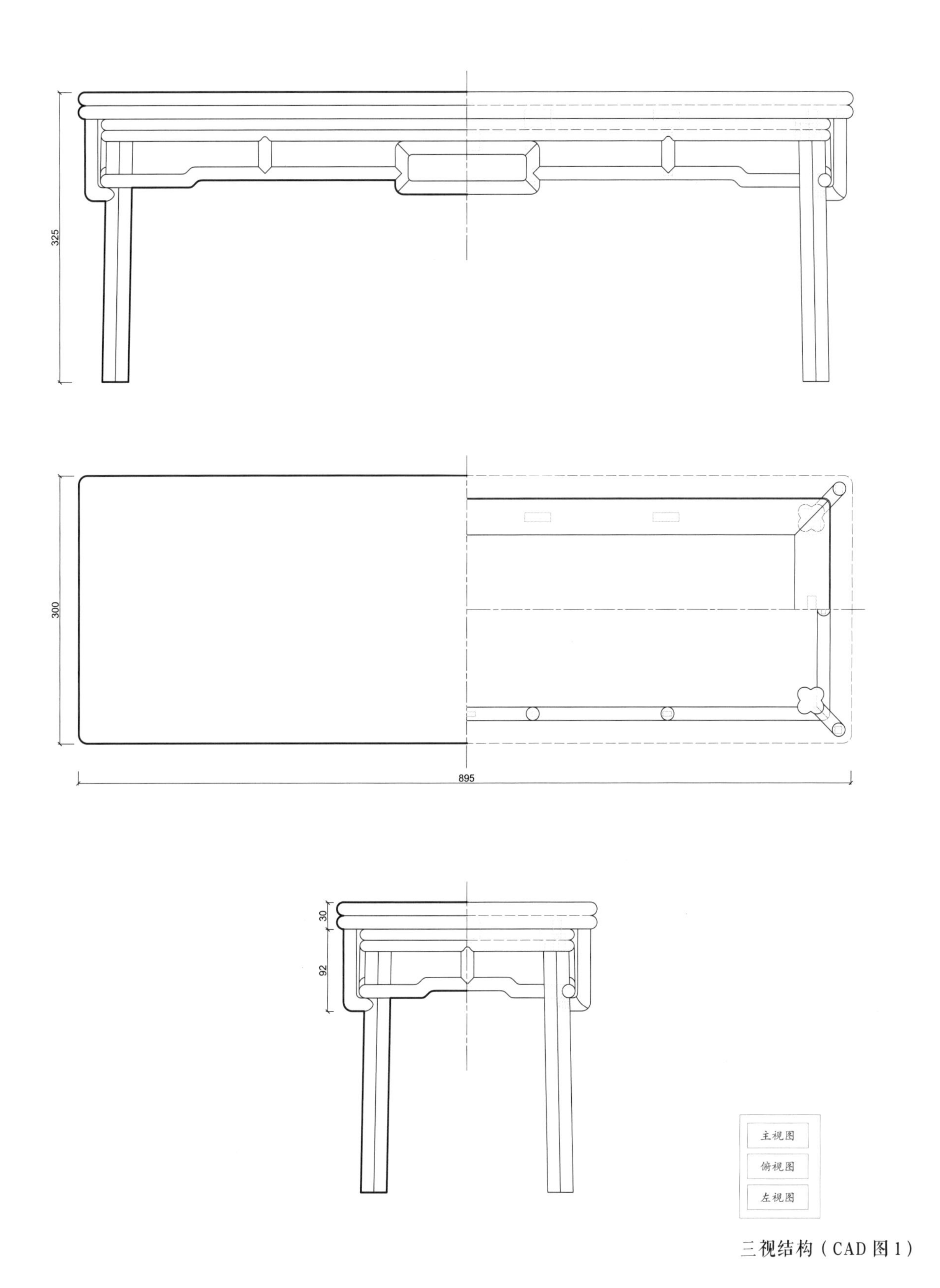

三视结构（CAD 图 1）

3. 用材效果

用材效果（材质：紫檀；效果图 2）

用材效果（材质：黄花梨；效果图 3）

用材效果（材质：红酸枝；效果图 4）

4. 结构爆炸

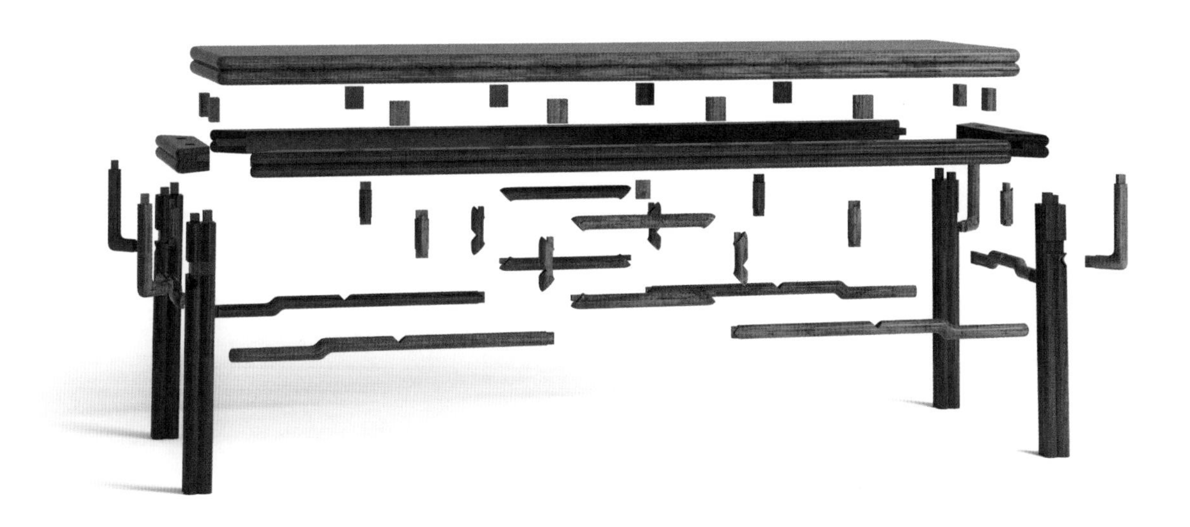

结构爆炸（效果图 5）

5. 部件示意

部件示意—几面（效果图 6）

部件示意—腿子（效果图 7）

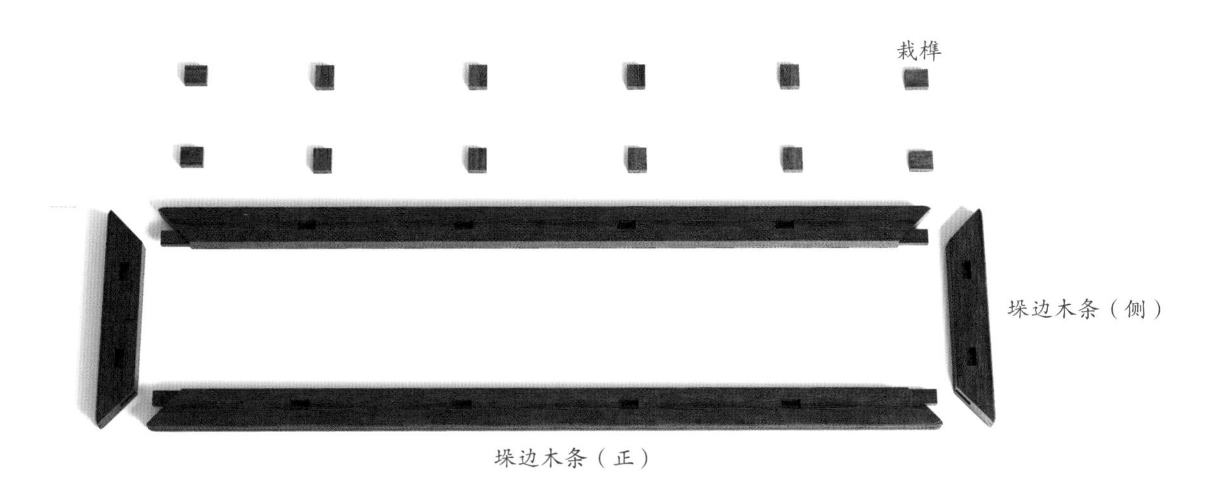

部件示意—垛边木条（效果图8）

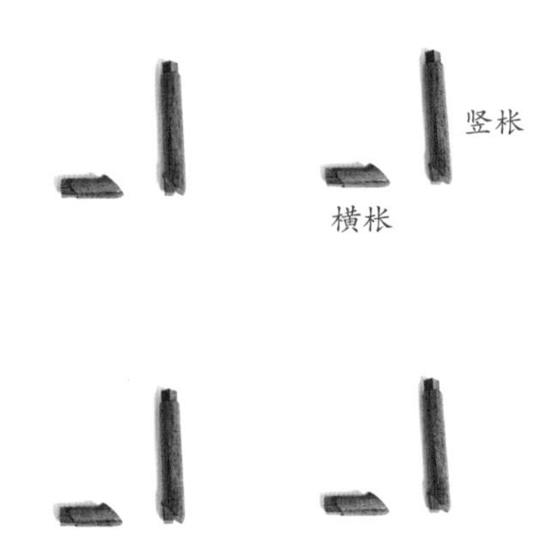

部件示意—角牙（效果图9）

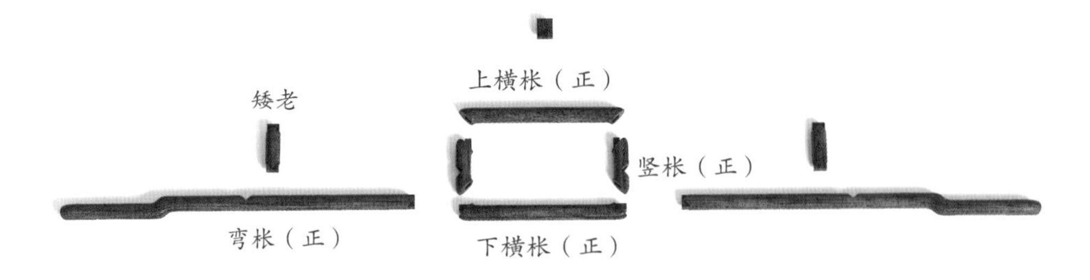

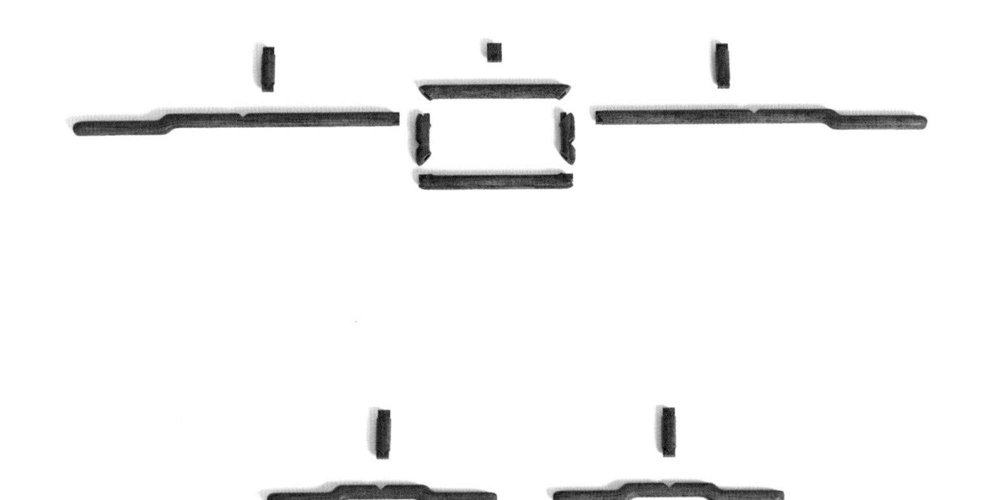

部件示意—牙条结构（效果图10）

6. 细部详解

细部效果—几面（效果图 11）

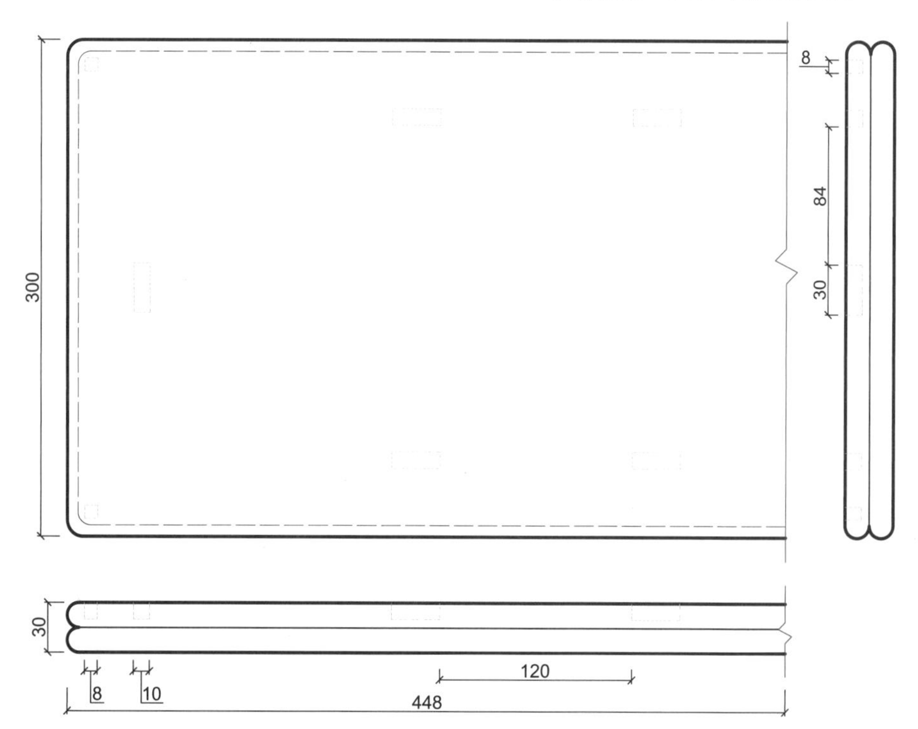

细部结构—几面（CAD 图 2）

细部结构—腿子（CAD 图 3）

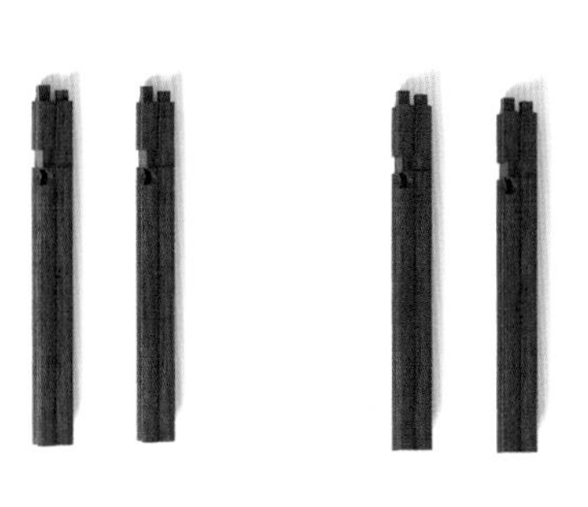

细部效果—腿子（效果图 12）

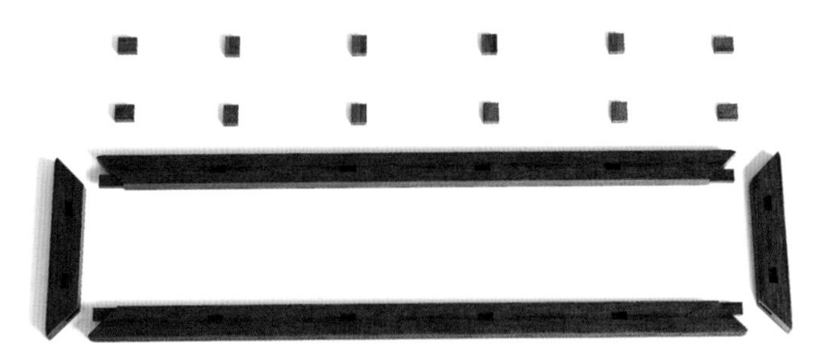

细部效果—垛边木条（效果图13）

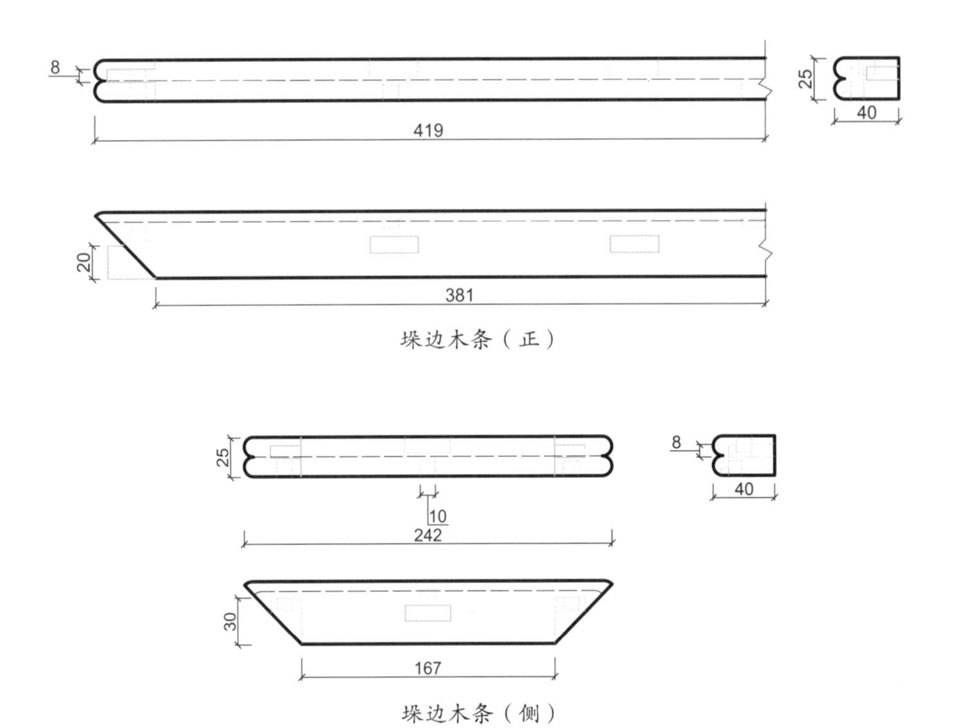

细部结构—垛边木条（CAD图4～图5）

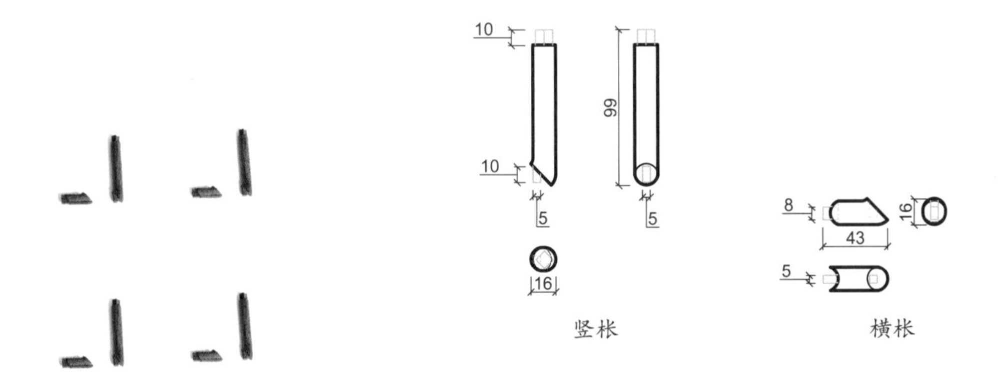

细部效果—角牙（效果图14）

细部结构—角牙（CAD图6～图7）

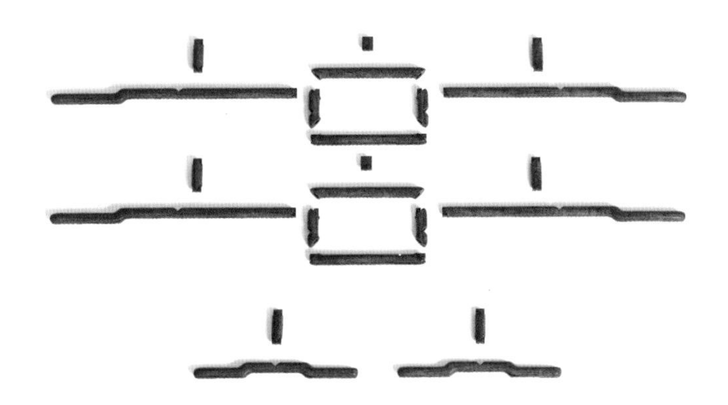

细部效果—牙条结构（效果图 15）

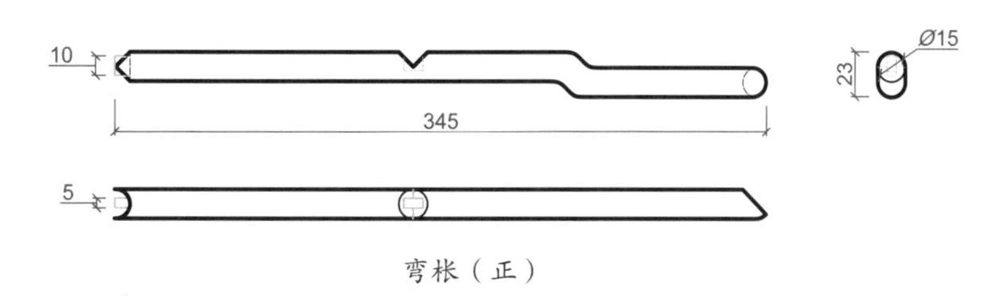

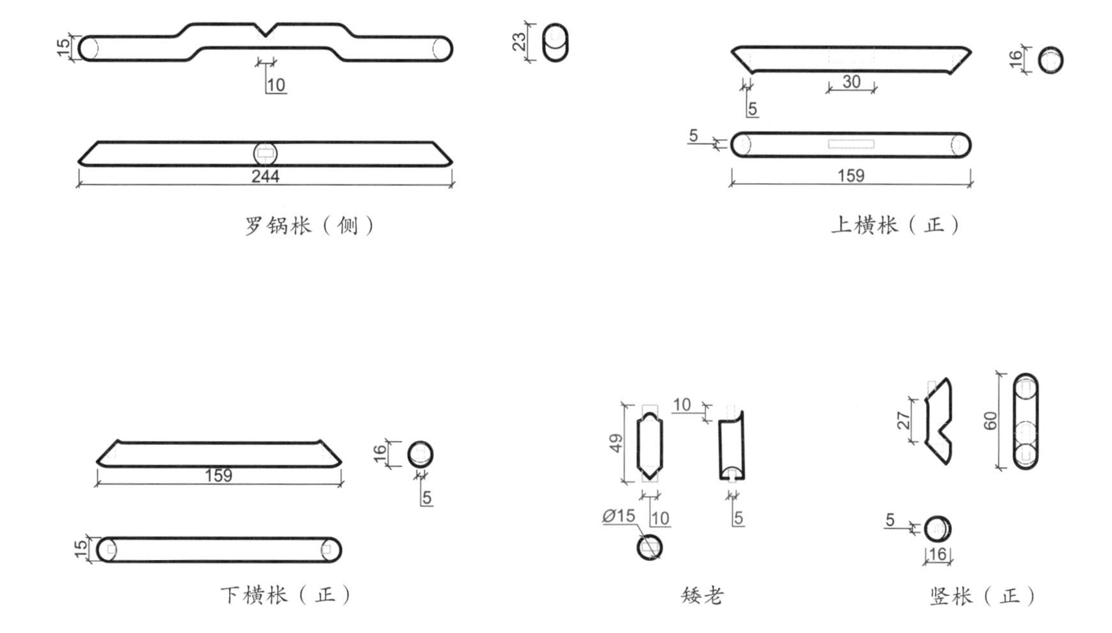

细部结构—牙条结构（CAD 图 8 ~ 图 13）

有抽屉炕几

材质：黄花梨

年款：明

整体外观（效果图1）

1. 器形点评

此炕几几面长方平直，攒框打槽装板，边抹冰盘沿线脚打洼。几面之下的束腰甚高，在束腰处装有抽屉一具，下接壸门牙板。四腿为方材，足端雕成内卷云足。此炕几造型简洁，线脚流畅，是一件经典的明式家具。

2. CAD 图示

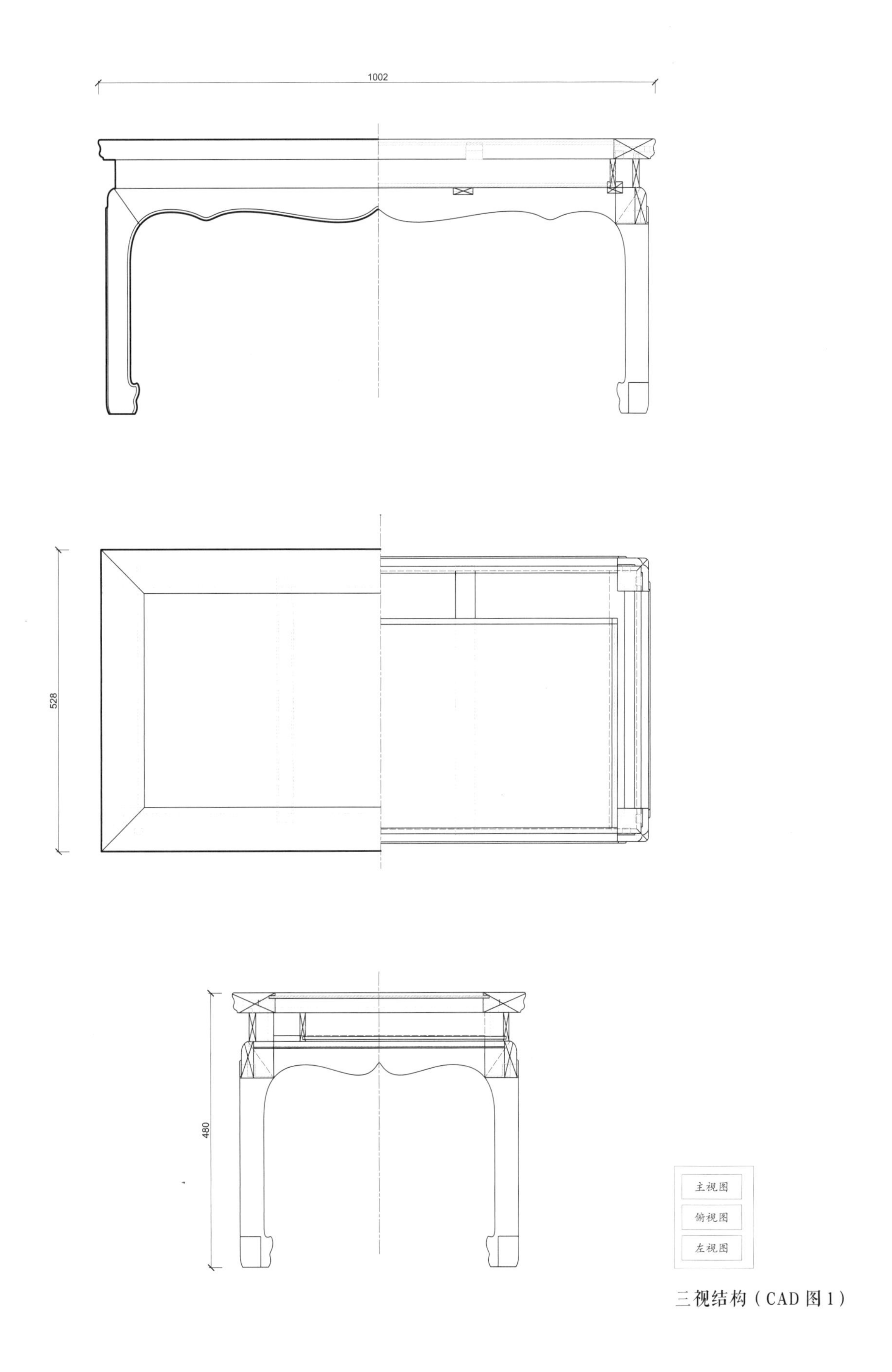

三视结构（CAD 图 1）

3. 用材效果

用材效果（材质：紫檀；效果图 2）

用材效果（材质：黄花梨；效果图 3）

用材效果（材质：红酸枝；效果图 4）

4. 结构爆炸

结构爆炸（效果图5）

5. 部件示意

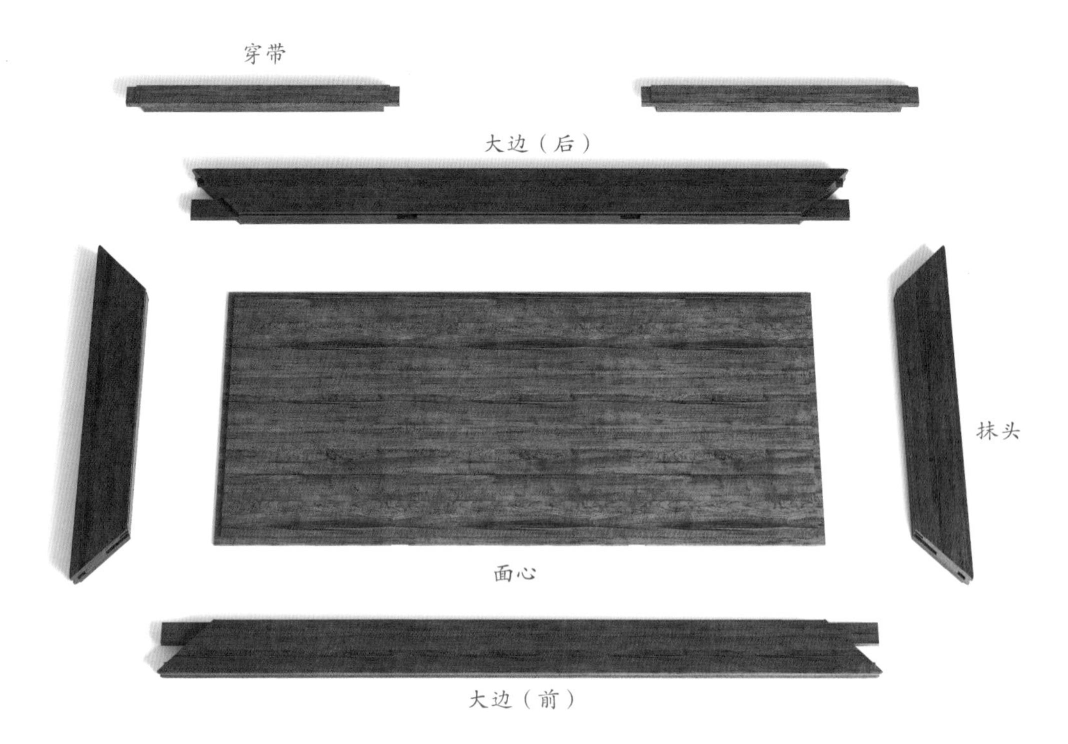

部件示意—几面（效果图 6）

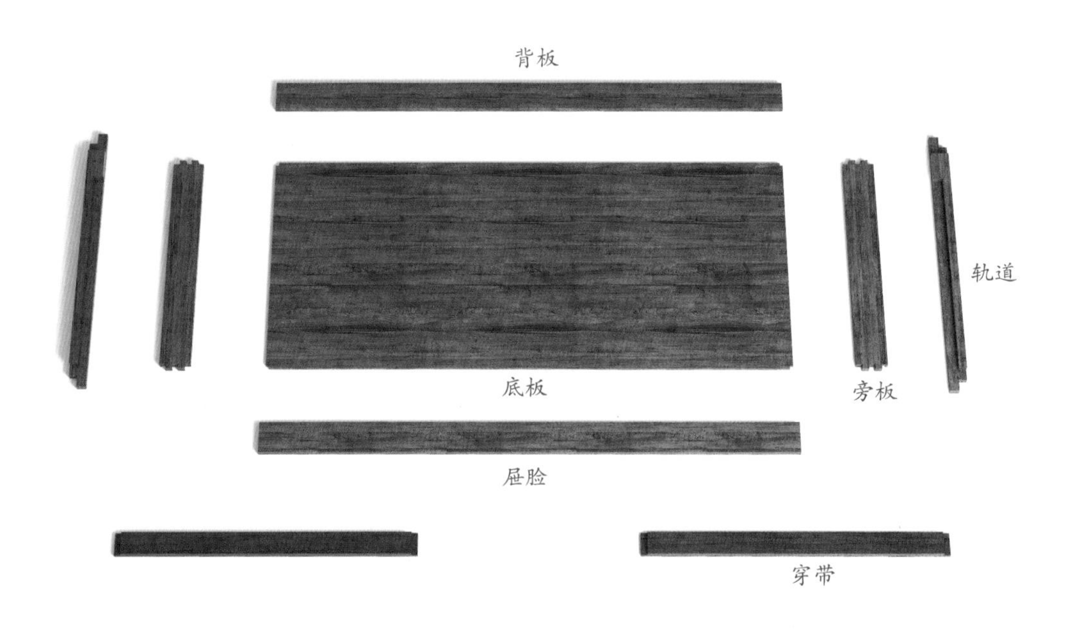

部件示意—抽屉（效果图 7）

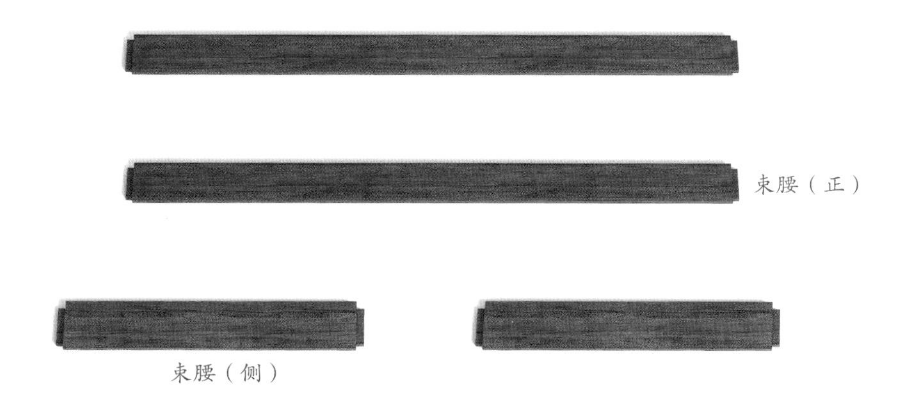

部件示意—束腰（效果图 8）

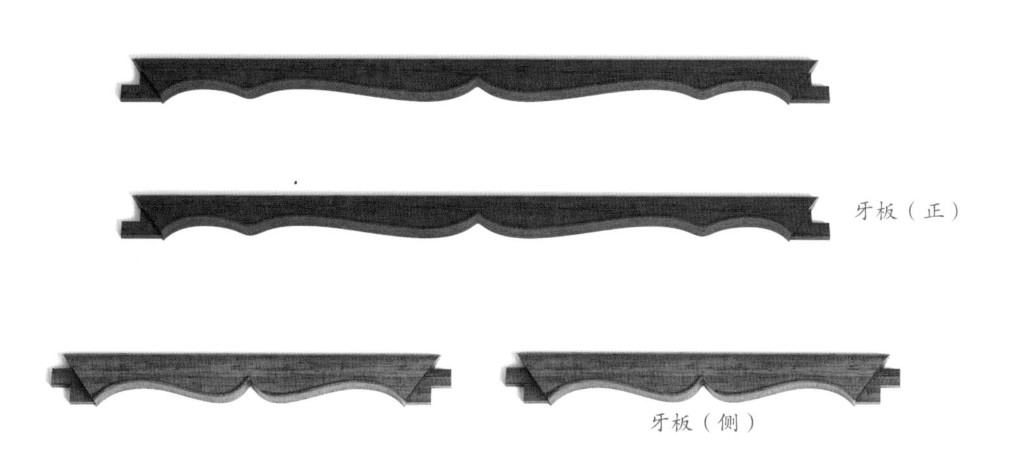

部件示意—牙板（效果图 9）

部件示意—腿子（效果图 10）

6. 细部详解

细部效果—几面（效果图 11）

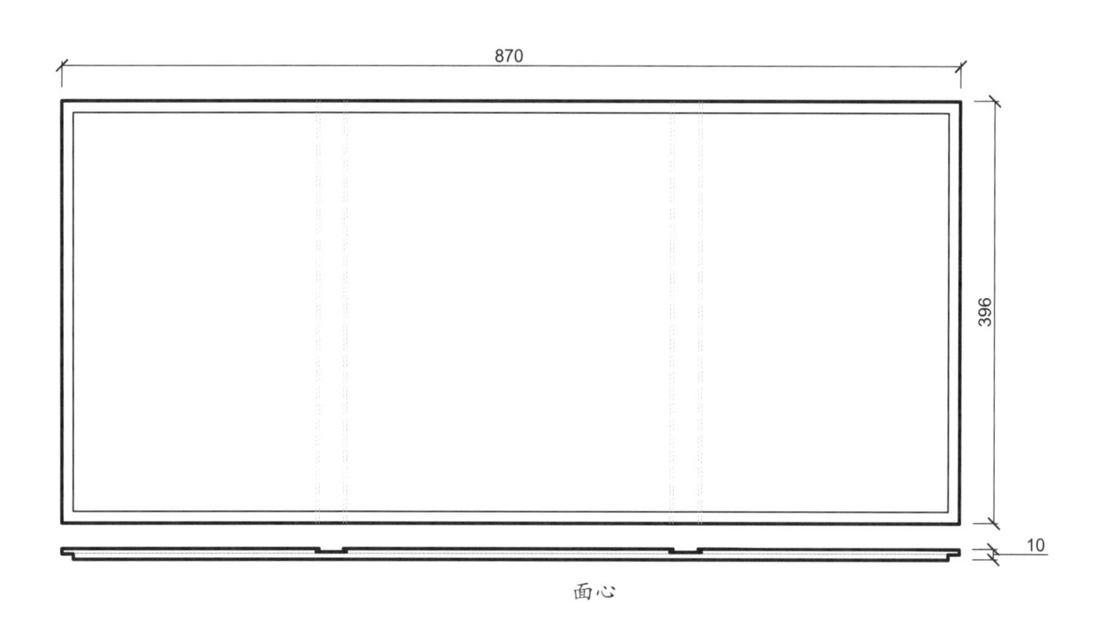

面心

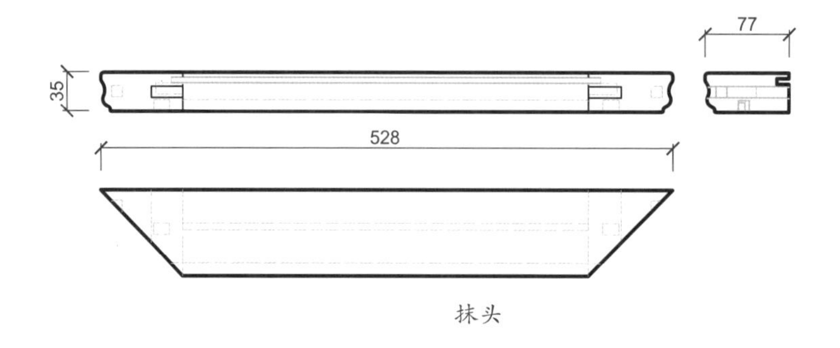

抹头

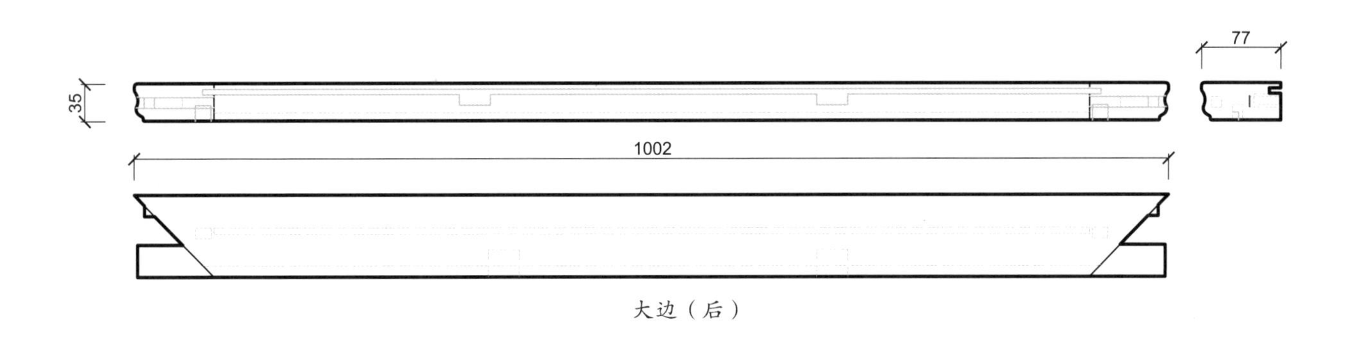

大边（后）

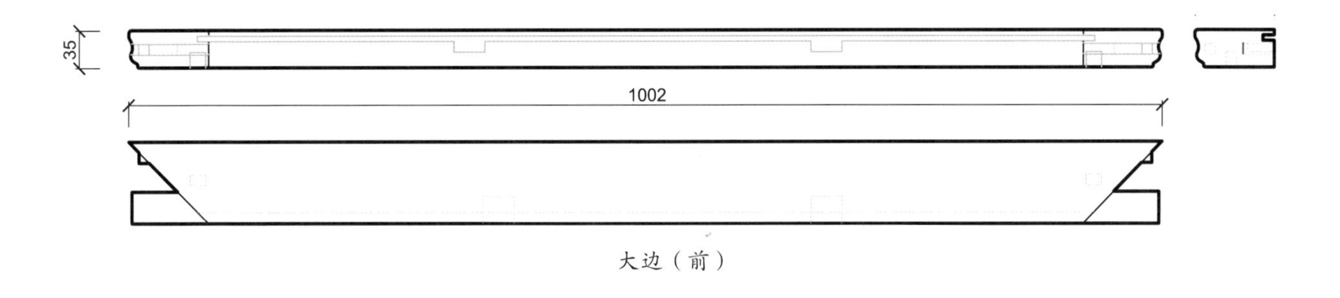

大边（前）

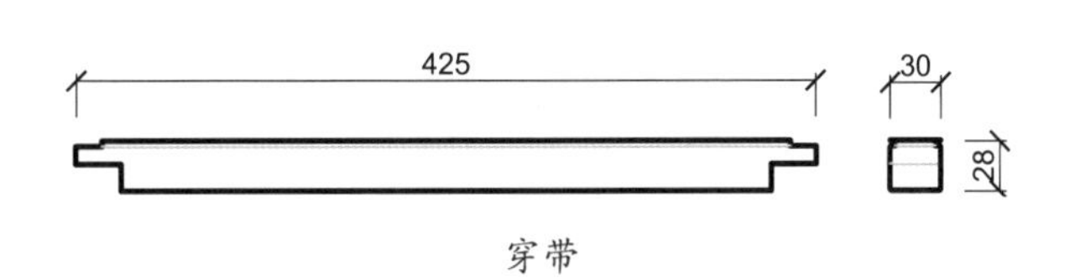

穿带

细部结构—几面（CAD 图 2 ~图 6）

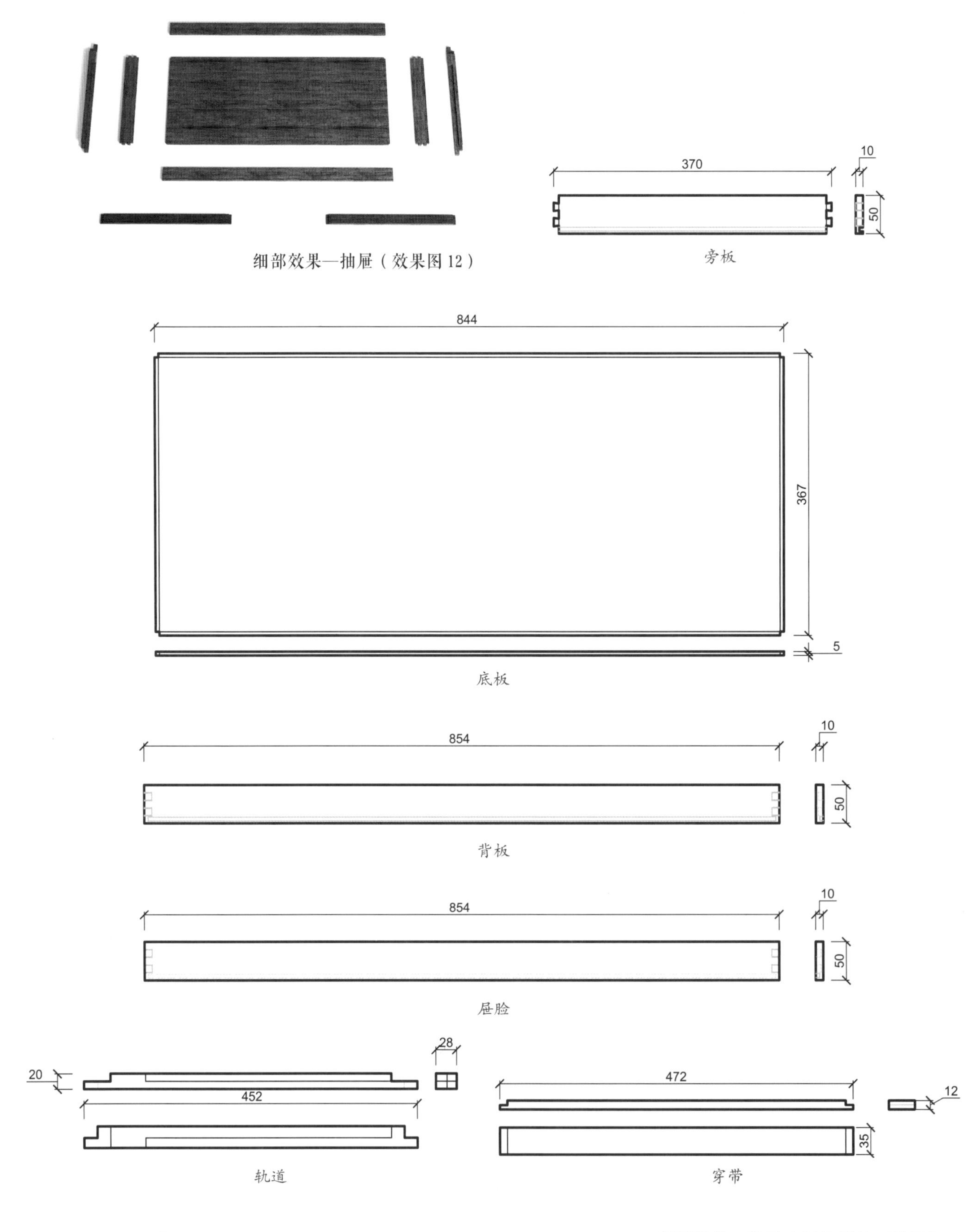

细部效果—抽屉（效果图 12）

细部结构—抽屉（CAD 图 7 ~ 图 12）

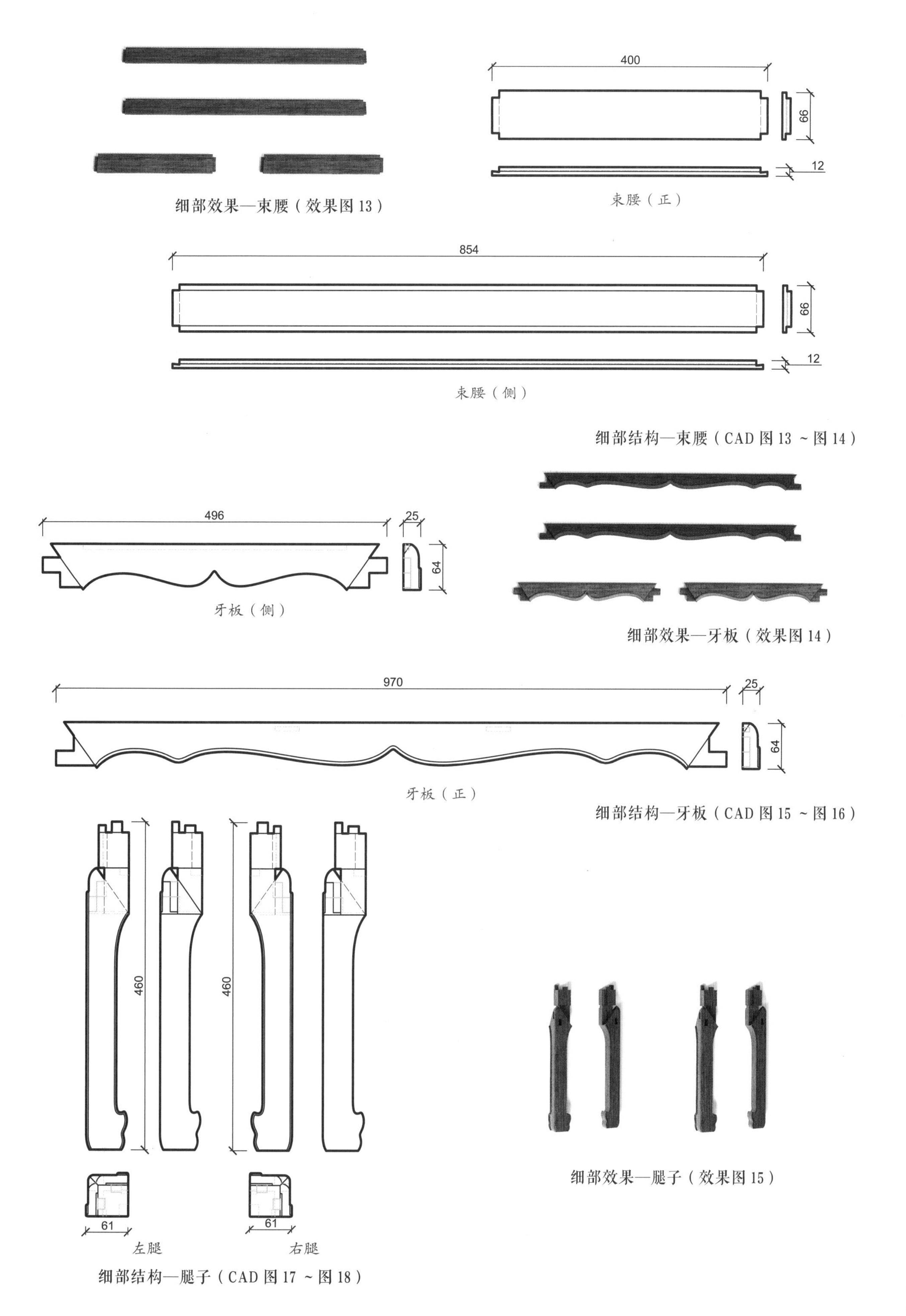

细部效果—束腰（效果图 13）

细部结构—束腰（CAD 图 13 ~ 图 14）

细部效果—牙板（效果图 14）

细部结构—牙板（CAD 图 15 ~ 图 16）

细部效果—腿子（效果图 15）

细部结构—腿子（CAD 图 17 ~ 图 18）

三弯腿炕几

材质：黄花梨

年款：清

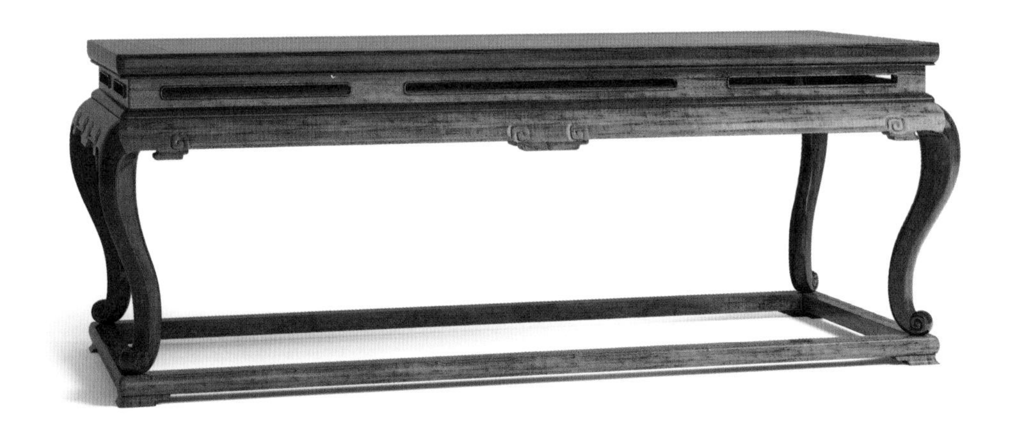

整体外观（效果图 1）

1. 器形点评

此炕几几面长方平直，冰盘沿线脚，束腰上开有细长的炮仗洞开光。牙子做成洼堂肚形式，牙子正中雕卷云纹。四腿为三弯腿，足端雕出圆润的云头足，足下踩托泥。此炕几装饰简洁，唯以云纹略施粉黛，线条优美，委婉灵秀。

2. CAD 图示

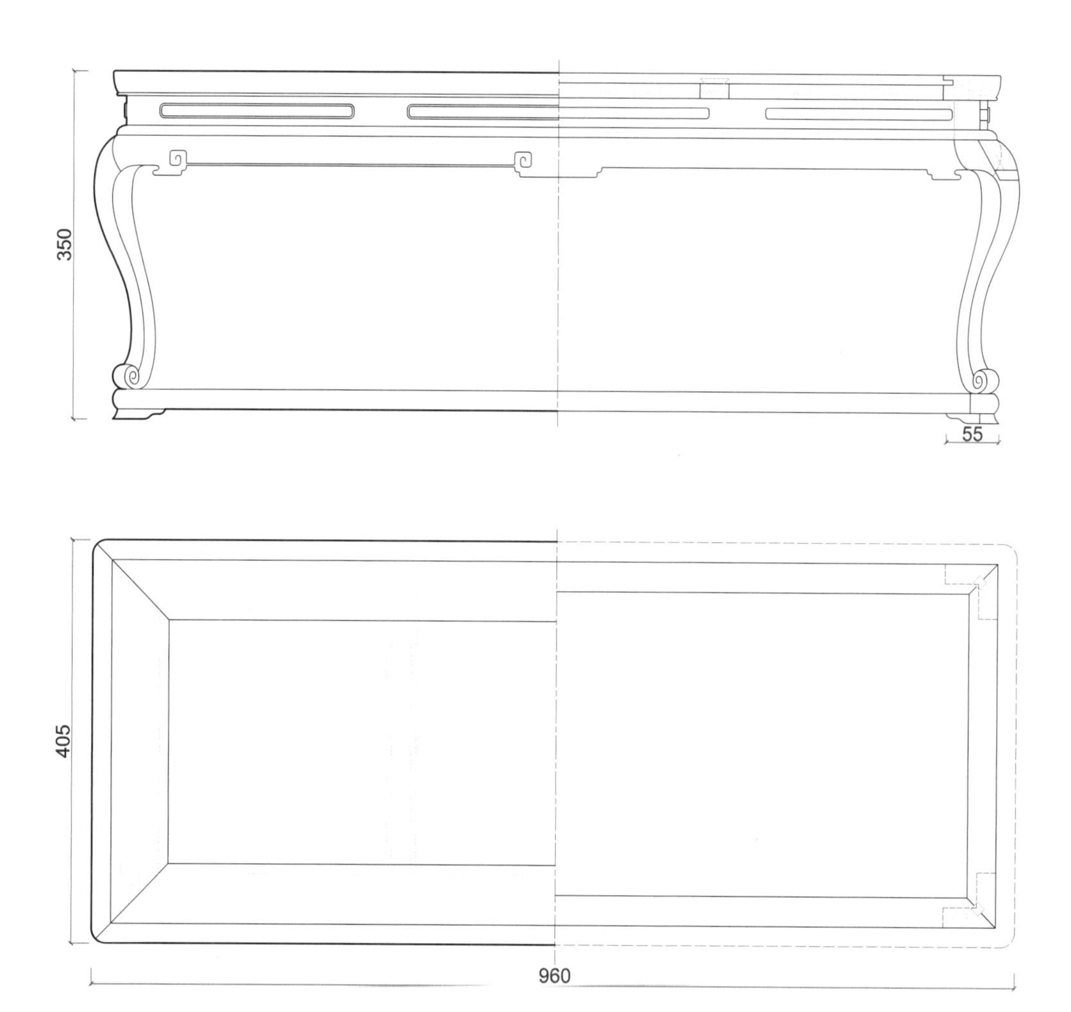

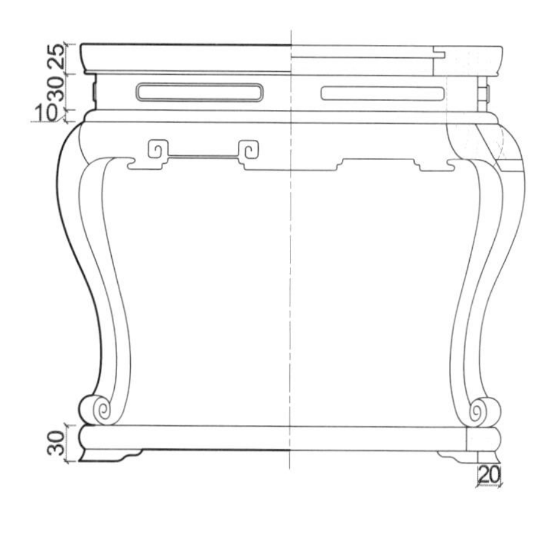

三视结构（CAD 图 1）

3. 用材效果

用材效果（材质：紫檀；效果图 2）

用材效果（材质：黄花梨；效果图 3）

用材效果（材质：红酸枝；效果图 4）

4. 结构爆炸

结构爆炸（效果图 5）

5. 部件示意

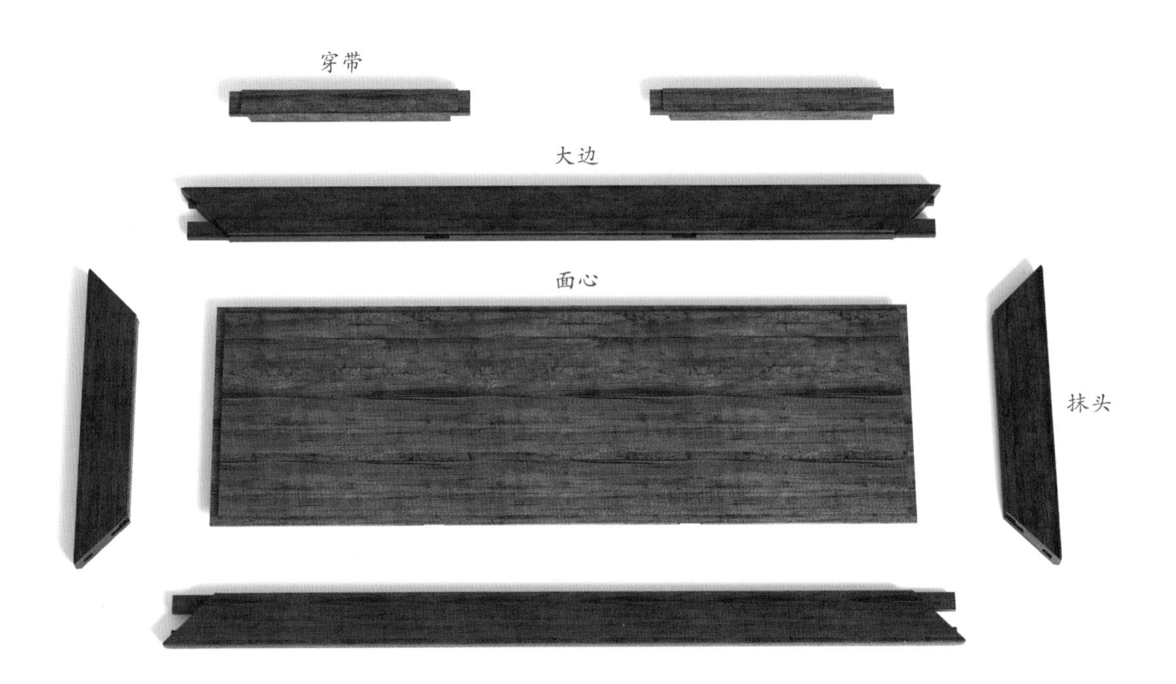

部件示意—几面（效果图 6）

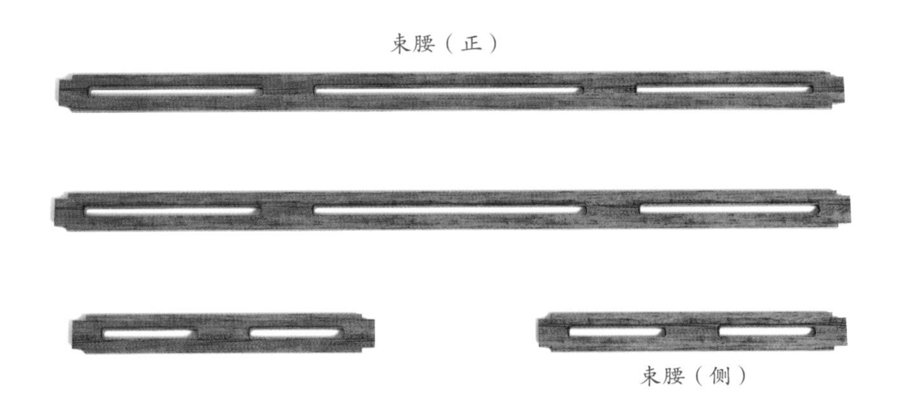

部件示意—束腰（效果图 7）

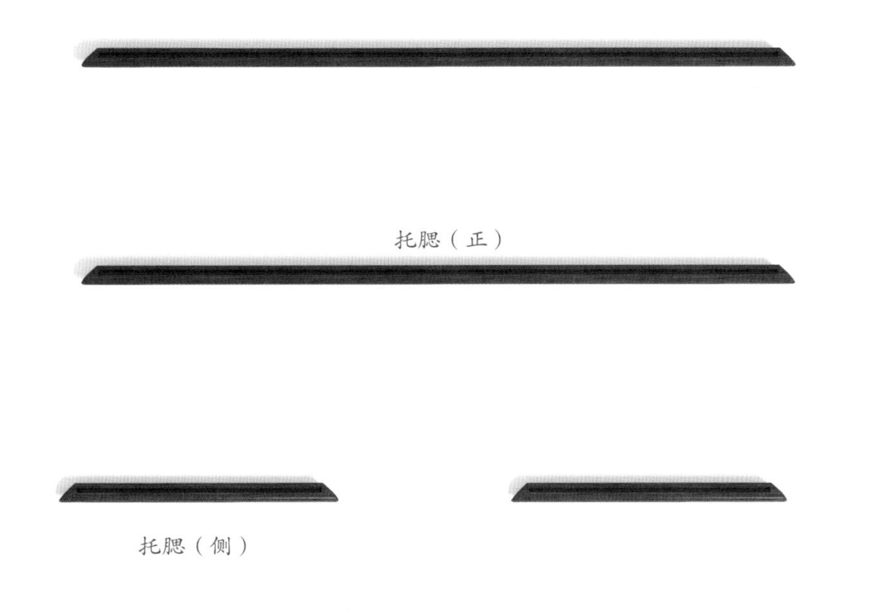

部件示意—托腮（效果图 8）

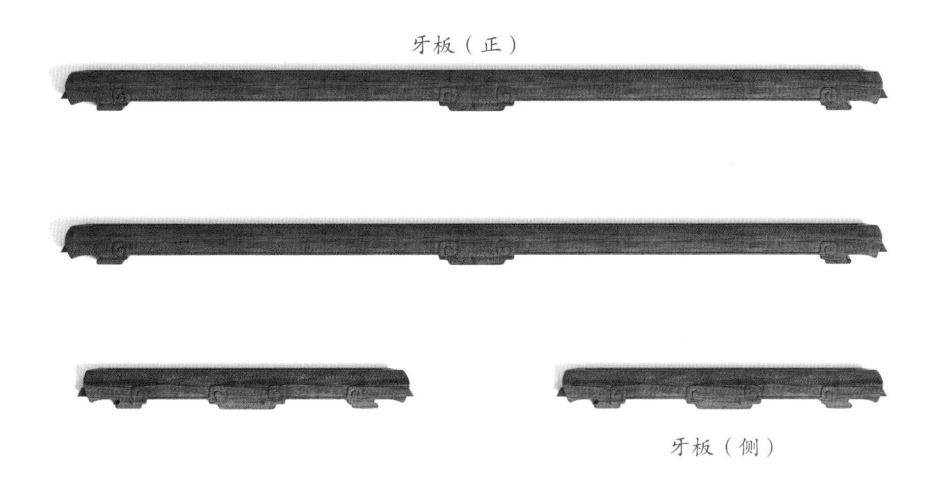

部件示意—牙板（效果图 9）

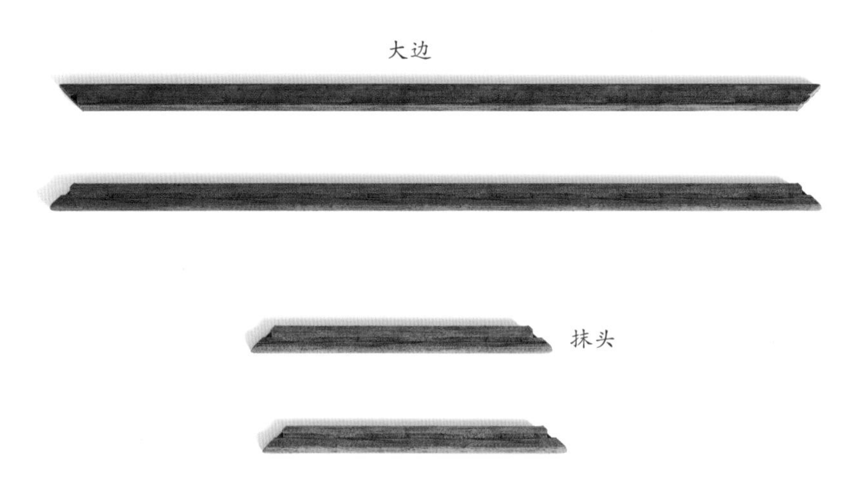

部件示意—托泥（效果图10）

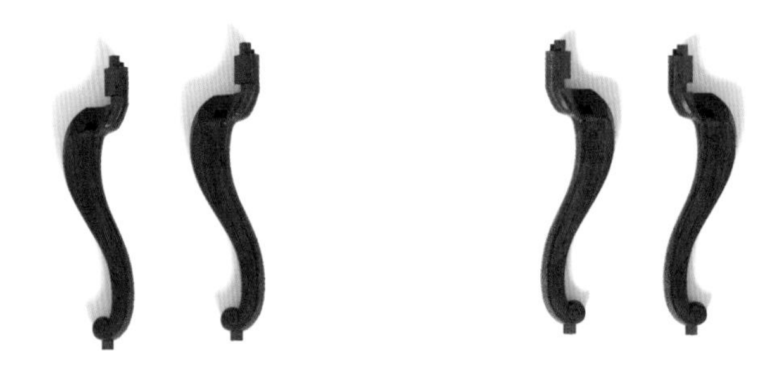

部件示意—腿子（效果图11）

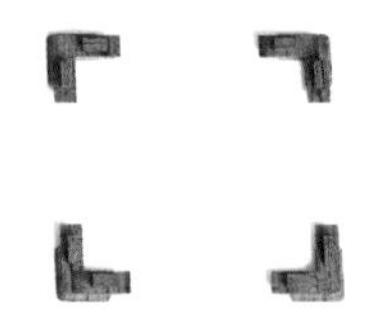

部件示意—龟足（效果图12）

6. 细部详解

细部效果—几面（效果图 13）

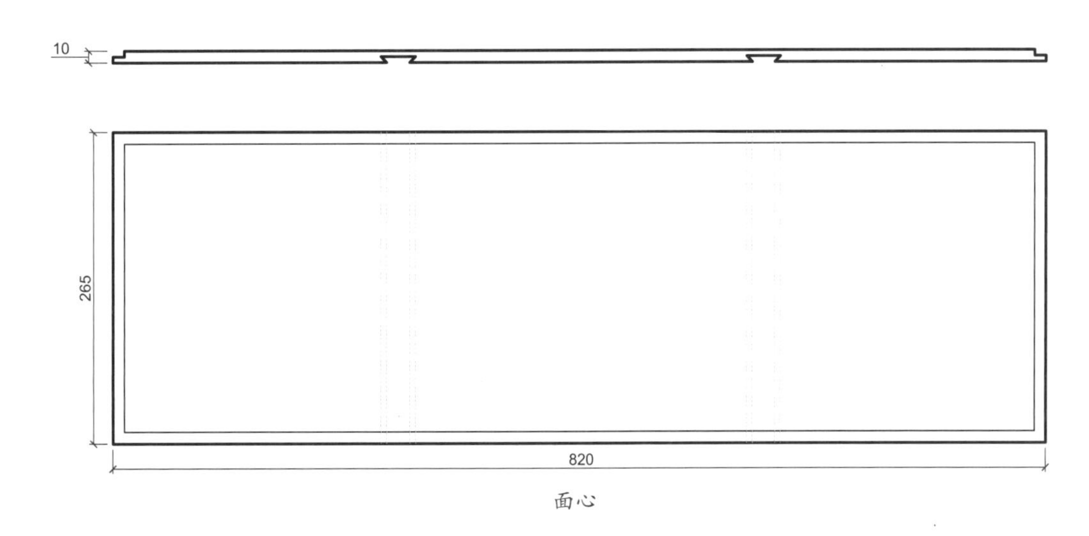

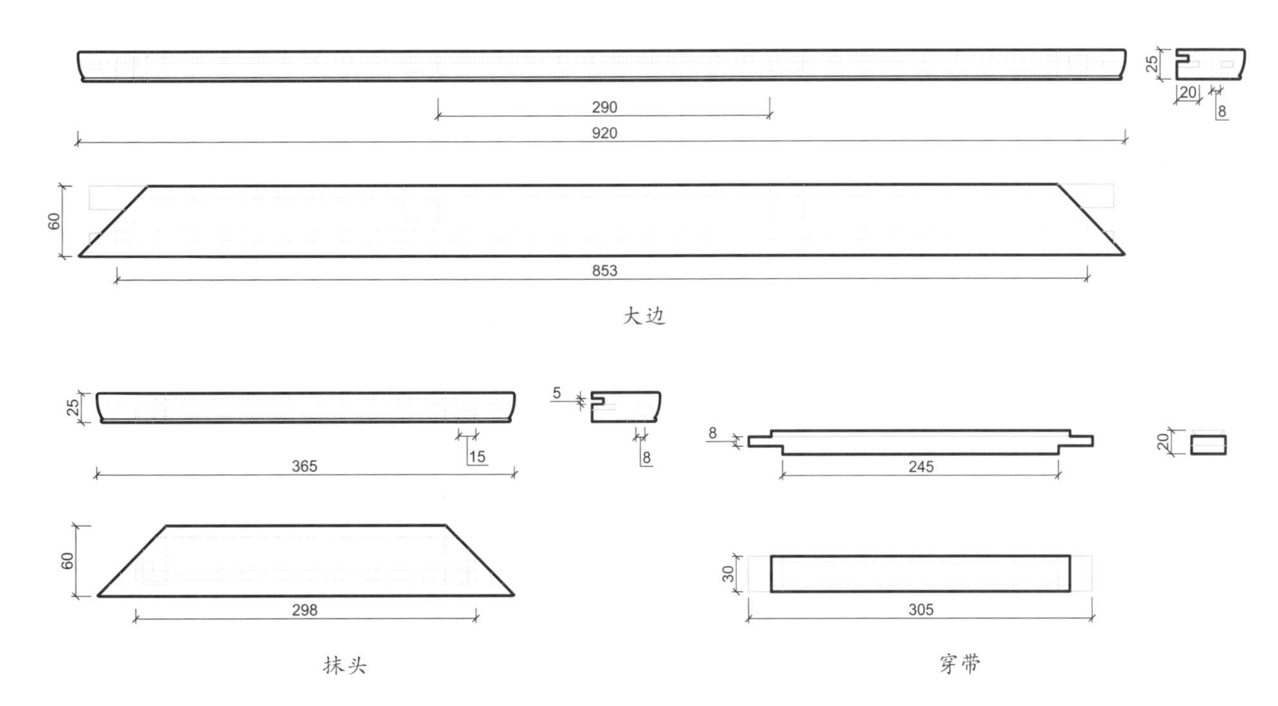

细部结构—几面（CAD 图 2 ~ 图 5）

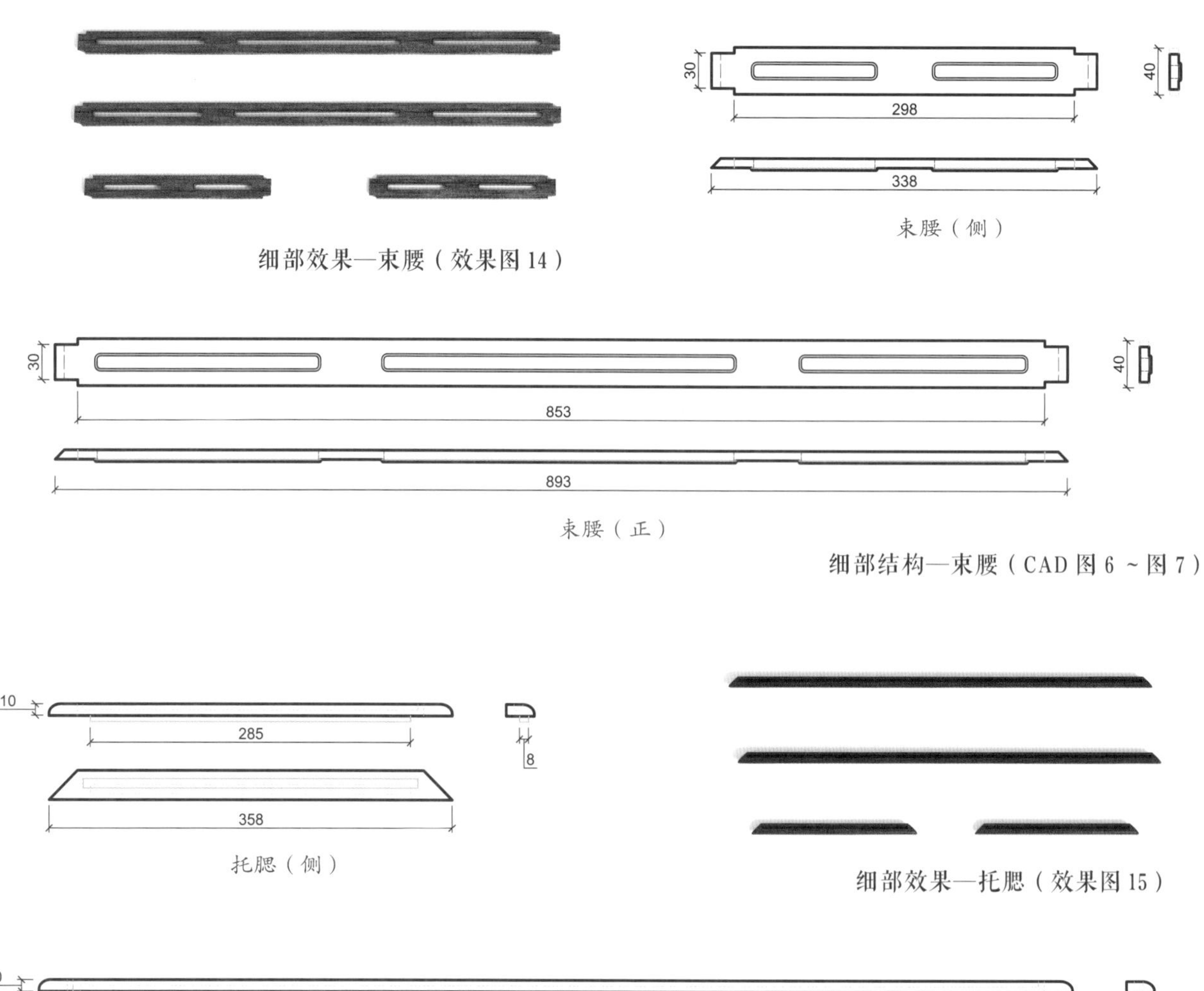

细部效果—束腰（效果图 14）

束腰（侧）

束腰（正）

细部结构—束腰（CAD 图 6 ~ 图 7）

托腮（侧）

细部效果—托腮（效果图 15）

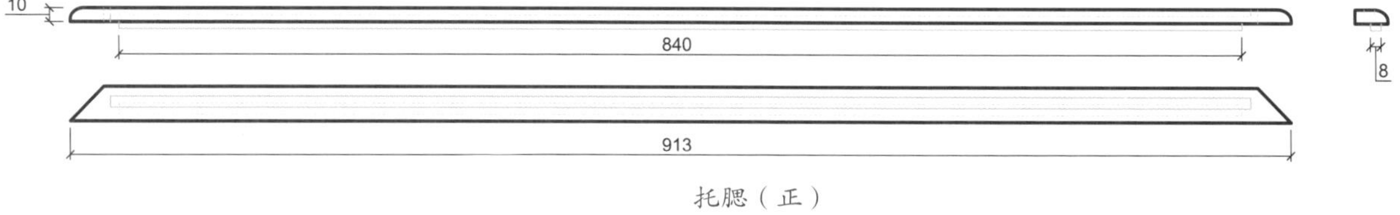

托腮（正）

细部结构—托腮（CAD 图 8 ~ 图 9）

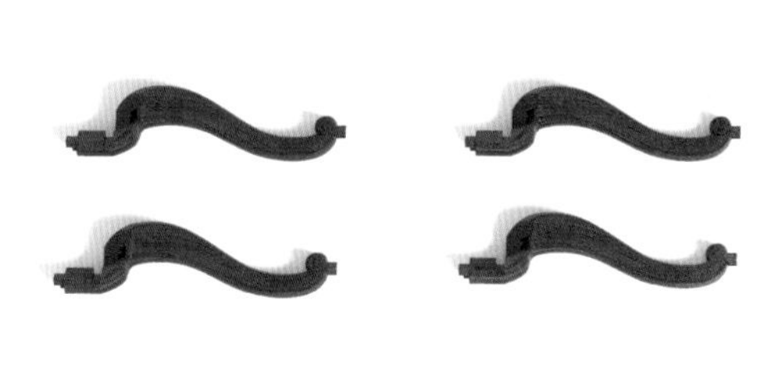

细部效果—腿子（效果图 16）

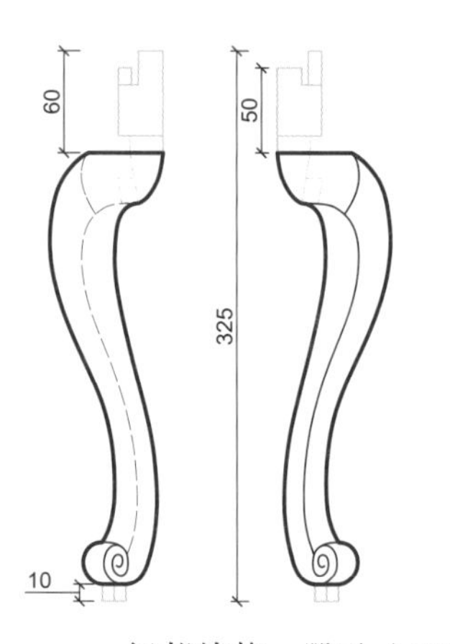

细部结构—腿子（CAD 图 10）

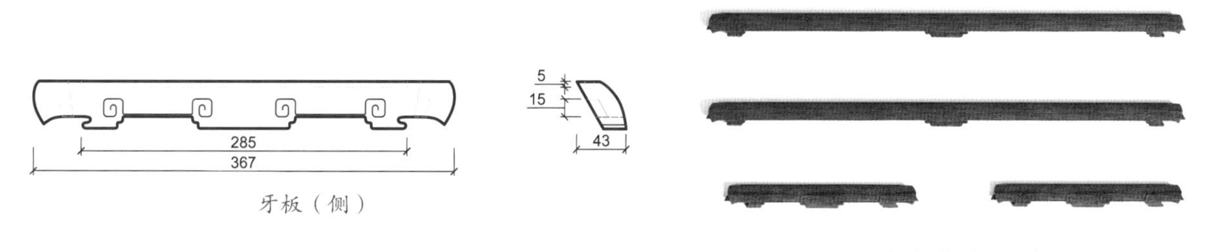

细部效果—牙板（效果图 17）

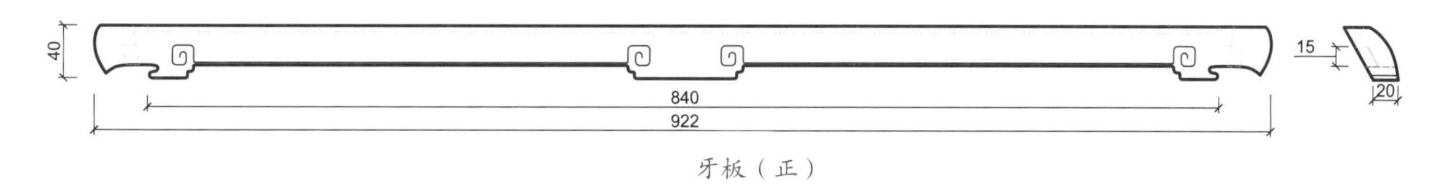

细部结构—牙板（CAD 图 11 ～图 12）

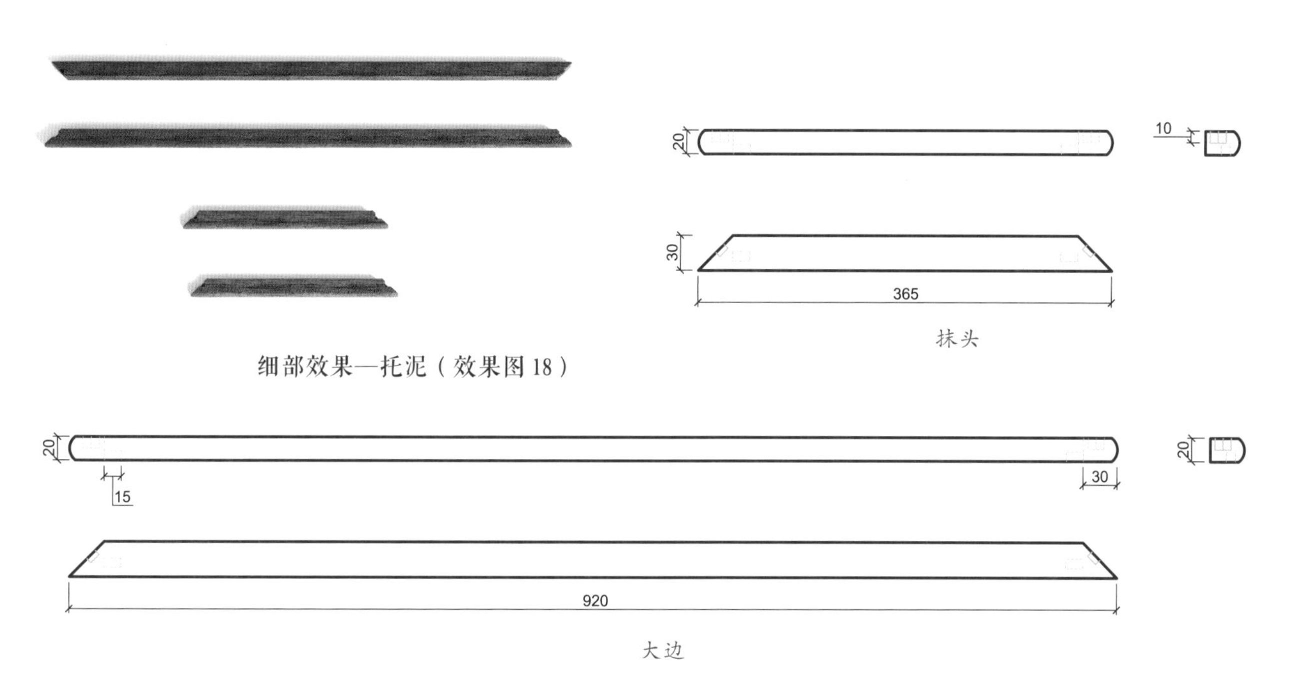

细部效果—托泥（效果图 18）

细部结构—托泥（CAD 图 13 ～图 14）

细部结构—龟足（CAD 图 15）

细部效果—龟足（效果图 19）

图版索引

三弯腿方香儿

有抽屉三弯腿方香儿

折角方香儿

云龙纹六方香儿

展腿式八方香几

高束腰三弯腿圆香几

勾云纹高香几

拐子回纹高花几

拐子纹高花儿

四面平勾云足方香儿

三弯腿梅花式香儿

双环形象腿香儿

弧形凭几

玉璧拉绳纹四面平炕几

罗锅枨四面平炕几

高束腰炕几

嵌玉玉璧拉绳纹炕几

一腿三牙裹腿罗锅枨炕几

有抽屉炕几

三弯腿炕几